职业教育技能型人才培养“十二五”规划教材
国家级中等职业教育改革发展示范校建设项目成果
国家示范性中等职业学校电子技术应用重点支持专业建设教材

典型电子产品故障诊断及维修

主　编　王　涛
副主编　郭建富
参　编　杨　帆　任　亮　荣　平
　　　　田青青　林海幂
主　审　张万春　徐国强　欧　环

西南交通大学出版社
·成　都·

内容简介

本书分为四个教学项目，主要内容包括电子产品的故障规律及基本诊断方法、元器件及电路图识读训练、笔记本电脑整机原理与常见故障诊断维修、LCD平板电视整机原理与常见故障诊断维修。本书采用任务驱动的项目教学法形式编写，图文并茂，具有一定的创新性。

本书为中等职业院校电子技术应用专业的专业教材，也可作为高等职业院校、成人高校、广播电视大学、本科院校举办的职业技术学院和职业中学电子技术应用专业的专业教材，还可作为自学用书。

图书在版编目（CIP）数据

典型电子产品故障诊断及维修 / 王涛主编. —成都：西南交通大学出版社，2014.6
职业教育技能型人才培养“十二五”规划教材
ISBN 978-7-5643-3044-6

Ⅰ. ①典… Ⅱ. ①王… Ⅲ. ①电子设备－故障诊断－中等专业学校－教材②电子设备－维修－中等专业学校－教材 Ⅳ. ①TN07

中国版本图书馆 CIP 数据核字（2014）第 089187 号

职业教育技能型人才培养“十二五”规划教材

典型电子产品故障诊断及维修

主编 王 涛

*

责任编辑 李芳芳
助理编辑 张少华
封面设计 原谋书装
西南交通大学出版社出版发行
四川省成都市金牛区交大路 146 号 邮政编码：610031
发行部电话：028-87600564
http: //press.swjtu.edu.cn
成都蓉军广告印务有限责任公司印刷

*

成品尺寸：185 mm × 260 mm 印张：15
字数：368 千字
2014 年 6 月第 1 版 2014 年 6 月第 1 次印刷
ISBN 978-7-5643-3044-6
定价：36.00 元

职业教育技能型人才培养“十二五”规划教材
编审委员会名单

序

为贯彻落实《国家中长期教育改革和发展规划纲要（2010—2020年）》关于加强职业教育基础能力建设的要求，根据《教育部人力资源社会保障部财政部关于实施国家中等职业教育改革发展示范学校建设计划的意见》（教职成〔2010〕9号）和《国家中等职业教育改革发展示范学校建设计划项目管理暂行办法》（教职成〔2011〕7号）的精神，结合中等职业学校电子技术应用专业实际，将电子技术应用专业建设成国家中等职业学校示范性重点专业，成都市技师学院电子信息工程系按照一体化课程试点的指导思想编写了本套教材。

国家示范性中等职业学校电子技术应用重点支持专业建设教材，是在“以市场为导向、以技能为核心、以就业为生命”的办学理念的指导下，为深化办学模式、培养模式、教学模式和评价模式改革，推进校企合作、工学结合、顶岗实习，提高教学教研质量，创新教育内容，深化教学内容改革，适应区域经济发展、产业调整升级、企业岗位用人和技术进步的需求而开发的。本套教材将为电子行业高素质技能型人才培养提供有力的支撑。

本套教材体系是成都市技师学院汇聚我国西南地区行业（企业）专家、课程开发专家及全国职业教育、技工教育培训的高端资源，历时两年，坚持理论与实践相结合、国内经验与国外借鉴相结合的原则，组织开发而形成的一体化课程体系成果，这也是推进校企合作、工学结合技能型人才培养模式迈向更深层次的重要标志。

本套教材体系的创新性，一方面在于坚持以职业活动为导向，以国家职业标准和岗位需求为依据，将电子企业实际岗位的典型工作任务作为教学内容，运用工作过程系统化进行教学，实现电子技术应用高素质技能型人才的培养；另一方面，在于打破了原文化基础课、专业基础课、专业课的旧课程体系，构建了以职业能力为核心，以职业活动为导向，以提高从业人员方法能力、社会能力及核心技能为目标的新课程体系。

借此机会，向所有参与教材编审的专家和老师表示衷心的感谢！

2014年3月

前　言

为贯彻落实《国务院关于大力发展职业教育的决定》、教育部关于印发《中等职业教育改革创新行动计划（2010—2012 年）》的通知的精神，成都市技师学院在国家中等职业示范校建设（以下简称为国示建设）中，决定将电子技术应用专业建设成为我院重点专业。为此，学院国示建设领导小组组织了一批学术水平高、教学经验丰富、实践能力强的一线教师与企业、行业一线专家，共同开发了电子技术应用专业的职业能力模块、课程体系、课程大纲及系列教材。本书即为系列教材之一。

本书由四个教学项目组成：电子产品的故障规律及基本诊断方法，元器件及电路图识读训练，笔记本电脑整机原理与常见故障诊断维修和 LCD 平板电视整机原理与常见故障诊断维修。本书采用任务驱动的项目教学法形式编写，内容上有以下特色：

第一，采用了现在市场份额较大的电子产品作为教学载体，紧扣技术的发展，着力突显新技术、新工艺和新材料在产品中的应用，使教材贴近实际，具有时代感。

第二，从电子产品故障产生的一般规律和原因出发，到具体产品、具体故障的诊断和维修，强调了对学生逻辑思维能力、分析问题能力和解决问题能力的培养，力争做到举一反三、触类旁通的教学效果，同时注意对学生职业规范、工作程序和安全生产等职业能力的培养。

第三，与前续课程有机衔接，既避免简单的重复，又对重要的知识点和技能点加以复习和提升；既兼顾了本书的系统性和完整性，又突出了本书的重点、难点。

第四，本书采用了大量的图表代替了枯燥的文字，有效地降低了学习难度，增强了学生的学习兴趣。特别是列举大量的故障诊断和维修案例，既达到了对学生技能的训练，同时又完成了知识的积累。

本书由成都市技师学院王涛担任主编，郭建富担任副主编，张万春、徐国强、欧环担任主审，杨帆编写项目一，任亮和荣平编写项目二，田青青编写项目三，林海幂编写项目四。

本书在编写过程中得到了 TCL 电器（成都）公司林兴勇经理的指导和帮助，同时也得到了成都市技师学院电子信息工程系张万春、徐国强和张世强同志的指导和帮助，在此编写组全体成员向他们表示衷心感谢！

由于编者水平有限、经验不足，书中难免存在疏漏之处，恳请读者提出宝贵意见。

编　者

2014年2月

目　录

项目一　电子产品的故障规律及基本诊断方法

项目引入

电子电路由特定功能的电子元器件组合而成，其中每个元器件都有自己特定的作用。如果某个元件损坏，电路的性能就会发生变化，甚至丧失其正常功能。此外，电子产品在使用过程中会受某些环境影响也有可能发生故障，比如高温、低温、温度循环、温度冲击、低气压、湿热、日光辐射、砂尘、淋雨等。要保证电子产品能够正常工作，需要考虑发生故障的规律与原因，避免产生相应的影响。

项目目标

（1）了解电子产品故障概念和电子产品故障分类；
（2）熟悉电子产品故障规律，能判断故障类型；
（3）理解电子产品故障规律；
（4）能根据故障规律进行故障分析；
（5）学习环境对电子产品性能影响的基础知识；
（6）掌握电子产品日常维护的工作方法；
（7）学习电子产品维修的基本概念；
（8）掌握电子产品维修的一般方法；
（9）熟悉电子产品维修程序；
（10）能够根据不同故障进行维修，掌握电子产品拆焊方法和技巧；
（11）学习电子产品维修注意事项；
（12）掌握电子产品维修工具的使用方法。

项目分析

本项目首先通过学习电子产品故障概念、电子产品故障分类和电子产品故障规律，了解环境对电子产品性能的影响，对电子产品的故障达到初步认识；然后通过学习电子产品维修的一般方法，熟悉电子产品维修程序，并掌握电子产品维修工具的使用方法。

项目实施

项目实施地点	电子产品维修学习工作站			
序号	任务名称	学时	权重	备注
任务 1	电子产品的故障规律	9	50%	
任务 2	维修方法、程序及注意事项	9	50%	
合　计		18	100%	

任务 1　电子产品的故障规律

1.1　电子产品故障介绍

任务目标

（1）了解电子产品故障概念和电子产品故障分类；

（2）熟悉电子产品故障规律，能判断故障类型。

任务分析

在日常生活中，电子产品会出现各种各样的故障。故障都有其产生的原因，怎样来判断故障是本次任务的重点。

认真阅读任务实施部分的内容，结合参考材料或上网查询，在实训报告册上回答以下问题：

（1）什么是电子产品故障？

（2）电子产品故障有哪些类型？

任务实施

一、任务准备

1. 教师准备

电子教案、教学课件、学习材料各 1 份。

2. 学生准备

实训报告册1本、签字笔1只，预习电子产品故障相关知识，记录自己在日常生活中遇到的电子产品故障有哪些。

二、任务实施

1. 产品故障概念

产品或产品的一部分不能或将不能完成预定功能的事件或状态称为故障。对于不可修复的产品如电子元器件或弹药等也称失效。故障的正式定义为终止即丧失完成规定的功能。在多数场合，故障一词可用失效代替。严格地说，故障是指产品不能执行规定功能的状态，故障通常是产品本身失效后的状态，但也可能在失效前就存在。

故障的表现形式，如三极管的短路或开路、灯丝的烧断等称为故障（失效）模式。引起产品故障的物理、化学或生物等变化的内在原因称为故障（失效）机理。

2. 故障分类

（1）按故障发生的规律可分为偶然故障和耗损故障。偶然故障是由于偶然因素引起的故障，其重复出现的风险可以忽略不计，只能通过概率统计方法来预测。耗损故障是通过事前检测或监测可统计预测到的故障，是由于产品的规定性能随时间增加而逐渐衰退引起的。耗损故障可以通过预防维修，防止故障的发生，延长产品的使用寿命。

（2）按故障引起的后果可分为致命性故障和非致命性故障。前者会使产品不能完成规定任务或可能导致人或物的重大损失、最终使任务失败，后者不影响任务完成，但会导致非计划的维修。

（3）按故障的统计特性可分为独立故障和从属故障。前者指不是由于另一个产品故障引起的故障，后者指由另一产品故障引起的故障。在评价产品可靠性时只统计独立故障。

（4）按故障出现原因分类：① 硬故障：突变故障、完全故障。元件参数突变引起，如开路或短路。② 软故障：渐变故障、部分故障。元件参数超出容差范围，如电容漏电。③ 永久性故障：一旦出现，长期存在。④ 间歇性故障：随机性、短暂性。⑤ 单故障：某一时刻仅有一个故障。⑥ 多故障：某一时刻若干个故障。

想一想

常见电子产品故障有哪些？请举例。

三、任务评价

任务考核评价表

任务名称：<u>电子产品故障介绍</u>

班级：	姓名：	学号：	指导教师：					
评价项目	评价标准	评价依据（信息、佐证）	评价方式			权重	得分小计	总分
			小组评价	学校评价	企业评价			
			0.1	0.8	0.1			
职业素质	1. 遵守企业管理规定、劳动纪律； 2. 按时完成学习及工作任务； 3. 工作积极主动、勤学好问	实习表现				0.2		
专业能力	1. 维修工具的使用； 2. 维修方法的运用； 3. 严格遵守安全生产规范	1. 书面作业和检修报告； 2. 实训课题完成情况记录				0.7		
创新能力	能够推广、应用国内相关职业的新工艺、新技术、新材料、新设备	“四新”技术的应用情况				0.1		
指导教师综合评价	指导老师签名：　　　　日期：							

1.2 电子产品故障规律概述

任务目标

（1）理解电子产品故障规律；

（2）能够运用故障规律进行故障分析。

任务分析

故障规律是电子产品维修人员在实际工作中总结出来的一般性规律，对产品的维修与维护有一定的指导意义。

认真阅读任务实施部分的内容，结合参考材料或上网查询，请在实训报告册上回答以下问题：

（1）电子产品故障规律是什么？

（2）如何利用好故障规律进行产品维修？

任务实施

一、任务准备

1. 教师准备

电子教案、教学课件、学习材料各 1 份。

2. 学生准备

实训报告册 1 本、签字笔 1 只，复习任务 1.1 相关知识，预习故障发生的规律知识。

二、任务实施

电子产品故障规律表现为浴盆曲线，分为三个时期：早期故障期、偶然故障期、耗损故障期，如图 1.1 所示。

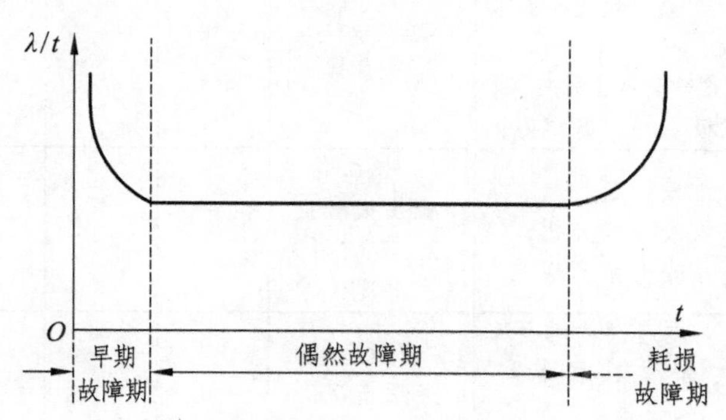

图 1.1　电子产品故障率“浴盆曲线”

1. 电子产品早期失效率高

主要原因是因为一些电子器件来料、PCBA、生产制程以及组装中导入的不良，会在电子产品早期工作的磨合期出现失效。正因为这个原因，电子产品在出厂前需要做老化（老炼）的动作；一些重要的电子产品还要做 HASS/HASA。

2. 电子产品故障率中间低

这是因为电子产品过了早期失效的阶段后，进入了随机失效的阶段，这个阶段的产品的失效主要是因为产品的某个部件的随机失效造成的。所以我们通常也把产品的中间时期叫作产品的使用寿命。

3. 电子产品的后期故障率高

这是因为电子产品过了使用寿命以后，其中的一些主要元器件开始加速老化，电子产品逐渐失去原有的功能，开始失效。基于浴盆曲线，我们希望提高产品的使用寿命，就需要降低产品的元器件在使用期内的失效率，从而提高产品的可靠性。

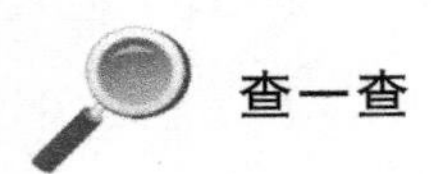

查一查

电子产品故障率“浴盆曲线”是谁发现和总结的？

三、任务评价

任务考核评价表

任务名称：电子产品故障规律概述

<table>
<tr><td colspan="9">班级：　　　　姓名：　　　　学号：　　　　指导教师：</td></tr>
<tr><td rowspan="3">评价项目</td><td rowspan="3">评价标准</td><td rowspan="3">评价依据（信息、佐证）</td><td colspan="3">评价方式</td><td rowspan="3">权重</td><td rowspan="3">得分小计</td><td rowspan="3">总分</td></tr>
<tr><td>小组评价</td><td>学校评价</td><td>企业评价</td></tr>
<tr><td>0.1</td><td>0.8</td><td>0.1</td></tr>
<tr><td>职业素质</td><td>1. 遵守企业管理规定、劳动纪律；
2. 按时完成学习及工作任务；
3. 工作积极主动、勤学好问</td><td>实习表现</td><td></td><td></td><td></td><td>0.2</td><td></td><td rowspan="3"></td></tr>
<tr><td>专业能力</td><td>1. 故障的正确判断；
2. 故障原因的准确分析；
3. 严格遵守安全生产规范</td><td>1. 书面作业和检修报告；
2. 实训课题完成情况记录</td><td></td><td></td><td></td><td>0.7</td><td></td></tr>
<tr><td>创新能力</td><td>能够推广、应用国内相关职业的新工艺、新技术、新材料、新设备</td><td>“四新”技术的应用情况</td><td></td><td></td><td></td><td>0.1</td><td></td></tr>
<tr><td>指导教师综合评价</td><td colspan="8">

指导老师签名：　　　　　　　　日期：</td></tr>
</table>

1.3　电子产品使用环境分析

任务目标

（1）学习环境对电子产品性能影响的基础知识；

（2）掌握电子产品日常维护的工作方法。

任务分析

高温、低温、温度循环、温度冲击、低气压、湿热、日光辐射、砂尘、雨水等环境会影响电子产品的性能。在不同的环境中应该采取不同的维护方法是本次任务的重点内容。

认真阅读任务实施部分的内容，结合参考材料或上网查询，请在实训报告册上回答以下问题：

四川地区的环境有什么样的特点？会对电子产品有什么影响？

任务实施

一、任务准备

1. 教师准备

电子教案、教学课件、学习材料各 1 份。

2. 学生准备

教材 1 本、实训报告册 1 本、签字笔 1 只，复习任务 1.2 相关知识，留心观察与记录由于环境影响造成的电子产品故障现象。

二、任务实施

1. 环境对电子产品性能的影响

（1）温度。

高温环境对电子产品的主要影响有：

① 发生氧化等化学反应，造成绝缘结构、表面防护层迅速老化，加速破坏；

② 增强水汽的穿透能力和水汽的破坏能力；

③ 使某些物质软化、融化，使结构在机械应力下损坏；

④ 使润滑剂黏度减小和蒸发，丧失润滑能力；

⑤ 使物体发生膨胀变形，从而导致机械应力加大，运行零件磨损增大或结构损坏；

⑥ 对于发热量大的电子产品来说，高温环境会使机内温度上升到危险程度，导致电子元器件损坏或加速老化，大大缩短使用寿命。

（2）湿度。

湿度也是环境因素中的一个重要因素，特别是它和温度因素结合在一起时，往往会产生更大的破坏作用。高湿度环境会导致电子产品物理性能下降、绝缘电阻降低、介电常数增加、机械强度下降，以及产生腐蚀、生锈和润滑油劣化等现象。无论在电子产品使用状态或运输保管状态都会引起这些问题。相反，干燥环境会引起电子产品干裂与脆化，导致机械强度下降，结构失效及电气性能发生变化。

湿热环境是促使霉菌迅速繁殖的良好条件，也会助长盐雾的腐蚀作用。因此，人们将湿热、霉菌和盐雾的防护合称“三防”，是湿热气候区产品设计和技术改造需要考虑的重要环节。

（3）气压。

气压降低、空气稀薄所造成的影响主要有散热条件差、空气绝缘强度下降、灭弧困难。由于气压主要随海拔的增加而按指数规律降低，故空气绝缘强度与海拔所呈关系大体为：海拔每升高 100 m，绝缘强度约下降 1%。气压降低，灭弧困难，主要影响电子产品电气接点的切断能力和使用寿命。

（4）盐雾。

盐雾对电子产品的影响主要表现为其沉降物溶于水（吸附在机上和机内的水分），在一定温度条件下对元器件、材料和线路造成腐蚀或改变其电性能，从而导致电子产品的可靠性下降，故障率上升。

盐雾是一种氯溶胶，主要发生在海上与海边，在陆上则可能因盐碱被风刮起或盐水蒸发而引起。盐雾的影响主要在离海岸约 400 m、高度约 150 m 的范围内。再远，其影响会迅速减弱。在室内，盐雾的沉降量仅为室外的一半。因此，在室内、密封舱内，盐雾的影响变小。

（5）霉菌。

霉菌是指生长在营养基质上面形成绒毛状、蜘蛛网状或絮状菌丝体的真菌。霉菌种类繁多，其繁殖是指它的孢子在适宜的温湿度、pH 值及其他条件下发芽和生长。最宜霉菌繁殖的温度是 20 ~ 30 °C。霉菌的生长还需营养成分与空气。元器件上的灰尘、人手留下的汗迹、油脂等都能为它提供营养。

霉菌的生长直接破坏了作为它的培养基的材料，如纤维素、油脂、橡胶、皮革、脂肪酸酯、某些涂料和部分塑料等，使材料性能劣化，造成表面绝缘电阻下降，漏电增加。霉菌的代谢物也会对材料产生间接的腐蚀，包括对金属的腐蚀。

（6）振动。

振动对电子产品的主要影响有：

① 形变（电位器、波段开关、微调电容）；② 元器件共振；③ 导线位置变化（分布参数变化）；④ 锡焊或熔接开裂；⑤ 螺钉、螺母松动或脱落。

（7）粉尘。

粉尘对电子产品的主要影响有：

① 使散热条件变差；② 粉尘吸收水分，使绝缘性能变差，严重时造成短路。

（8）电磁干扰。

电磁干扰源主要有：固有干扰源、人为干扰源（电机\开关）、自然干扰源（雷电）三种。

想一想

（1）环境对电子产品性能有什么样的影响？

（2）电子产品日常维护的基础工作有哪些？

2. 电子产品日常维护工作

（1）防尘与去尘。

要保证电子仪器处于良好的备用状态，首先应保证其外表的整洁。因此，防尘与去尘是一项最基本的维护措施。常见的防尘与除尘工具如图 1.2 所示。

图 1.2　防尘与除尘工具

电子仪器使用完毕后应注意加罩。如果没有专门的仪器罩，也应设法盖好，或将仪器放进柜子内。严禁将电子仪器无遮盖地长期搁置在水泥地或靠墙的地板上。除此之外，平时要常用毛刷或干布将仪器的外表擦刷干净，但不要用沾水的湿布抹擦，避免水汽进入仪器内部，防止机壳脱漆生锈。对于电子仪器内部的灰尘，通常使用检修仪器（如皮老虎或长毛刷）吹刷干净。特别注意，在清理仪器内部灰尘时，最好不要变动电路元器件与接线位置，避免拔出接插件。必要时应事先做好记号，以免复位时插错位置。

（2）防潮与驱潮。

如同温度，湿度对元器件性能也会产生影响，湿度越大对电子产品绝缘性能影响越大。电子产品内部电源变压器和其他线绕元件的绝缘强度经常会由于受潮而下降，从而发生漏电、击穿、霉烂、断线等问题，导致电子设备出现故障。电子产品的存放地点应该选择比较干燥，通风良好的房间，避免阳光直接照射。在仪器内部或存放仪器的柜子内，应放置硅胶袋以吸收空气中的水分。防潮措施可采取密封、涂覆防潮涂料等方法，使零部件与潮湿环境隔离，从而起到防潮作用。如图 1.3 所示为防潮用干燥袋。

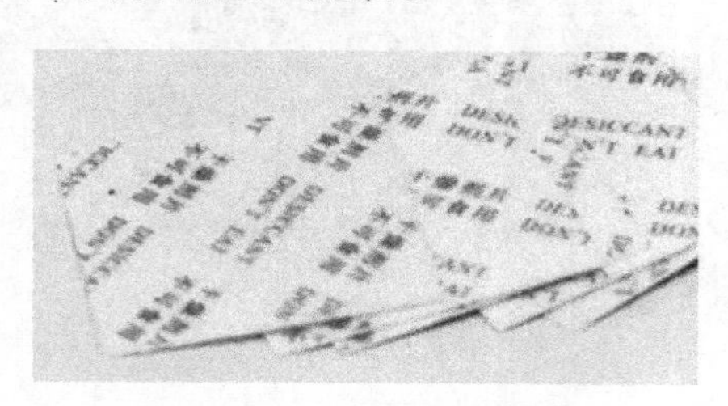

图 1.3　干燥袋防潮

（3）防热与排热。

由于绝缘材料的介电性能，抗电强度会随温度的升高而下降，而电路元器件的参数也会受温度的影响，特别是半导体器件的特性受温度的影响比较明显。因此，对于电子仪器的温升都有一定的限制，通常规定不得超过 40 °C，而仪器的最高工作温度不应超过 65 °C。通常室内温度应保持在 20 ~ 25 °C 最为适合，必要时用采用通风排热等人工降温措施，或者缩短仪器连续工作的时间，以达到防热的目的。此外，还可以使用防热设计的设备，如防热插座，如图 1.4 所示。防热插座由插孔接触件、异形弹簧、隔热板、上绝缘体、下绝缘体、外壳和压圈组成。插孔接触件通过上下绝缘体对准位置，由压圈固定在外壳中，隔热板能在上绝缘体和外壳之间的空间中转动，隔热板和上绝缘体上设有若干大小不等且对应的圆孔。在隔热板与绝缘体的外圆上设置有多个异形弹簧。利用弹簧的弹力作用可使隔热板转动，遮挡住上绝缘体的孔位，阻挡热辐射，起隔热保护作用。这样设计的插座具有结构紧凑、占用空间小、防热性能优良的特点。

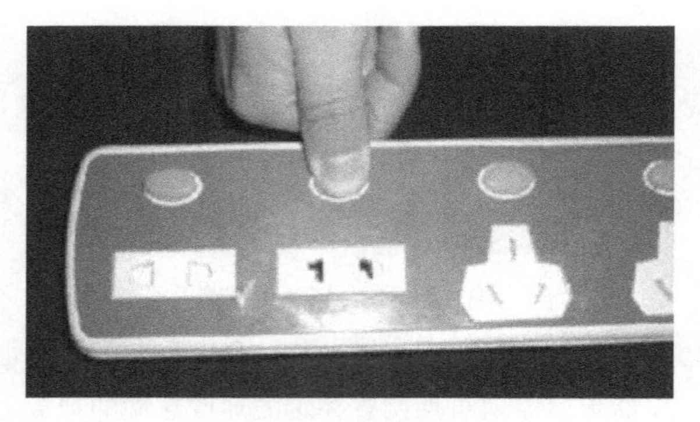

图 1.4 防热插座

（4）防振与防松。

由于在长期使用运行或环境条件变化会引起振动，可能损坏仪器的插件和表头等精密元件，因此对于各种电子仪器一般要采取防振措施。对于电子仪器设备上装置的开关、旋钮、读盘、接线柱、电位器锁定螺钉等应定期检查和紧固，必要时可加油漆以防松脱。在放置电子仪器的桌面上，不应进行敲击捶打工作。靠近仪器集中的地方，不应装置或放置振动很大的机电设备。在对仪器设备进行装箱或搬运时，应尽量使用泡沫气垫等防振器材。常见减震垫如图 1.5 所示。

图 1.5 减震垫

（5）防腐蚀。

电子仪器应避免靠近酸性或碱性气体。仪器内部如装有电池，应定期检查以免发生漏液或腐烂；如果长期不用，应取出电池另行存放。电子仪器如果需要长时间的包装存放，应使用凡士林或黄油涂擦仪器面板的镀层部件和金属的附配件等，并用油纸（见图 1.6）或蜡纸包封，以免受到腐蚀。

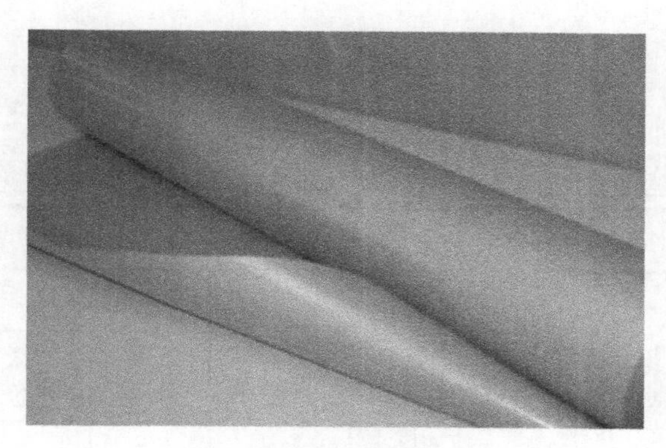

图 1.6　防腐蚀油纸

（6）防漏电。

由于电子仪器大多使用市交流电来供电，因此，防止漏电是一项关系到人身安全的重要维护措施。特别是对于采用双芯电源插头，而仪器的外壳又没有接地的情况，如果仪器内部电源变压器的绕组对外壳严重漏电，人手碰触仪器外壳可能感到麻电，甚至造成触电事故。因此为防止电气装置的金属外壳、配电装置的构架和线路杆塔等物体带电，危及人身和设备安全，应对相应装置进行接地处理，即所谓的保护接地。保护接地是将正常情况下不带电，而在绝缘材料损坏后或其他情况下可能带电的电器金属部分（即与带电部分相绝缘的金属结构部分）用导线与接地体可靠连接起来的一种保护接线方式。接地保护一般用于配电变压器中性点不直接接地（三相三线制）的供电系统中，用以保证当电气设备因绝缘损坏而漏电时产生的对地电压不超过安全范围。

对于电子设备要定期检查是否漏电，最安全的防漏电措施是采用三芯电源插头和插座，常见防漏电插头如图 1.7 所示。因为它有一个接地端子，即使仪器内部发生漏电，也能使仪器设备的外壳通过插头和插座的接地线可靠接地，对人身不会造成危险。

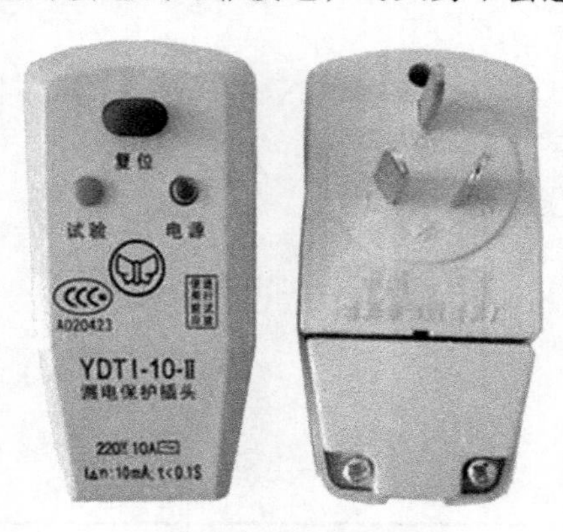

图 1.7　防漏电插头

做一做

根据电子产品日常维护指导，对自己的电脑进行清洁和维护。

三、任务评价

任务考核评价表

任务名称：电子产品使用环境分析

<table>
<tr><td colspan="3">班级：　　　　　姓名：　　　　　学号：</td><td colspan="7">指导教师：</td></tr>
<tr><td rowspan="3">评价项目</td><td rowspan="3">评价标准</td><td rowspan="3">评价依据
（信息、佐证）</td><td colspan="3">评价方式</td><td rowspan="3">权重</td><td rowspan="3">得分小计</td><td rowspan="3">总分</td></tr>
<tr><td>小组评价</td><td>学校评价</td><td>企业评价</td></tr>
<tr><td>0.1</td><td>0.8</td><td>0.1</td></tr>
<tr><td>职业素质</td><td>1. 遵守企业管理规定、劳动纪律；
2. 按时完成学习及工作任务；
3. 工作积极主动、勤学好问</td><td>实习表现</td><td></td><td></td><td></td><td>0.2</td><td></td><td rowspan="3"></td></tr>
<tr><td>专业能力</td><td>1. 理会影响电子产品正常工作的环境因素；
2. 理会各种环境的应对方法；
3. 严格遵守安全生产规范</td><td>1. 书面作业和检修报告；
2. 实训课题完成情况记录</td><td></td><td></td><td></td><td>0.7</td><td></td></tr>
<tr><td>创新能力</td><td>能够推广、应用国内相关职业的新工艺、新技术、新材料、新设备</td><td>“四新”技术的应用情况</td><td></td><td></td><td></td><td>0.1</td><td></td></tr>
<tr><td>指导教师综合评价</td><td colspan="8">

指导老师签名：　　　　　　　　日期：</td></tr>
</table>

任务2　维修方法、程序及注意事项

2.1　电子产品维修方法

任务目标

（1）学习电子产品维修的基本概念；

（2）掌握电子产品维修的一般方法。

任务分析

在日常生活中，电子产品会出现各种故障，在判断故障类型后应马上制订维修方案，因此掌握电子产品维修的一般方法是很有必要的。

认真阅读任务实施部分的内容，结合参考材料或上网查询，请在实训报告册上回答以下问题：

电子产品故障维修有哪些方法？

任务实施

一、任务准备

1. 教师准备

电子教案、教学课件、学习材料各1份。

2. 学生准备

实训报告册1本、签字笔1只，复习造成电子产品故障原因相关知识，预习故障维修的基础知识。

二、任务实施

电子产品维修一般方法有以下几种，具体方法如下所述。

1. 直观检查法

（1）了解故障情况。

检修电子设备时，不要急于通电检查。首先应向使用者了解电子设备故障前后的使用情况（故障发生在开机时，还是在工作中突然或逐渐发生的，有无冒烟、焦味、闪光、发热现象；故障前是否动过开关、旋钮、按键、插件等）及气候等环境情况，并对产品内部进行除尘，为下一步的维修做准备（见图 1.8）。

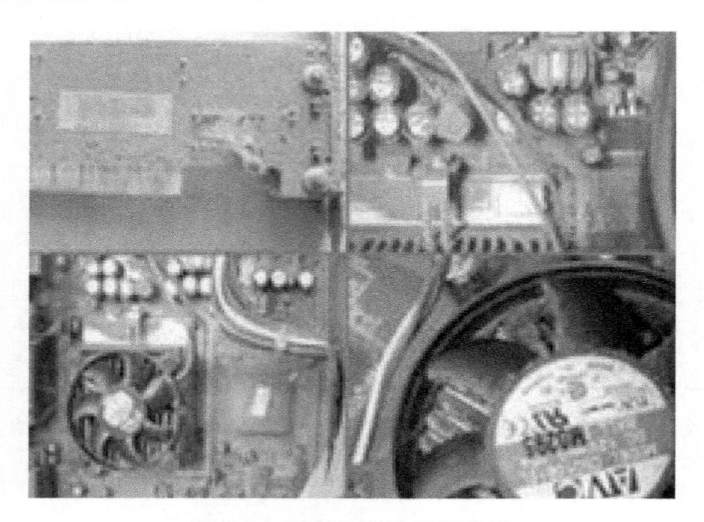

图 1.8 覆满灰尘的电子产品

（2）外观检查。

① 通电前检查。检查按键、开关、旋钮位置是否正确；电缆、电线插头有无松动；印刷电路板铜箔有无断裂、短路、霉烂、断路、虚焊、打火痕迹，元器件有无变形、脱焊、互碰、烧焦、漏液、胀裂等现象，保险丝是否熔断或松动，电机、变压器、导线等有无焦味、断线、打火痕迹；继电器线圈是否良好、触点是否烧蚀等。胀裂的电容器如图 1.9 所示。

图 1.9 胀裂的电容

② 通电检查。通电前检查如果正常或排除了异常现象后，就可以通电检查。通电检查时，在开机的瞬间应特别注意指示设备（如电表、指示灯、荧光屏）是否正常，机内有无冒烟、打火等现象，断电后摸电机外壳、变压器、集成电路等是否发烫。若均正常，即可进行测量检查。

2. 测量检查法

（1）电阻测量法。

电阻测量法一般在不通电的情况下用万用表的电阻挡进行测量。数字万用表如图 1.10 所示。

图 1.10　数字万用表

注意事项：

① 测量与其他电路有联系的元器件或电路时，需注意电路的并联效应，必要时断开被测电路一端进行测量；

② 测量回路中有电表表头时，应将表头短路，以免损坏表头；

③ 若被测电路中有大电容时，应首先放电；

④ 根据被测电阻阻值的大小，应选用适当量程；

⑤ 电机、变压器的绝缘测量应选用兆欧表。

（2）电压测量法。

电压测量法主要用万用表直流电压挡检测电源部分输出的各种直流电压，晶体管各极对地直流电压，集成电路各引脚对地直流电压，关键点的直流电压等。

维修注意事项：

① 正确选择参考点，一般情况下参考点是以地端为标准，但某些特殊电路的电源负端、正端都不接地，参考点应以该局部电路的电源负端为参考点；

② 注意电路的并联效应及电表对电路的影响，有时某一元件电压失常，并不一定是这个元件损坏，有可能是相邻元器件发生故障引起的。

（3）电流测量法。

电流测量法主要测量电子设备整机工作电流或某一电路中的工作电流。电流检查往往比电阻检查更能反映出各电路静态工作是否正常。测量整机工作电流时，须将电路断开（或取下直流保险丝），将万用表电流挡（选择最大量程）串入电路中（应将万用表接好后再通电）；另外，还可以测量电子设备插孔电流、晶体管和集成电路的工作电流、电源负载电流、电容器漏电电流、空载变压器电流、过荷继电器动作电流等。家电测量时必须预先选好量程，防止量程过小而损坏电表。

（4）波形测量法。

波形测量法一般用示波器测量波形，能比较直观地检查电路动态工作状况，这是其他方法无法比拟的。常见模拟示波器如图 1.11 所示。

图 1.11 模拟示波器

注意事项：

① 选择公共点作为示波器地线，地线必须接触良好，否则波形不稳或看不到波形；

② 被测设备的地线必须是“冷”地（即与电网是隔离的）；

③ 示波器探头输入阻抗要高，否则对被测电路有影响；

④ 示波器输入信号应在量程范围内，否则易损坏示波器。

3. 干扰法

干扰法主要用于检查电子设备在输入适当的信号时才表现出来的故障。干扰法的操作方法是用镊子、螺丝刀、表笔等简单工具碰触某部分电路的输入端，利用人体感应或碰触中的杂波作为干扰信号，输入到各级电路，或用短路法使晶体管基极对地（连续或瞬间）短路。在给电路输入端加入这些干扰信号的同时，可用万用表或示波器在电路的输出端进行测量。注意荧光屏上是否有噪波干扰、喇叭中是否有噪声干扰，以判断被检查部位能否传输信号来判断故障部位。最好从最后一级逐渐向前检查。

4. 等效替换法

在大致判断了故障部位后还不能确定造成故障的原因时，对某些不易判断的元器件（如电感局部短路、集成电路性能变差等），用同型号或能互换的其他型号的元器件或部件代换，这种方法称为等效替换法。

在缺少测量仪器仪表的维修过程中，往往用替换法排除故障，尤其是对于插入式安装的元器件，该方法更是简单可行。

注意：

① 替换的元器件应确认是好的，否则将会造成误判；

② 对于因过载而产生的故障，不宜用替换法，只有在确信不会再次损坏新元器件或已采取保护措施的前提下才能进行替换。

5. 比较法

维修有故障的电子设备时，若有两台电子设备，可以用另一台好的电子设备作比较。分别测量出两台电子设备同一部位的电压、工作波形、对地电阻、元器件参数等数据来相互比较，这样可方便地判断故障部位。另外，平时多收集一些电子设备的各种数据，以便检修时作比较。

6. 隔离法

隔离法适用于各部分既能独立工作，又可能相互影响的电路（如多负载并联排列电路、分叉电路）。采用隔离法可将某电路各个部分一个一个地断开，一步一步地缩小故障范围。如当测量到某点对地短路时，首先看看是由哪几个支路交汇于这一点，然后逐一或有选择地分别将各支路断开。当断开某一支路时短路现象消失，则说明短路元件就在此条支路上。然后再沿这一支路，继续用上述方法查找，直到查到短路元件为止。在查找的过程中，串接有较大阻值电阻的支路可不用考虑。

7. 故障恶化法

对间歇性或随机性故障，为了使故障暴露出来，可采用故障恶化法，如振动、边缘校验（施加极限电源电压）、加热（如用电烙铁烘烤集成电路）、冷却（如用酒精棉球擦拭集成电路外壳），对连接器、电缆、插头、插入式单元等进行扭转、拨动等，但应注意避免造成永久性破坏。

8. 信号追踪法

用示波器、逻辑探头或万用表，按信号流程选择正确的检测点，检测电阻、电压、电流、信号波形、逻辑电平等是否正常。

测试要点：

① 由不正常的检测点开始沿信号通路往回测试；

② 先大范围寻找故障源，再小范围仔细测试（对于串联电路，可以从中间插入进行检测）。

想一想

你能用教材里的某种方法解决身边的故障吗？请举例。

三、任务评价

任务考核评价表

任务名称：电子产品维修方法

<table>
<tr><td colspan="9">班级：　　　　　　姓名：　　　　　　学号：　　　　　　指导教师：</td></tr>
<tr><td rowspan="3">评价项目</td><td rowspan="3">评价标准</td><td rowspan="3">评价依据
（信息、佐证）</td><td colspan="3">评价方式</td><td rowspan="3">权重</td><td rowspan="3">得分小计</td><td rowspan="3">总分</td></tr>
<tr><td>小组评价</td><td>学校评价</td><td>企业评价</td></tr>
<tr><td>0.1</td><td>0.8</td><td>0.1</td></tr>
<tr><td>职业素质</td><td>1. 遵守企业管理规定、劳动纪律；
2. 按时完成学习及工作任务；
3. 工作积极主动、勤学好问</td><td>实习表现</td><td></td><td></td><td></td><td>0.2</td><td></td><td rowspan="3"></td></tr>
<tr><td>专业能力</td><td>1. 认识各种操作工具；
2. 工具的正确使用；
3. 严格遵守安全生产规范</td><td>1. 书面作业和检修报告；
2. 实训课题完成情况记录</td><td></td><td></td><td></td><td>0.7</td><td></td></tr>
<tr><td>创新能力</td><td>能够推广、应用国内相关职业的新工艺、新技术、新材料、新设备</td><td>“四新”技术的应用情况</td><td></td><td></td><td></td><td>0.1</td><td></td></tr>
<tr><td>指导教师综合评价</td><td colspan="8">

指导老师签名：　　　　　　　　　　　　　　　　日期：</td></tr>
</table>

2.2 电子产品维修程序

任务目标

（1）熟悉电子产品维修程序；

（2）能够根据不同故障进行维修，掌握电子产品拆焊方法和技巧。

任务分析

电子产品维修程序是电子产品维修人员在实际工作中总结出来的一般性规律，对产品的维修与维护有一定的指导意义。

认真阅读任务实施部分的内容，结合参考材料或上网查询，请在实训报告册上回答以下问题：

（1）电子产品故障维修程序是什么？

（2）如果一块电路板某些元器件烧毁，应该怎么办？

任务实施

一、任务准备

1. 教师准备

电子教案、教学课件、学习材料各 1 份。

2. 学生准备

实训报告册 1 本、签字笔 1 只、清洁抹布 1 块等。

二、任务实施

1. 电子产品维修基本思路与步骤

（1）先动口，再动手。

对于有故障的电子设备，不应急于动手，应先询问用户产生故障的前后经过及故障现象。对于生疏的设备，还应先熟悉电路原理和结构特点，遵守相应规则。拆卸前要充分熟悉每个部件的功能、位置、连接方式以及与周围其他器件的关系，在没有组装图的情况下，应一边拆卸，一边画草图，并记上标记。

（2）先外部，后内部。

应先检查设备外观有无明显裂痕、缺损，了解其维修史、使用年限等，然后再对机内进行检查。拆前应排除周边的故障因素，确定为机内故障后才能拆卸，否则，盲目拆卸可能将设备越修越坏。

（3）先机械，后电气。

只有在确定机械零件无故障后，才能进行电气方面的检查。检查电路故障时，应利用检测仪器寻找故障部位，确认无接触不良故障后，再有针对性地查看线路与机械的运作关系，以免误判。

（4）先静态，后动态。

在设备未通电时，判断电气设备按钮、接触器、热继电器以及保险丝的好坏，从而判定故障的所在。通电试验，听其声、测参数、判断故障，最后进行维修。

（5）先清洁，后维修。

对污染较重的电气设备，先对其按钮、接线点、接触点进行清洁，检查外部控制键是否失灵。许多故障都是由脏污及导电尘块引起的，一经清洁，故障往往自动排除。

（6）先电源，后设备。

电源部分的故障率在整个故障设备中占的比例很高，所以先检修电源往往可以事半功倍。

（7）先普遍，后特殊。

因装配配件质量或其他设备故障而引起的故障，一般占常见故障的 50%左右。电气设备的特殊故障多为软故障，要靠经验和仪表来测量和维修。

（8）先外围，后内部。

先不要急于更换损坏的电气部件，应在确认外围设备电路正常时，再考虑更换损坏的电气部件。

2. 电子产品拆焊流程

将已焊好的焊点进行拆除的过程称为拆焊。拆焊是焊接的逆向过程，在电子产品的调试、维修、装配中，常常需要更换一些元器件，即要进行拆焊。由于拆焊方法不当，往往会造成元器件的损坏，如印制导线的断裂和焊盘的脱落。特别是更换集成电路时，这种损坏尤其明显。因此，拆焊需要一定的拆焊程序，以防止元器件损坏。

（1）分点拆焊。

对卧式安装的阻容元器件，两个焊接点距离较远，可采用电烙铁分点加热，逐点拔出。如果引线是弯曲的，用烙铁头撬直后再行拆除。具体方法是将印制板竖起，一边用烙铁加热待拆元件的焊点，一边用镊子或尖嘴钳夹住元器件引线轻轻拉出，然后再拆除另一引脚的焊点，最后将元器件拆下便可。

（2）集中拆焊。

晶体管及立式安装的阻容元器件之间焊接点距离较近，可用烙铁头同时快速交替加热几个焊接点，待焊锡熔化后一次拔出。对多接点的元器件，如开关、插头座、集成电路等，可用专用烙铁头同时对准各个焊接点，一次加热取下。

（3）采用铜编织线进行拆焊。

将铜编织线蘸上松香助焊剂，然后放在将要拆焊的焊点上，再把电烙铁放在铜编织线上加热焊点，待焊点上的焊锡熔化后，铜编织线就会把焊锡进行吸附（焊锡被熔到铜编织线上），如果焊点上的焊料一次没有被吸完，则可进行第二次、第三次，直到全部吸完为止。当铜编织线吸满焊料后，就不能再用，就需要把已经吸满焊料的那部分剪去。如果一时找不到铜编织线，也可采用屏蔽线编织层和多股导线代替，使用方法与使用铜编织线拆焊的方法完全相同。

（4）采用医用空心针头进行拆焊。

将医用针头用钢锉把针尖锉平，作为拆焊工具。具体的实施过程是，一边用烙铁熔化焊点，一边把针头套在被焊的元器件引脚焊点上，直至焊点熔化时，将针头迅速插入印制电路板的焊盘插孔内，使元器件的引脚与印制电路板的焊盘脱开。

（5）采用气囊吸锡器进行拆焊。

将被拆的焊点加热，使焊料熔化，然后把吸锡器挤瘪，将吸嘴对准熔化的焊料，并同时放松吸锡器，此时焊料就被吸进吸锡器内。如一次没吸干净，可重复进行 2、3 次。照此方法逐个吸掉被拆焊点上的焊料便可。

练习拆焊技术，特别是贴片元件的拆焊。

三、任务评价

任务考核评价表

任务名称：电子产品维修程序

<table>
<tr><td colspan="10">班级：　　　姓名：　　　学号：　　　指导教师：</td></tr>
<tr><td rowspan="3">评价项目</td><td rowspan="3">评价标准</td><td rowspan="3">评价依据
（信息、佐证）</td><td colspan="3">评价方式</td><td rowspan="3">权重</td><td rowspan="3">得分小计</td><td rowspan="3">总分</td></tr>
<tr><td>小组评价</td><td>学校评价</td><td>企业评价</td></tr>
<tr><td>0.1</td><td>0.8</td><td>0.1</td></tr>
<tr><td>职业素质</td><td>1. 遵守企业管理规定、劳动纪律；
2. 按时完成学习及工作任务；
3. 工作积极主动、勤学好问</td><td>实习表现</td><td></td><td></td><td></td><td>0.2</td><td></td><td rowspan="3"></td></tr>
<tr><td>专业能力</td><td>1. 理会正确的维修程序；
2. 严格遵守安全生产规范</td><td>1. 书面作业和检修报告；
2. 实训课题完成情况记录</td><td></td><td></td><td></td><td>0.7</td><td></td></tr>
<tr><td>创新能力</td><td>能够推广、应用国内相关职业的新工艺、新技术、新材料、新设备</td><td>“四新”技术的应用情况</td><td></td><td></td><td></td><td>0.1</td><td></td></tr>
<tr><td>指导教师综合评价</td><td colspan="8">

指导老师签名：　　　　　　　　日期：</td></tr>
</table>

2.3 电子产品维修注意事项

任务目标

（1）学习电子产品维修注意事项；

（2）掌握电子产品维修工具的使用方法。

任务分析

在电子产品维修过程中，工具的使用是必不可少的，如何将工具摆放和配合好是本次任务要掌握的重点。

认真阅读任务实施部分的内容，结合参考材料或上网查询，请在实训报告册上回答以下问题：

常用的维修工具有哪些？

任务实施

一、任务准备

1. 教师准备

电子教案、教学课件、学习材料各 1 份。

2. 学生准备

教材 1 本、实训报告册 1 本、签字笔 1 只、维修工具与仪器 1 套。

二、任务实施

1. 工作台的配备

工作台所在地面铺有绝缘胶皮，在工作台上有一层绝缘胶皮或防静电胶皮，并配备防静电环，配备电子整机维修常用工具，包括电烙铁、钳子、改锥、镊子、热风枪、止血钳、吸锡器、带灯放大镜、焊锡丝等，如图 1.12 所示。

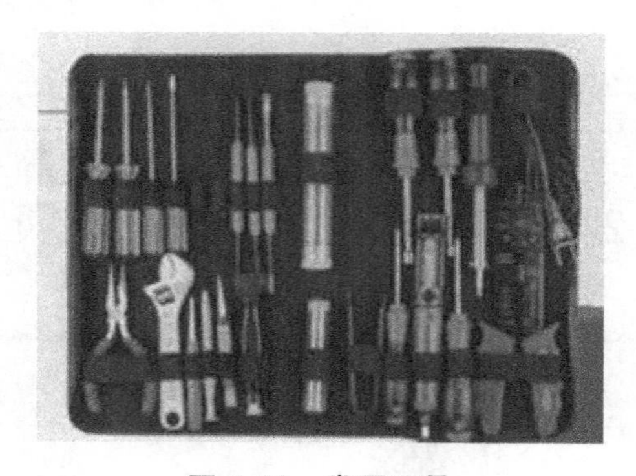

图 1.12 常用工具

2. 维修仪器的摆放

根据需要可在工作台左边放置常用仪器，例如电源、示波器、信号发生器、万用表、彩条信号发生器、扫频仪等。

工作台右边放置维修所用的常用工具，例如电烙铁、热风枪、带灯放大镜、焊锡丝等。

3. 电烙铁

常见电烙铁如图 1.13 所示。新买的烙铁在使用之前必须先给它蘸上一层锡（给烙铁通电，然后在烙铁加热到一定的时候就用锡条靠近烙铁头），使用久了的烙铁将烙铁头部锉亮，然后通电加热升温，并将烙铁头蘸上一点松香，待松香冒烟时再上锡，使在烙铁头表面先镀上一层锡。电烙铁通电后温度高达 250 °C 以上，不用时应放在烙铁架上，但较长时间不用时应切断电源，防止高温“烧死”烙铁头（被氧化）。要防止电烙铁烫坏其他元器件，尤其是电源线，若其绝缘层被烙铁烧坏而不注意便容易引发安全事故。不要把电烙铁猛力敲打，以免震断电烙铁内部电热丝或引线产生故障。电烙铁使用一段时间后，可能在烙铁头部留有锡垢，在烙铁加热的条件下，我们可以用湿布轻擦。如有出现凹坑或氧化块，应用细纹锉刀修复或者直接更换烙铁头。

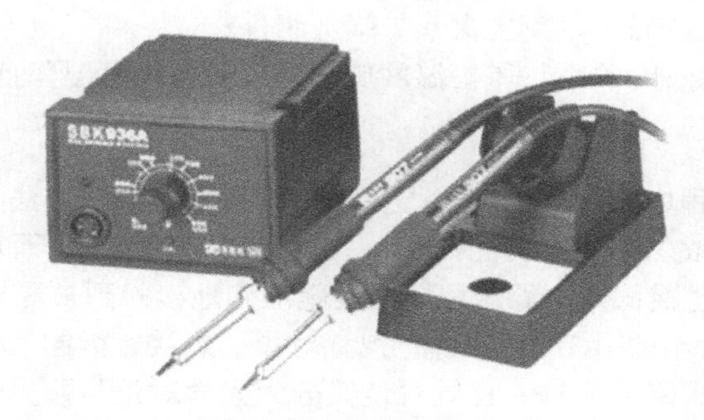

图 1.13　电烙铁

4. 热风枪

热风枪是利用发热电阻丝的枪芯吹出的热风来对元件进行焊接与摘取的工具，常见热风枪如图 1.14 所示。根据热风枪的工作原理，热风枪控制电路的主体部分应包括温度信号放大电路、比较电路、可控硅控制电路、传感器、风控电路等。另外，为了提高电路的整体性能，热风枪还设置了一些辅助电路，如温度显示电路、关机延时电路和过零检测电路。温度显示电路显示的温度为电路的实际温度，工人在操作过程中可以依照显示屏上显示的温度来手动调节。热风枪是维修中用得最多的工具之一，从取下或安装小元件到大片的集成电路都要用到热风枪。同时，热风枪使用的工艺要求也很高。

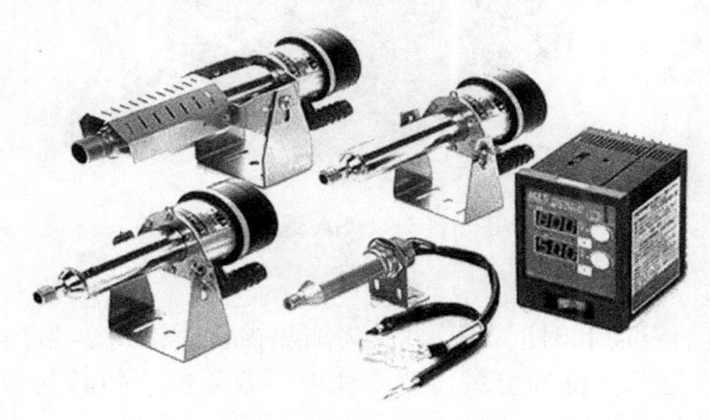

图 1.14　热风枪

在使用热风枪过程中应注意：

① 温度旋钮和风量旋钮的选择要根据不同集成组件的特点而定，以免温度过高损坏组件或风量过大吹丢小的元器件；

② 用热风枪吹焊 SOP（小外形封装）、QFP（方形扁平式封装）和 BGA（球栅阵列封装）的片状元器件时，初学者最好先在需要吹焊的集成电路四周贴上条形纸带，以避免损坏其周围元器件；

③ 注意吹焊的距离适中，距离太远元器件会吹不下来，距离太近则会损坏元器件；

④ 风嘴不能集中于一点吹，应按顺时针或逆时针的方向均匀转动手柄，以免吹鼓、吹裂元器件；

⑤ 不能用热风枪吹接插件的塑料部分，热风枪的喷嘴不可对准人和设备，以免烫伤人或烫坏设备；

⑥ 不能用热风枪吹灌胶的集成电路，应先除胶，以免损坏集成电路或板线；

⑦ 吹焊组件要熟练准确，以免多次吹焊损坏组件；

⑧ 吹焊完毕时，要及时关小热风枪温度旋钮，以免持续高温降低手柄的使用寿命。

5. 拆　焊

电子产品在焊接过程中难免会出现错焊，所以掌握一定拆焊方法与相关工具是很有必要的。如在焊接与拆焊集成电路板上的元器件时，需要固定电路板，否则拆装组件极不方便。利用仪器检测电路时，也需固定电路板，以便表笔准确地接触到被测点。此外，BGA 返修台（见图 1.15）是对不同大小的 BGA 原件进行视觉对位、焊接、拆卸的智能操作设备，能有效提高返修率生产率，大大降低成本。视觉对位又分为光学对位与非光学对位。光学对位通过光学模块采用裂棱镜成像；非光学对位则是通过肉眼将 BGA 根据 PCB 板丝印线及点对位，以达到对位返修。

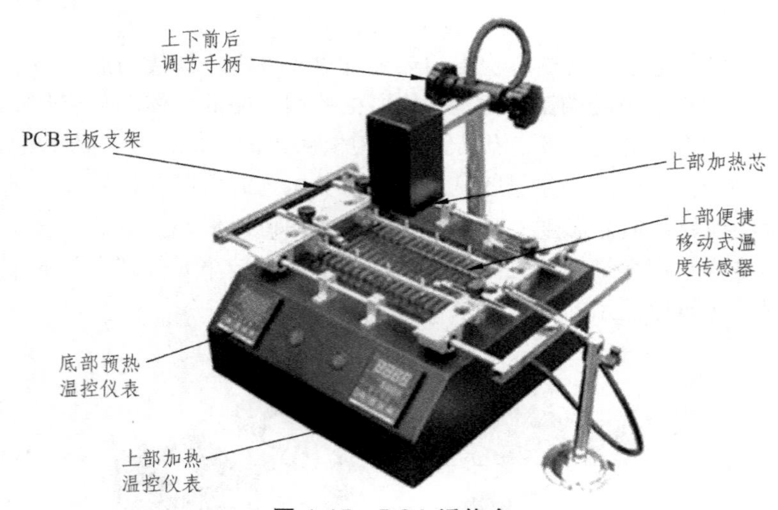

图 1.15　BGA 返修台

在拆焊时应注意：

① 严格控制加热的温度和时间。用烙铁头加热被拆焊点时，当焊料一熔化，应及时沿印制电路板垂直方向拔出元器件的引脚，但要注意不要强拉或扭转元器件，以避免损伤印制电路板的印制导线、焊盘及元器件本身。

② 拆焊时不要用力过猛。在高温状态下，元器件封装的强度会下降，尤其是塑封器件，拆焊时不要强行用力拉动、摇动、扭转，以避免造成元器件和焊盘的损坏。

③ 吸去拆焊点上的焊料。拆焊前，用吸锡工具吸去焊料，有时可以直接将元器件拔下。即使还有少量锡连接，也可以减少拆焊的时间，降低损坏元器件和印制板的可能性。在没有吸锡工具的情况下，则可以将印制电路板或能移动的部件倒过来，用电烙铁加热拆焊点，利用重力原理，让焊锡自动流向电烙铁，以达到部分去锡的目的。

④ 当拆焊完毕，必须把焊盘插线孔内的焊料清除干净，避免在重新插装元器件时将焊盘顶起损坏（因为有时孔内焊锡与焊盘是相连的）。

做一做

（1）练习电烙铁的焊接和拆焊的方法。

（2）练习函数信号发生器和示波器的使用。

三、任务评价

任务考核评价表

任务名称：电子产品维修注意事项

<table>
<tr><td colspan="9">班级：　　　　姓名：　　　　学号：　　　　指导教师：</td></tr>
<tr><td rowspan="3">评价项目</td><td rowspan="3">评价标准</td><td rowspan="3">评价依据（信息、佐证）</td><td colspan="3">评价方式</td><td rowspan="3">权重</td><td rowspan="3">得分小计</td><td rowspan="3">总分</td></tr>
<tr><td>小组评价</td><td>学校评价</td><td>企业评价</td></tr>
<tr><td>0.1</td><td>0.8</td><td>0.1</td></tr>
<tr><td>职业素质</td><td>1. 遵守企业管理规定、劳动纪律；
2. 按时完成学习及工作任务；
3. 工作积极主动、勤学好问</td><td>实习表现</td><td></td><td></td><td></td><td>0.2</td><td></td><td rowspan="3"></td></tr>
<tr><td>专业能力</td><td>1. 学会各种工具的正确使用方法；
2. 学会常用仪器仪表的正确使用方法；
3. 严格遵守安全生产规范</td><td>1. 书面作业和检修报告；
2. 实训课题完成情况记录</td><td></td><td></td><td></td><td>0.7</td><td></td></tr>
<tr><td>创新能力</td><td>能够推广、应用国内相关职业的新工艺、新技术、新材料、新设备</td><td>“四新”技术的应用情况</td><td></td><td></td><td></td><td>0.1</td><td></td></tr>
<tr><td>指导教师综合评价</td><td colspan="8">

指导老师签名：　　　　　　　　日期：</td></tr>
</table>

项目二　元器件及电路图识读训练

项目引入

现如今电子产业是我国增长最快的行业之一，其中消费类电子产品又在其中占据着很大比值。因此，对一些典型的消费类电子产品进行维修有着非常广阔的市场前景。所以，对于我们电子专业的同学来说，掌握一些典型的电子产品故障诊断及维修的技术是非常有必要的。

一张电路图就好像是一篇文章，各种单元电路就好比是句子，而各种元器件就是组成句子的单词。电子元器件是构成电子产品的基础，一张电路图通常包含几十乃至几百个电子元器件，所以首先必须对电子产品中常见的电子元器件进行系统的学习。电路图的连线纵横交叉，形式变化多端，初学者往往不知道该从什么地方开始，怎样才能读懂它。

电子电路本身有很强的规律性，不管多复杂的电路，经过分析都可以发现，它是由少数几个单元电路组成的。如同孩子们玩的积木，虽然只有十来种或二三十种，可是在孩子们手中却可以搭成几十乃至几百种平面图形或立体模型。我们通常会根据各部分电路的功能特点将整个电路划分为各个功能电路，这些电路都是电子产品中的基本组成电路，协同配合实现产品功能。因此，初学者只要先熟悉常用的基本单元电路，再学会分析和分解电路，看懂一般的电路图就不是问题。

项目目标

（1）掌握对电阻器、电位器进行质量判断的方法；
（2）熟悉电阻器与电位器的选用及代换原则；
（3）掌握对电容器质量、电感器性能及指标进行检测的方法；
（4）熟悉电容器、电感器的选用及代换原则；
（5）掌握识别和检测二极管、三极管管脚和质量的方法；
（6）熟悉二极管、三极管的选用及代换原则；
（7）能根据场效应管、晶闸管外形和标志识别其类型、极性和分类；
（8）掌握场效应管、晶闸管的极性和质量进行检测的方法以及选用及代换原则；
（9）了解并熟悉光电器件的分类、功能及应用；
（10）掌握一些光电器件检测方法；
（11）熟悉常用电声器件的分类、结构和使用中的注意事项；
（12）掌握一些电声器件质量的检测方法和应用电路；
（13）熟悉开关、接插件的分类、结构、用途；
（14）熟悉石英晶振元件、陶瓷元件的分类、结构、用途和应用电路；
（15）掌握石英晶振元件、陶瓷元件质量的检测方法；

（16）掌握集成电路的识别及代换；
（17）熟悉超外差收音机的基本原理、特点及功能分块；
（18）掌握超外差收音机电路图分功能识读的方法；
（19）熟悉 2.1 声道音箱功放的基本原理、特点及功能分块；
（20）掌握 2.1 声道音箱功放电路图分功能识读的方法。

项目分析

电子元器件是构成电子产品的基础，是组成电路的最小单位，任何电子产品都是由不同的电子元器件按照电路规则组合而成的。最常见的电子元器件有电阻器、电容器、电感器等，此外还有一些半导体器件，例如二极管、晶体三极管等。同时这些元器件也是电子产品中比较容易损坏的。因此，在维修电子产品之前，首先要了解这些元器件的重要特性，以便对产品中损坏的元器件进行检测和代换。而元器件使用前的准确检测能在很大程度上提高电子产品的质量，降低产品的故障率。在任务 2 中，以三个典型电路为基础，介绍电子产品电路原理图的识读方法和识读技巧。在学习这二组电路图的过程中，重点应放在识读方法和识读技巧上，这样才能举一反三，为今后维修电子产品做好准备。

项目实施

项目实施地点		电子产品维修学习工作站			
序号	任务名称		学时	权重	备注
任务 1	常用元器件识读训练		20	56%	
任务 2	简单整机电路图识读训练		8	22%	
任务 3	复杂整机电路图识读训练		8	22%	
合　计			36	100%	

任务 1　常用元器件识读训练

1.1　电阻器、电位器的分类、检测及代换

任务目标

（1）了解电阻器和电位器的分类；
（2）对电阻器与电位器进行质量判断；
（3）熟悉电阻器和电位器的选用及代换原则。

任务实施

一、电阻器和电位器的定义

1. 电阻器的定义

电阻器通常也称为电阻，是一个为电流提供通路的电子器件，可以定义为每单位电流经过导体上所引起的电压。电阻为线性原件，即电阻两端电压与流过电阻的电流成正比，通过这段导体的电流强度与这段导体的电阻成反比。欧姆定律表示为：

电阻（R）= 电压（U）/电流（I）

与电源不同，电阻没有极性（正、负极），因此在电路中可以任意连接。

电阻元件的基本特征是消耗能量，其基本参量是电阻值（R），单位为欧姆（Ω）、千欧（kΩ）和兆欧（MΩ）。其中：

$$1\ \text{k}\Omega = 1\ 000\ \Omega$$

$$1\ \text{M}\Omega = 1\ 000\ \text{k}\Omega$$

电阻的电路符号如图 2.1 所示。

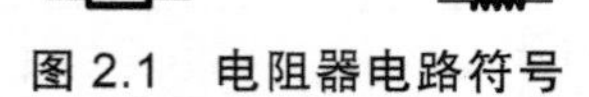

图 2.1 电阻器电路符号

2. 电位器的定义

电位器是一种连续可调的电阻器，其滑动臂（动接点）的接触刷在电阻体上滑动，可获得与电位器外加输入电压和可动臂转角成一定关系的输出电压。通过调节电位器的转轴，使它的输出电位发生改变，可做分压器使用，所以称为电位器。有时也可以当可变电阻使用，称为变阻器。

电位器的电路符号如图 2.2 所示。

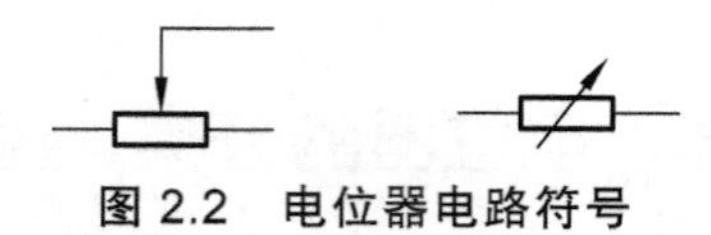

图 2.2 电位器电路符号

本项目还需要完成的任务有以下几个：

- 详细了解电阻器与电位器的分类；
- 学会用万用表测量并判断电阻器与电位器的质量；
- 电阻器与电位器的选择和代换原则。

二、电阻器的分类

电阻按电阻体材料、结构形状、引出线及用途等分成多个种类。电阻的种类虽多，但常用的主要为RT型碳膜电阻、RJ型金属膜电阻，RX型线绕电阻和片状电阻，如表2.1所示。其中，国产RT型电阻外表通常涂覆绿漆，RJ型金属膜电阻则涂覆红漆，且一般都印上型号及规格等，较易识别。近年来随着进口及合资产品大量上市，RT型电阻中以色环电阻占据主流地位，其底色并不很一致。RX型线绕电阻外表多为黑色，被釉线绕电阻则多为深绿或浅绿色。片状电阻外表一般都为黑色，且上面标注有代表阻值的数字；若不为黑色且标注为0或000的或根本无标注，这种片状元件并非电阻，而是一种用于代替连接导线、阻值为零的“桥接元件”。

表2.1　电阻器基本分类

序号	分类	制造原理	特点及用途	图片
1	碳膜电阻器	碳膜电阻器利用结晶碳沉积在瓷棒或瓷管上制成，改变碳膜的厚度和用刻槽的方法变更碳膜的长度，可以得到不同的阻值	高频性能好，价格低，应用广泛	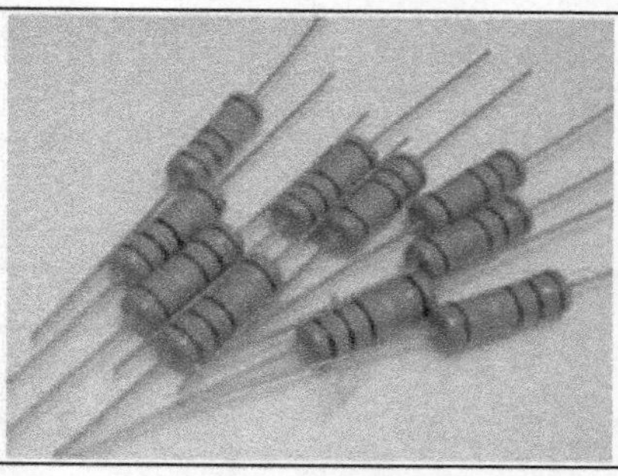
2	金属膜电阻器	金属膜电阻器的电阻膜是通过真空蒸发等方法，使合金粉沉积在瓷基体上制成的。刻槽和改变金属膜厚度可以精确地控制阻值	耐热性能好，与碳膜电阻器相比，体积小、噪声低、稳定性好。它的工作频率也较宽，但成本稍高，适用于要求较高档的通信设备、电子仪器等电路中；在家用电器上也得到了较多的应用	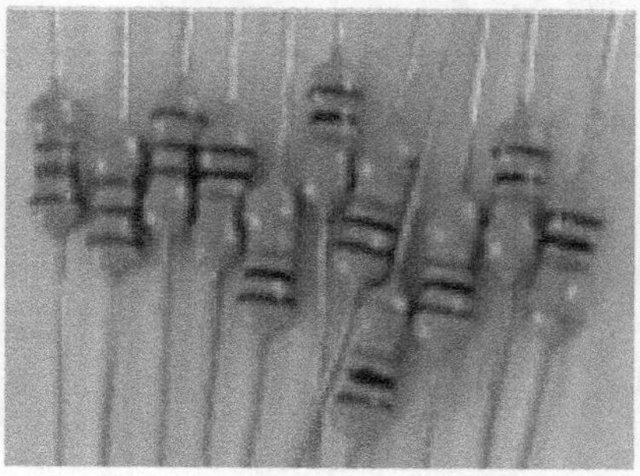
3	线绕电阻器	线绕电阻器是用电阻率较大的镍铬合金、锰铜等合金线在陶瓷骨架上缠绕而制成的	耐高温(能在300 °C的高温下稳定工作)、噪声小、阻值精度高等。线绕电阻器的额定功率较大（4 W～300 W），常用在电源电路中作限流电阻(如彩电电源中的水泥电阻)等。也可制成精密型电阻器，如万用表中作分流电阻用。一般的线绕电阻器由于结构上的原因，其分布电容、电感较大，不宜用在高频电路中	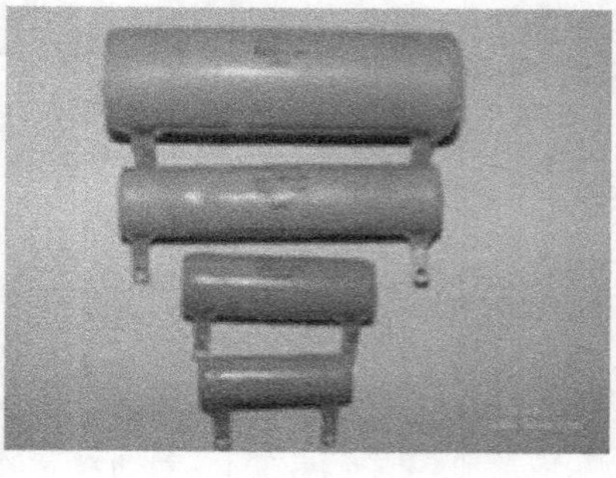

续表 2.1

序号	分类	制造原理	特点及用途	图片
4	贴片电阻器	片式固定电阻器，俗称贴片电阻（SMD Resistor），是金属玻璃釉电阻器中的一种，是将金属粉和玻璃釉粉混合，采用丝网印刷法印在基板上制成的电阻器	耐潮湿、耐高温，体积小，质量轻，利于整机产品的小型化、微型化；温度系数小，电性能稳定，可靠性高，机械强度高，尺寸稳定，很适合 SMT 技术要求；高频特性优异；具有优异的适应载流焊和回流焊，很适合 SMT 技术要求；尺寸稳定，装配成本低并与自动贴装设备匹配好	

三、电位器的分类

电位器的主要分类如表 2.2 所示。

表 2.2 电位器基本分类

<table>
<tr><th>序号</th><th>分类</th><th colspan="2">制造原理</th><th>特点及用途</th><th>图片</th></tr>
<tr><td>1</td><td>线绕电位器</td><td colspan="2">线绕电位器的电阻体是由绕在绝缘骨架上的电阻丝组成的</td><td>主要优点是能耐高温，可制成功率型电位器。缺点是分辨力有限。阻值的变化规律为阶梯状</td><td></td></tr>
<tr><td rowspan="2">2</td><td rowspan="2">实心电位器</td><td>有机合成</td><td>有机合成实芯电位器是用有机黏合剂将碳质导电物、填料均匀混合构成电阻体材料，连同引出脚与绝缘塑料粉压制在一起，经加热聚合而成</td><td>分辨力很高，耐磨耐热，且体积小，适合在小型电子设备中使用</td><td rowspan="2"></td></tr>
<tr><td>无机合成</td><td>无机合成实芯电位器是用如玻璃釉等含无机黏合剂的碳质合成物和填料混合、冷压在基体上，并经烧结而成</td><td>具有体积小、防潮、耐热等特点</td></tr>
</table>

续表 2.2

序号	分类	制造原理	特点及用途	图片
3	碳膜电位器	电阻体是用配制好的悬浮液涂抹在玻璃纤维板或纸胶板上制成	它是目前使用最广泛、品种最多、价格最低的一种电位器。其突出优点是，分辨力高，阻值范围宽，可从几百Ω到几 MΩ。缺点是功率较小，耐热耐湿性能稍差	

四、电阻器与电位器质量判断

1. 电阻器质量的判别

（1）外观判别：看电阻体或引线断裂及烧焦等。

（2）万用表判别：用万用表 Ω 挡检测其阻值是否与标称阻值相近。若明显偏离，则该电阻坏。若阻值为零，表示击穿；阻值为∞，表示内部断开。具体方法如下：

① 首先选择测量挡位，再将倍率挡旋钮置于适当的挡位，一般 100 Ω 以下电阻器可选 R×1 挡，100 Ω～1 kΩ 的电阻器可选 R×10 挡，1～10 kΩ 电阻器可选 R×100 挡，10～100 kΩ 的电阻器可选 R×1 k 挡，100 kΩ 以上的电阻器可选 R×10 k 挡。

② 测量挡位选择确定后，对万用表电阻挡位进行调零。调零的方法是：将万用表两表笔金属棒短接，观察指针有无到“0”的位置。如果不在“0”位置，调整调零旋钮表针指向电阻刻度的“0”位置。

③ 接着将万用表的两表笔分别和电阻器的两端相接，表针应指在相应的阻值刻度上。如果表针不动和指示不稳定或指示值与电阻器上的标示值相差很大，则说明该电阻器已损坏。

④ 用数字万用表判定电阻的好坏。首先将万用表的挡位旋钮调到欧姆挡的适当挡位，一般 200 Ω 以下电阻器可选 200 Ω挡，200 Ω～2 kΩ 电阻器可选 2 k 挡，2～20 kΩ 可选 20 k 挡，20～200 kΩ 的电阻器可选 200 k 挡，200 kΩ～200 MΩ 的电阻器选择 2 MΩ 挡，2～20 MΩ 的电阻器选择 20 MΩ，20 MΩ 以上的电阻器选择 200 MΩ 挡。

讨论

判断电阻器质量时应该注意些什么？

做一做

每位同学领取固定电阻若干，将测量结果填入表 2.3 中。

表 2.3　电阻器质量测量

序号	标称阻值及允许偏差	测量阻值	万用表量程	质量好坏

2. 电位器的质量检测

用万用表对电位器进行质量检测时的具体方法如图 2.3 所示。

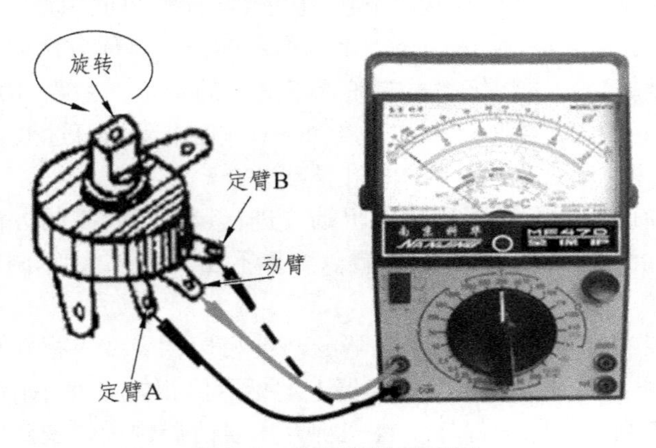

图 2.3　电位器质量检测

检查电位器时，首先要转动旋柄，看看旋柄转动是否平滑，开关是否灵活，开关通、断时“喀哒”声是否清脆，并听一听电位器内部接触点和电阻体摩擦的声音，如有“沙沙”声，说明质量不好。用万用表测试时，先根据被测电位器阻值的大小，选择好万用表的合适电阻挡位，然后可按下述方法进行检测。

（1）用万用表的欧姆挡测“定臂 A”、“定臂 B”两端，其读数应为电位器的标称阻值。如万用表的指针不动或阻值相差很多，则表明该电位器已损坏。

（2）检测电位器的活动臂与电阻片的接触是否良好。用万用表的欧姆挡测“定臂 A”、“动臂”（或“定臂 B”、“动臂”）两端，将电位器的转轴按逆时针方向旋至接近“关”的位置，这时电阻值越小越好。再顺时针慢慢旋转轴柄，电阻值应逐渐增大，表头中的指针应平稳移动。当轴柄旋至极端位置时，阻值应接近电位器的标称值。如万用表的指针在电位器的轴柄转动过程中有跳动现象，说明活动触点有接触不良的故障。

做一做

每位同学领取电位器若干，将测量结果填入表 2.4 中。

表 2.4　电位器质量测量

序号	标称阻值及允许偏差	测量阻值	万用表量程	质量好坏

五、电阻器和电位器的选用及代换

1. 电阻器的选用

根据具体要求，选择可靠性高、精度和稳定性能都符合要求的电阻。另外，从电器性能与价格方面综合考虑，不可片面追求精度，不能选用非标准系列电阻，应选用额定功率比该电阻实际所承受功率大 1.5 ~ 2 倍的电阻。更换时选用相同或相近规格的，若无同规格，可用高规格的更换低规格的。按不同用途选择电阻器的种类，如果在要求不高的电路中，一般选用碳膜电阻器，它价廉且普遍。

2. 电阻器的代换

（1）固定电阻器的代换。

① 普通固定电阻器损坏后，可以用额定功率、额定阻值均相同的碳膜电阻器或金属膜电阻器代换。

② 碳膜电阻器损坏后，可以用额定功率及额定阻值相同的金属膜电阻器代换。

③ 若手中没有同规格的电阻器更换，也可以用电阻器串联或并联的方法作应急处理。利电阻串联公式（$R = R_1 + R_2 + R_3 + \cdots + R_n$）将低阻值电阻器变成所需的高阻值电阻器，利用电阻并联公式（$1/R = 1/R_1 + 1/R_2 + 1/R_3 + \cdots + 1/R_n$）将高阻值电阻器变成所需的低阻值电阻器。

（2）热敏电阻器的代换。

热敏电阻器损坏后，若无同型号的产品更换，则可选用与其类型及性能参数相同或相近的其他型号热敏电阻器代换。消磁用 PTC 热敏电阻器可以用与其额定电压值相同、阻值相近的同类热敏电阻器代用。例如，20 Ω 的消磁用 PTC 热敏电阻器损坏后，可以用 18 Ω 或 27 Ω 的消磁用 PTC 热敏电阻器直接代换。压缩机启动用 PTC 热敏电阻器损坏后，应使用同型号热敏电阻器代换或与其额定阻值、额定功率、启动电流、动作时间及耐压值均相同的其他型号热敏电阻器代换，以免损坏压缩机。温度检测、温度控制用NTC热敏电阻及过电流保护用PTC热敏电阻损坏后，只能使用与其性能参数相同的同类热敏电阻器更换，否则也会造成应用电路不工作或损坏。

（3）压敏电阻器的代换。

压敏电阻器损坏后，应更换与其型号相同的压敏电阻器或用与参数相同的其他型号压敏电阻器来代换。代换时，不能任意改变压敏电阻器的标称电压及流通容量，否则会失去保护作用，甚至烧毁电阻器。

（4）光敏电阻器的代换。

光敏电阻器损坏后，若无同型号的光敏电阻器更换，则可以选用与其类型相同、主要参数相近的其他型号光敏电阻器来代换。光谱特性不同的光敏电阻器（例如，可见光光敏电阻器、红外光光敏电阻器、紫外光光敏电阻器），即使阻值范围相同，也不能相互代换。

（5）熔断电阻器的代换。

熔断电阻器损坏后，若无同型号熔断电阻器更换，可用与其主要参数相同的其他型号熔断电阻器代换或用电阻器与熔断器串联后代用。用电阻器与熔断器串联来代换熔断电阻器时，电阻器的阻值应与损坏熔断电阻器的阻值和功率相同。对电阻值较小的熔断电阻器，也可以用熔断器直接代用。

3. 电位器的选用

选用电位器时一般应注意以下几点：

（1）根据电路的要求，选择合适型号的电位器。一般在要求不高的电路中，或使用环境较好的场合，如在室内工作的收录机的音量、音调控制用的电位器，均可选用碳膜电位器。碳膜电位器规格齐全，价格低廉。如果需要较精密的调节，而且消耗的功率较大，则应选用线绕电位器。在工作频率较高的电路中，选用玻璃釉电位器较为合适。

（2）根据不同用途，选择相应阻值变化规律的电位器。如用于音量控制的电位器应选用指数式，也可用直线式勉强代用，但不应该使用对数式，否则，将使音量调节范围变窄。用作分压器时，应选用直线式。作音调控制时，应选用对数式。

（3）选用电位器时，还应注意尺寸大小和旋转轴柄的长短、轴端式样和轴上有无紧锁装置等。经常需要进行调节的电位器，应选择半圆轴柄的，以便安装旋钮。不需要经常调整的，可选择轴端带有刻槽的，用螺丝刀调整好后不再经常转动。收音机中的音量控制电位器，一般都选用带开关的电位器。

六、任务评价

（1）电阻器、电位器的分类、检测及代换任务考核评价表一式两份，一份由指导教师保存，用于该任务的考核成绩评定，一份由学生保存。

（2）教学任务的考核成绩均为百分制。

任务考核评价表

任务名称：电阻器、电位器的分类、检测及代换

<table>
<tr><td colspan="2">班级：　　　　姓名：</td><td colspan="3">学号：</td><td colspan="4">指导教师：</td></tr>
<tr><td rowspan="3">评价项目</td><td rowspan="3">评价标准</td><td rowspan="3">评价依据
（信息、佐证）</td><td colspan="3">评价方式</td><td rowspan="3">权重</td><td rowspan="3">得分小计</td><td rowspan="3">总分</td></tr>
<tr><td>小组评价</td><td>学校评价</td><td>企业评价</td></tr>
<tr><td>0.1</td><td>0.8</td><td>0.1</td></tr>
<tr><td>职业素质</td><td>1. 遵守企业管理规定、劳动纪律；
2. 按时完成学习及工作任务；
3. 工作积极主动、勤学好问</td><td>1. 遵守纪律；
2. 完成工作任务；
3. 学习积极性</td><td></td><td></td><td></td><td>0.2</td><td></td><td rowspan="3"></td></tr>
<tr><td>专业能力</td><td>1. 详细了解电阻器与电位器的分类；
2. 用万用表测量并判断电阻器与电位器的质量；
3. 电阻器与电位器的选择和代换原则</td><td>1. 清楚电阻器与电位器的详细分类；
2. 能测量并检测电阻器和电位器质量；
3. 明白电阻器和电位器的选择和代换原则</td><td></td><td></td><td></td><td>0.7</td><td></td></tr>
<tr><td>创新能力</td><td>能够推广、应用国内相关职业的新工艺、新技术、新材料、新设备</td><td>“四新”技术的应用情况</td><td></td><td></td><td></td><td>0.1</td><td></td></tr>
<tr><td>指导教师综合评价</td><td colspan="8">

指导老师签名：　　　　　　　　　　日期：</td></tr>
</table>

任务延伸与拓展

广泛深入地了解其他新型的电阻器与电位器，并按以下要求学习：

（1）新型电阻器的特性及用途；

（2）新型电位器的用途、使用检测方法以及代换原则。

学生在教师指导下，利用计算机网络、图书资料查阅相关资料，完成本任务。

1.2 电容器、电感器的分类、检测及代换

任务目标

（1）了解电容器和电感器的分类；

（2）掌握电容器和电感器的检测及质量判断方法；

（3）掌握电容器和电感器选择与代换原则。

任务实施

一、电容器和电感器的定义

1. 电容器的定义

电容器简称电容，是最常见的电子元器件之一。顾名思义，电容器就是“储存电荷的容器”，故电容器具有储存一定电荷的能力。尽管电容器品种繁多，但它们的基本结构和原理是相同的。两片相距很近的金属中间被绝缘物质（固体、气体或液体）所隔开，就构成了电容器。两片金属称为极板，中间的绝缘物质叫作介质。电容器可以容纳电荷，电容器的一个极板上所带电量的绝对值，叫作电容器所带的电量。使电容器带电叫作充电。充电时，把电容器的一个极板与电池组的正极相连，另一个极板与电池组的负极相连，两个极板就分别带上了等量的异种电荷，充了电的电容器的两极板之间有电场。使充电后的电容器失去电荷叫作放电。用一根导线把电容器的两极接通，两极上的电荷互相中和，电容器就不再带电，两极之间不再存在电场。

电容器带电的时候，它的两极之间产生电势差。实验表明，对任何一个电容器来说，两极间的电势差都随所带电量的增加而增加，且电量与电势差成正比，它们的比值是一个恒量。不同的电容器，这个比值一般是不同的。可见，这个比值表征了电容器的特性。电容器所带的电量 Q 跟它的两极间的电势差 U 的比值，叫作电容器的电容。如果用 C 表示电容，则有：

$$电容（C）= 电量（Q）/电势差（U）$$

上式表示，电容在数值上等于使电容器两极间的电势差为 1 V 时电容器需要带的电量。这个电量越大，电容器的电容越大。可见，电容是表示电容器容纳电荷本领的物理量。

在国际单位制里，电容的单位是法拉，简称法，国际符号是 F。一个电容器，如果带 1 C 电量时两极间的电势差是 1 V，这个电容器的电容就是 1 F。法这个单位太大，实际上常用较小的单位：微法（μF）、纳法（nF）和皮法（pF）。它们间的换算关系是：

$$1\ \text{F} = 10^{6}\ \mu\text{F} = 10^{9}\ \text{nF} = 10^{12}\ \text{pF}$$

电容的电路符号如图 2.4 所示。

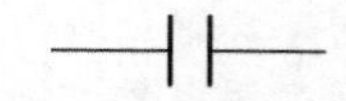

图 2.4　电容器电路符号

电容器只能通过交流电，而不能通过直流电，因此常用于振荡电路、调谐电路、滤波电路、旁路电路和耦合电路中。

2. 电感器的定义

凡能产生自感、互感作用的器件均称为电感器。电感器一般分为电感线圈和变压器两类，通常所说的电感指电感线圈。电感的应用范围很广泛，它在调谐、振荡、耦合、匹配、滤波、陷波、延迟、补偿及偏转等电路中，都是必不可少的。由于用途、工作频率、功率、工作环境不同，对电感的基本参数和结构形式就有不同的要求，从而导致电感的类型和结构的多样化。

电感是一种线圈，本身可以建立（或感应）电压，以此反映通过线圈的电流变化。也就是说，随着流过线圈的电流的变化，线圈内部会感应某个方向的电压以反映通过线圈的电流变化。电感两端的电压与通过电感的电流有以下关系：

$$U = L\frac{\Delta I}{\Delta t}$$

式中，U 为电感两端的电压；L 为电感值；ΔI 为变化的电流；Δt 为变化的时间。

电感的基本单位是亨，用 H 表示。一般情况下电路中的电感值很小，用 mH（毫亨）、μH（微亨）表示。其转换关系为：

$$1\ \text{H} = 10^{3}\ \text{mH} = 10^{6}\ \mu\text{H}$$

电感的电路符号如图 2.5 所示。

图 2.5　电感器电路符号

电感器只能通过直流电而不能通过交流电，所以常用于调谐、振荡、耦合、匹配、滤波、陷波、延迟、补偿及偏转等电路中。

变压器是由绕在同一骨架或铁芯上的两个线圈所构成。变压器是利用线圈之间的互感作用，对交流（或信号）进行电压变换、电流变换、阻抗变换、传递功率及信号、隔断直流等。变压器的种类很多，按芯的材料可分为空气芯、磁芯、可调磁芯及铁芯变压器；按工作频率可分为低频、中频、高频变压器；按结构形式可分为芯式、壳式、环形、金属箔变压器；按用途可分为电源、调压、脉冲、耦合、线间变压器等。

二、电容器和电感器的分类

1. 电容器的分类

电容器的主要分类如表 2.5 所示。

表 2.5　电容器分类

序号	分类	制造原理	特点及用途	图片
1	电解电容	电解电容器是指在铝、钽、铌、钛等阀金属的表面采用阳极氧化法生成一薄层氧化物作为电介质，以电解质作为阴极而构成的电容器	目前最常用的电解电容有铝电解和钽电解；额定的容量可以做到非常大，可以轻易做到几万微法甚至几法；制作材料常见，性价比高	
2	薄膜电容	薄膜电容器是以金属箔当电极，将其和聚乙酯、聚丙烯、聚苯乙烯或聚碳酸酯等塑料薄膜从两端重叠后，卷绕成圆筒状的电容器	无极性，绝缘阻抗很高，频率特性优异（频率响应宽广），而且介质损失很小。薄膜电容器被大量使用在模拟电路上，尤其是在信号交连的部分	
3	瓷介电容	陶瓷电容器采用钛酸钡、钛酸锶等高介电常数的陶瓷材料作为电介质，在电介质的表面印刷电极浆料，经低温烧结制成	陶瓷电容器的外形以片式居多，也有管形、圆片形等形状。它具有使用温度较高、耐潮湿性好、介质损耗较小、电容温度系数可在大范围内选择等优点，被广泛用于电子电路中	
4	贴片电容	贴片电容可分为无极性和有极性两类，无极性电容0805、0603两类封装最为常见；而有极性电容也就是我们平时所称的电解电容	我们平时使用最多的为铝电解电容，其温度稳定性以及精度都不是很高，而贴片元件由于其紧贴电路板，所以要求温度稳定性要高，所以贴片电容以钽电容居多	

2. 电感器的分类

（1）按结构分类。

电感器按结构分类，可分为固定电感器（见图 2.6）、可变电感器两大类，由绕组、骨架、芯子等组成。

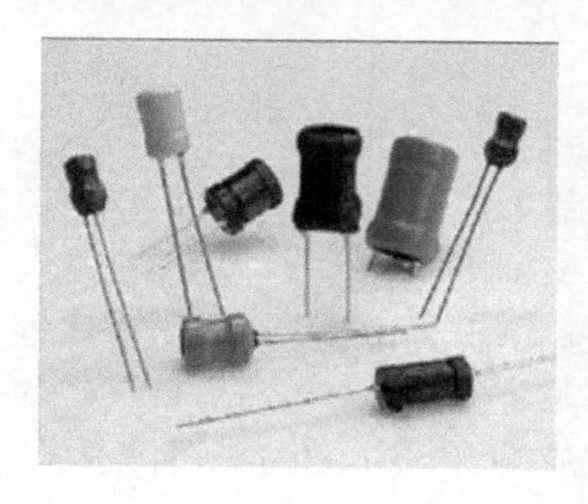

图 2.6　小型固定电感器

（2）按用途（工作性质）分类。

电感器按用途分类，可分为扼（阻）流圈、调谐线圈、退耦线圈、天线线圈、振荡线圈、陷波线圈、偏转线圈等。限制交流电通过的线圈称阻（扼）流圈，分高频阻流圈（见图 2.7）和低频阻流圈。

（3）按结构特点分类。

电感器按结构特点分类，可分为单层、多层、蜂房式、带磁芯式（见图 2.8）等。

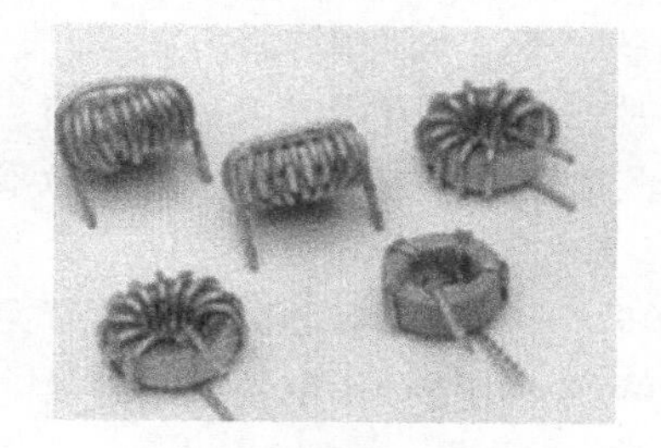

图 2.7　高频扼流线圈

图 2.8　E 型磁芯线圈

（4）按导磁体性质分类。

电感器按导磁体性质分类，可分为空心线圈、铁氧体线圈、铁芯线圈、铜芯线圈。

（5）变压器。

变压器是利用电磁感应的原理来改变交流电压的装置，主要构件是初级线圈、次级线圈和铁芯（磁芯）。其主要功能有：电压变换、电流变换、阻抗变换、隔离、稳压（磁饱和变压器）等。变压器按用途可以分为配电变压器、电力变压器、全密封变压器、组合式变压器、干式变压器、油浸式变压器、单相变压器、电炉变压器、整流变压器等。

以上内容为电容器与电感器的基本特征，在熟悉了以上内容之后，我们将完成以下几个子任务：

① 了解电容器与电感器的分类；

② 学习电容器和电感器的选用与代换原则；

③ 用万用表检测电容器的质量；

④ 用万用表检测电感器的质量。

三、电容器的检测

电容器的常见故障有短路、断路、漏电和失效等，在使用前必须认真检查，正确判断。

1. 小容量固定电容器的检测

小容量固定电容是指容量小于 1 μF 的电容器。这类电容器的介质一般为纸、涤纶、云母、玻璃釉、陶瓷等。其特点是无正、负极之分，绝缘电阻很大，故其漏电电流很小。用万用表的电阻挡进行检测，方法如下：

（1）检测容量为 6 800 pF～1 μF 的电容器。用 R×10 k 挡，红、黑表笔分别接电容器的两根引脚，在表笔接通的瞬间应能看到表针有很小的摆动。若未看清表针的摆动，可将红、黑表笔互换一次再测，此时，表针的摆动幅度应略大一些。根据表针摆动情况判断电容器质量，详见表 2.6。

表 2.6 小容量固定电容器质量判断

摆动情况	质 量
接通瞬间表针有摆动，然后返回"∞"	良好（摆幅越大，容量越大）
接通瞬间，表针不摆动	失效或断路
表针摆幅很大，且停在那里不动	已击穿（短路）或严重漏电
表针摆动正常，不能返回"∞"	有漏电现象

（2）检测容量小于 6 800 pF 的电容器。由于容量太小，用万用表进行测量时，只能定性地检查其是否有漏电，内部短路或击穿现象。测量时，可选用万用表 R×10 k 挡，用两表笔分别任意接电容的两个引脚，阻值应为无穷大。若测出阻值（指针向右摆动）为零，则说明电容漏电损坏或内部击穿。

（3）检测容量大于 1 μF 的电容器。用万用表的 R×10 k 挡直接测试电容器有无充电过程以及有无内部短路或漏电，并根据指针向右摆动的幅度大小估计出电容器的容量。

2. 电解电容器的检测

电解电容器是电路中应用较多的一种极性固定电容器。按其正极使用材料的不同可分为 CD 型铝电解电容器、CA 型钽电解电容器、CN 型铌电解电容器。它们的负极是液体、半液体或胶状电解液。

电解电容器与普通固定电容器的不同主要体现在两个方面：一是电解电容器有正、负极之分；二是电解电容器的容量大，一般大于 1 μF（从几微法到几千微法）；三是电解电容器容量的误差较大，其频率特性差，绝缘电阻值低，漏电流大，耐压低。

电解电容器的故障发生率比较高，其主要故障有击穿、漏电、失效（容量减小）、断路及爆炸（此故障是由电解电容器的正、负极引脚接反所致）。对电解电容的检测，主要是容量、漏电电流的检测。对"+"、"−"标志已失去的电容器，还应进行极性判别。

用万用表电阻挡检测电解电容器的方法如下：

（1）识别或估测（已失去标志）电解电容器的容量，根据容量选择不同电阻挡。

小于 10 μF 的电解电容器检测用 R×10 k；10～100 μF 的电解电容器检测用 R×1 k；大于 100 μF 的电解电容器检测用 R×100。

（2）把待测电容器两引脚短路，以便放掉电容器内残余的电荷。

（3）万用表黑表笔接电容器的正极，红表笔接负极（这样接的原因是万用表内部的 9 V 电源正极接的是黑表笔，负极接的红表笔），检测正向电阻并观察现象；然后重复②步，黑表笔接负极，红表笔接正极并观察现象。两种接法所对应的现象见表 2.7。

表 2.7　电解电容检测现象

现　　象	质　量
黑表笔接正极，表针向右做大幅度摆动后，慢慢回到∞的位置	良　好
黑表笔接负极，表针先向右摆再慢慢返回，一般不能回到∞的位置	良　好

想一想

如何使用万用表判断失掉正、负极标志的电解电容正负极?

链接：通过外观识别有极性电解电容器正负极的方法

（1）采用长短不同的引脚来表示引脚极性，通常长的引脚为正极性引脚，如图 2.9（a）所示。

（2）采用不同的端头形状来表示引脚的极性，如图 2.9（b），（c）所示，这种方式往往出现在两根引脚轴向分布的电解电容器中。

（3）标出负极性引脚，如图 2.9（d）所示，在电解电容器的绝缘套上画出像负号的符号，以表示这一引脚为负极性引脚。

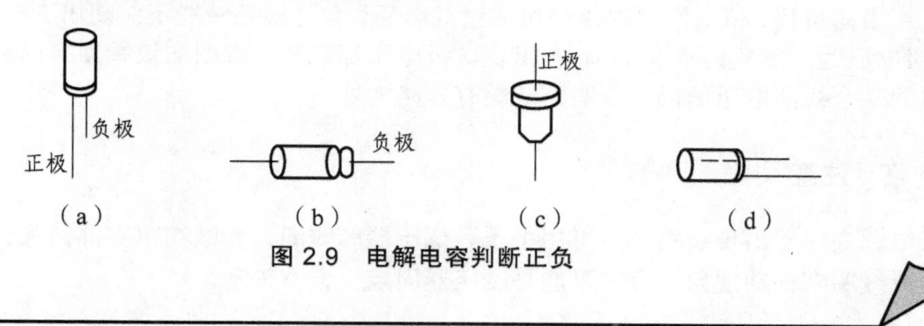

图 2.9　电解电容判断正负

四、电感器质量检测

1. 电感线圈的质量检测

（1）用万用表 R×10 或 R×1 挡，并进行调零；红黑两笔接触电感两脚。

（2）如果指针接近 0 或为几欧姆，说明正常；如果表针不动或阻值趋于无穷大，再换大量程后同样如此，说明电感内部断路；如果指针指示不够稳定，说明电感内部接触不良。

（3）用万用表 R×10 k 挡，并进行调零；测试线圈引线与磁芯之间的绝缘电阻，此值应趋于无穷大，否则电感绝缘不良。

注意：

（1）普通的万用表只能测量其有无开路，对电感下降或是短路的电感则无法用万用表测出，可用电感表去测其电感量。

（2）对于电感线圈匝数较多，线径较细的线圈读数会达到几十到几百欧姆。

（3）好电感线圈应不松散、不变形，引出端应固定牢固；电感坏多表现为线圈发烫、发黑、烧黄或电感磁环明显损坏。

2．变压器的检测

（1）外观检查。

外观检查就是根据变压器外表有无异常情况，推断其质量的好坏，如线圈引线是否断线、脱焊，线圈外层的绝缘材料是否烧焦变色，是否有机械损伤和表面破损，铁芯插装及紧固情况是否良好等。

（2）初、次级绕组的通断检测。

将万用表置于 R×1 挡，将两表笔分别碰接初级绕组的两引出线，阻值一般为几十至几百欧，若出现∞，则为断路，若出现 0 阻值，则为短路。用同样方法测次级绕组的阻值，一般为几至几十欧（降压变压器）。如次级绕组有多个时，输出标称电压值越小，其阻值越小。

（3）检测各绕组间、绕组与铁芯间的绝缘电阻。

将万用表置于 R×10 k 挡，将一支表笔接初级绕组的一引出线，另一表笔分别接次级绕组的引出线，万用表所示阻值应为∞位置。若小于此值时，表明绝缘性能不良，尤其是阻值小于几百欧时，则表明绕组间有短路故障。

（4）测试变压器的次级空载电压。

将变压器初级接入 220 V 电源，将万用表置于交流电压挡，根据变压器次级的标称值，选好万用表的量程，依次测出次级绕组的空载电压，允许误差一般不应超出 5%～10%为正常（在初级电压为 220 V 的情况下）。若出现次级电压都升高，表明初级线圈有局部短路故障；若次级的某个线圈电压偏低，表明该线圈有短路之处。

注意：

若电源变压器出现嗡嗡声，可用手压紧变压器的线圈，若嗡嗡声立即消失，表明变压器的铁芯或线圈有松动现象，也有可能是变压器固定位置有松动。

做一做

电容器与电感器识别、检测技能训练：

（1）电容器的识别与检测训练，按要求填写表 2.8。

① 为每位同学分发不同型号的固定电容器和电解电容器各 5 只；

② 要求每位同学独立完成，指导教师多作巡回辅导，示范操作，强调安全文明实习；

③ 使用万用表对电容器进行质量检测。

（2）电感器的识别检测训练，按要求填写表 2.9。

① 为每位同学分发不同型号的电感线圈 5 只；

② 要求每位同学独立完成，指导教师多作巡回辅导，示范操作，强调安全文明实习；

③ 使用万用表对电感线圈进行质量检测。

表 2.8　检测电容器填表

序号	名　称	标称容量	允许偏差	万用表挡位	质量
1					
2					
3					
4					
5					
6					
7					
8					
9					
10					

表 2.9　检测电感器填表

序号	名　称	标称电感量	允许偏差	万用表挡位	质量
1					
2					
3					
4					
5					

五、电容器的选用与代换原则

1. 选择合适的型号

一般在电气性能要求不严格的低频耦合、旁路去耦等电路中，可以采用纸介电容器、电解电容器等。低频放大器的耦合电容器，选用 1 ~ 22 μF 的电解电容器。旁路电容器根据电路工作频率来选。如在低频电路中，发射极旁路电容选用电解电容器，容量在 10 ~ 220 μF；在中频电路中可选用 0.01 ~ 0.1 μF 的纸介、金属化纸介、有机薄膜电容器等；在高频电路中，则应选用云母电容器和瓷介电容器。在电源滤波和退耦电路中，可选用电解电容器。因为在这些场合中对电容器的要求不高，只要体积允许、容量足够就可以。

2. 合理选择电容器的精度

在旁路、退耦、低频耦合电路中，一般对电容器的精度没有很严格要求，选用时可根据设计值，选用相近容量或容量略大些的电容器。但在另一些电路中，如振荡回路、延时回路、音调控制电路中，电容器的容量就应尽可能和计算值一致。在各种滤波器和各种网络中，对电容量的精度有更高要求，应选用高精度的电容器来满足电路要求。

3. 确定电容器的额定工作电压

电容器的额定工作电压应高于实际工作电压，并留有足够余量，以防因电压波动而导致损坏。一般而言，应使工作电压低于电容器的额定工作电压的 10% ~ 20%。在某些电路中，电压波动幅度较大，可留有更大的余量。电容器的额定工作电压通常是指直流值。如果直流中含有脉动成分，该脉动直流的最大值应不超过额定值；如果工作于交流，有极性的电容器不能用于交流电路，此交流电压的最大值应不超过额定值，并且随着工作频率的升高，工作电压应降低。电解电容器的耐温性能很差，如果工作电压超过允许值，介质损耗将增大，很容易导致温升过高，最终导致电容器损坏。一般来说，电容器工作时只允许出现较低温升，否则属于不正常现象。因此，在设备安装时，应尽量远离发热元件（如大功率管、变压器等）。如果工作环境温度较高，则应降低工作电压使用。一般小容量的电容器介质损耗很小，耐温性能和稳定性都比较好，但电路对它们的要求往往也比较高，因此，选择额定工作电压时仍应留有一定的余量，也要注意环境工作温度的影响。

4. 尽量选用绝缘电阻大的电容器

电容器绝缘电阻越小，其漏电流越大。漏电流不仅损耗了电路中的电能，重要的是它会导致电路工作失常或降低电路的性能。漏电流产生的功率损耗，会使电容器发热，而其温度升高，又会产生更大的漏电流，如此循环，极易损坏电容器。因此在选用电容器时，应选择绝缘电阻足够高的电容器，特别是高温和高压条件下使用的电容器，更是如此。另外，作为电桥电路中的桥臂、运算元件等场合，绝缘电阻的高低将影响测量、运算等的精度，必须采用高绝缘电阻值的电容器。电容器的损耗在许多场合也直接影响到电路的性能，在滤波器、中频回路、振荡回路等电路中，要求损耗尽可能小，这样可以提高回路的品质因数，改善电路的性能。

5. 考虑温度系数和频率特性

电容器的温度系数越大，其容量随温度的变化越大，这在很多电路是不允许的。例如振荡电路中的振荡回路元件、移相网络元件、滤波器等，温度系数大，会使电路产生漂移，造成电路工作的不稳定。这些场合应选用温度系数小的电容器，以确保其能稳定工作。另外在高频应用时，由于电容器自身电感、引线电感和高频损耗的影响，电容器的性能会变差。频率特性差的电容器不仅不能发挥其应有的作用，而且还会带来许多麻烦。例如，纸介电容器的分布电感会使高频放大器产生超高频寄生反馈，导致电路不能工作。所以选用高频电路的电容器时，一是注意电容器的频率参数，二是使用中注意电容器的引线不能留得过长，以减小引线电感对电路的不良因影响。

6. 注意使用环境

使用环境的好坏，直接影响电容器的性能和寿命。在工作温度较高的环境中，电容器容易产生漏电并加速老化。因此在设计和安装时，因尽可能使用温度系数小的电容器，并远离热源和改善机内通风散热，必要时，应强迫风冷。在寒冷条件下，由于气温很低，普通电解电容器会因电解液结冰而失效，使设备工作失常，因此必须使用耐寒的电解电容器。在多风沙条件下或在湿度较大的环境下工作时，则应选用密封型电容器，以提高设备的防尘抗潮性能。

7. 电容器的代换原则

原则上应使用与其类型相同、主要参数相同、外形尺寸相近的电容器来更换。但若找不到同类型电容器，也可用其他类型的电容器代换。纸介电容器损坏后，可用与其主要参数相同但性能更优的有机薄膜电容器或低频瓷介电容器代换。玻璃釉电容器或云母电容器损坏后，也可用与其主要参数相同的瓷介电容器代换。用于信号耦合、旁路的铝电解电容器损坏后，也可用与其主要参数相同但性能更优的钽电解电容器代换。电源滤波电容器和退耦电容器损坏后，可以用较其容量略大、耐压值与其相同（或高于原电容器耐压值）的同类型电容器更换。可以用耐压值较高的电容器代换容量相同，但耐压值低的电容器。

8. 电解电容的代换方法

（1）要尽可能地选用原型号电解电容器。

（2）一般电解电容的电容偏差大些，不会严重影响电路的正常工作，所以可以取电容量略大一些或略小一些电容器代替。但在分频电路、S 校正电路、振荡回路及延时回路中不行，电容量应和计算要求的尽量一致。在一些滤波网络中，电解电容的容量也要求非常准确，其误差应小于 ± 0.3% ~ ± 0.5%。

（3）耐压要求必须满足，选用的耐压值应等于或大于原来的值。

（4）无极性电容一般应用无极性电容来代替，实在无办法到时可用两只容量大一倍的有极性电容逆串联后代替，方法是将两只有极性电解电容的正极相连或将它们的两个负极相连。

（5）在选用电解电容时，最好采用耐高温的电解电容器。耐高温电容的最高工作温度为 105 °C，当其在最高工作温度条件下工作时，能保证 2 000 小时左右的正常工作时间。在 50 °C 下使用 85 °C 的电容时，其寿命可达 2.2 万小时，如果此时使用高温电解电容，其寿命可达 9 万小时。

六、电感器的选用与代换原则

1. 电感器的选用与代换

选用电感器时，首先应考虑其性能参数（例如电感量、额定电流、品质因数等）及外形尺寸是否符合要求。小型固定电感器与色码电感器、色环电感器之间，只要电感量、额定电流相同，外形尺寸相近，可以直接代换使用。半导体收音机中的振荡线圈，虽然型号不同，但只要其电感量、品质因数及频率范围相同，也可以相互代换。例如，振荡线圈 LTF-1-1 可以与 LTF-3、LTF-4 之间直接代换。电视机中的行振荡线圈，应尽可能选用同型号、同规格的产品，否则会影响其安装及电路的工作状态。偏转线圈一般与显像管及行、场扫描电路配套使用。但只要其规格、性能参数相近，即使型号不同，也可相互代换。

2. 变压器的选用与代换

（1）电源变压器的选用与代换。

选用电源变压器时，要与负载电路相匹配，电源变压器应留有功率余量（其输出功率应略大于负载电路的最大功率），输出电压应与负载电路供电部分的交流输入电压相同。一般电源电路，可选用“E”形铁芯电源变压器。若是高保真音频功率放大器的电源电路，则应选用“C”形变压器或环形变压器。对于铁芯材料、输出功率、输出电压相同的电源变压器，通常可以直接互换作用。

（2）行输出变压器的选用与代换。

电视机行输出变压器损坏后，应尽可能选用与原机型号相同的行输出变压器。因为不同型号、不同规格的行输出变压器，其结构、引脚及二次电压值均会有所差异。选用行输出变压器，应直观检查其磁芯是否松动或断裂，变压器外观是否有密封不严处。还应将新行输出变压器与原机行输出变压器对比测量，看引脚与内部绕组是否完全一致。若无同型号行输出变压器更换，也可以选用磁芯及各绕组输出电压相，但引脚号位置不同的行输出变压器来变通代换（例如对调绕组端头、改变引脚顺序等）。

（3）中频变压器的选用与代换。

中频变压器有固定的谐振频率，调幅收音机的中频变压器与调频收音机的中频变压器、电视机的中频变压器之间也不能互换使用，电视机中产伴音中频变压器与图像中频变压器之间也不能互换使用。选用中频变压器时，最好选用同型号、同规格的中频变压器，否则很难正常工作。在选择时，收音机中某只中频变压器损坏后，若无同型号中频变压器更换，则只能用其他型号的成套中频变压器（一般为 3 只）代换该机的整套中频变压器。代换安装时，某一级中频变压器的顺序不能装错，也不能随意调换。

七、任务评价

（1）电容器、电感器的分类、检测及代换判断任务考核评价表一式两份，一份由指导教师保存，用于该任务的考核成绩评定，一份由学生保存。

（2）教学任务的考核成绩均为百分制。

任务考核评价表

任务名称：电容器、电感器的分类、检测及代换

<table>
<tr><td colspan="9">班级：　　　　姓名：　　　　学号：　　　　指导教师：</td></tr>
<tr><td rowspan="3">评价项目</td><td rowspan="3">评价标准</td><td rowspan="3">评价依据
（信息、佐证）</td><td colspan="3">评价方式</td><td rowspan="3">权重</td><td rowspan="3">得分小计</td><td rowspan="3">总分</td></tr>
<tr><td>个人自评</td><td>小组自评</td><td>小组间互评</td></tr>
<tr><td>0.1</td><td colspan="2">0.9</td></tr>
<tr><td>职业素质</td><td>1. 遵守企业管理规定、劳动纪律；
2. 按时完成学习及工作任务；
3. 工作积极主动、勤学好问</td><td>1. 遵守纪律；
2. 完成工作任务；
3. 学习积极性</td><td></td><td></td><td></td><td>0.2</td><td></td><td rowspan="3"></td></tr>
<tr><td>专业能力</td><td>1. 了解电容器和电感器的分类；
2. 学习电容器和电感器的选用与代换原则；
3. 掌握通过万用表来检测电容器的质量好坏的方法；
4. 掌握通过万用表来检测电感线圈和变压器质量好坏的方法</td><td>1. 能够清楚电容器和电感器的分类；
2. 熟记学习电容器和电感器的选用与代换原则；
3. 万用表判断各类电容器质量好坏的准确度和熟练程度；
4. 万用表判断各类变压器质量好坏的准确度和熟练程度</td><td></td><td></td><td></td><td>0.7</td><td></td></tr>
<tr><td>创新能力</td><td>能够推广、应用国内相关职业的新工艺、新技术、新材料、新设备</td><td>“四新”技术的应用情况</td><td></td><td></td><td></td><td>0.1</td><td></td></tr>
<tr><td>指导教师
综合评价</td><td colspan="8">

指导老师签名：　　　　　　　　　　　　日期：</td></tr>
</table>

任务延伸与拓展

广泛深入的了解其他新型的电容器和电感器，并按以下要求学习：

（1）了解什么是固态电容，它的性能、参数特征及其发展前景；

（2）深入了解本任务未提及的一些变压器的使用方法及特征判断；

（3）了解新型电容器与电感器的选用与代换原则。

学生在教师指导下，利用计算机网络、图书资料查阅相关资料，完成本任务。

1.3 分立半导体器件的分类、检测及代换

任务目标

（1）对二极管与三极管管脚进行检测与判别；

（2）使用万用表对二极管、三极管进行质量检测；

（3）掌握二极管、三极管的选用与代换原则。

任务分析

几乎在所有的电子电路中都要用到二极管，它在许多的电路中起着重要的作用。二极管是诞生最早的半导体器件之一，其应用也非常广泛。

1. 二极管的分类

按材料分类，二极管可分为硅、锗、砷化镓二极管；按结构及制作工艺分类，二极管可分为点接触、面接触、平面型二极管；按工作原理分类，二极管可分为隧道、雪崩、变容二极管；按用途分类，二极管可分为检波、整流、开关、稳压、变容、发光、光敏二极管（见图 2.10）。

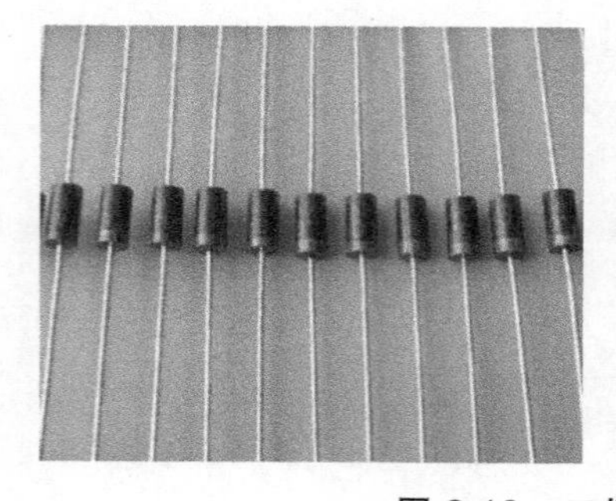

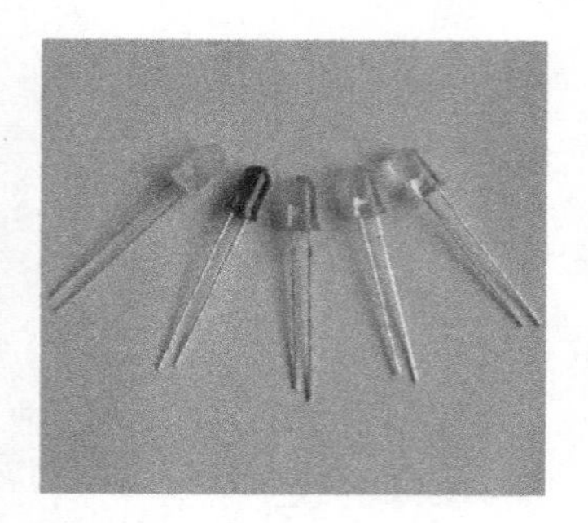

图 2.10 二极管实物图

2. 三极管的分类

（1）按材料分类。

按材料分类，三极管可分为硅材料三极管和锗材料三极管。

（2）按极性分类。

按极性分类，三极管可分为 NPN 型三极管和 PNP 型三极管。NPN 型三极管是目前常用的三极管，电流从集电极流向发射极；PNP 型三极管的电流从发射极流向集电极。

（3）按工作频率分类。

按工作频率分类，三极管可分为低频三极管和高频三极管。低频三极管的工作频率比较低，用于直流放大、音频放大电路；高频三极管的工作频率比较高，用于高频放大电路。

除此之外，三极管还可按功率和用途进行分类（见图 2.11）。

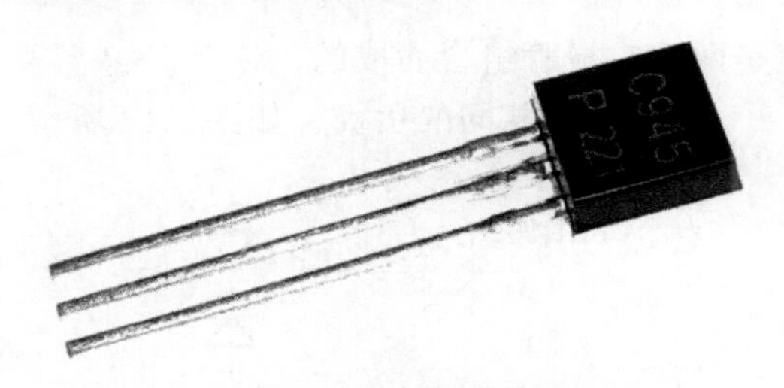

图 2.11 三极管实物图

在熟悉了以上内容之后，我们将完成以下几个子任务：

① 二极管与三极管管脚识别与检测；

② 二极管与三极管质量判别；

③ 二极管与三极管的选用及代换原则。

任务实施

一、二极管的检测

二极管是由一个 PN 结构成的半导体器件，具有单向导电特性。通过用万用表检测其正、反向电阻值，可以判别出二极管的电极，还可估测出二极管是否损坏。

1. 二极管的极性判别

将万用表置于 $R \times 100$ 挡或 $R \times 1\ k$ 挡，两表笔分别接二极管的两个电极，测出一个结果后，对调两表笔，再测出一个结果。两次测量的结果中，测量出的较大阻值为反向电阻，测量出的较小阻值为正向电阻。在阻值较小的一次测量中，黑表笔接的是二极管的正极，红表笔接的是二极管的负极。

2. 二极管的质量判断

通常锗材料二极管的正向电阻值为 1 kΩ 左右，反向电阻值为 300 kΩ 左右；硅材料二极管的正向电阻值为 5 kΩ 左右，反向电阻值为∞（无穷大）。二极管正向电阻越小越好，反向电阻越大越好。正、反向电阻值相差越悬殊，说明二极管的单向导电特性越好，二极管质量就越好。如果一个二极管的正、反向电阻值差别不大，则必为劣质管。如果测得二极管的正、反向电阻值均接近 0 或阻值较小，则说明该二极管内部已击穿短路或漏电损坏；若测得二极管的正、反向电阻值均为无穷大，则说明该二极管已开路损坏。

二、三极管的检测

1. 三极管管型和电极的识别

管型识别是指识别一根失掉型号标志的管子，是 NPN 型还是 PNP 型，是硅管还是锗管。电极识别则是指分辨出三极管的集电极（c）、发射极（e）、基极（b）。

（1）确定基极 b 和管型。

一个三极管可以看成是两个二极管组合而成的，对于 PNP 型三极管而言，c、e 极分别为其内部两个 PN 结的正极，b 极为它们共同的负极，如图 2.12 所示。

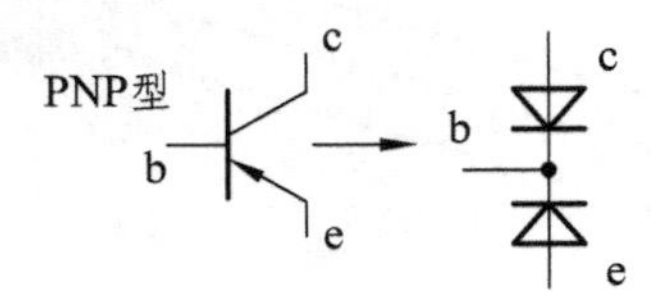

图 2.12　PNP 三极管电路符号及原理分解图

对于 NPN 型三极管而言，情况恰好相反，c、e 极分别为两个 PN 结的负极，而 b 极则是它们共同的正极，如图 2.13 所示。

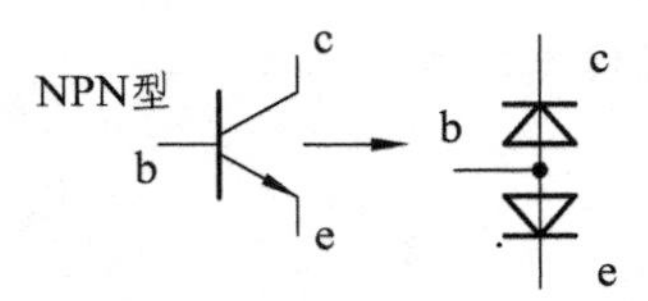

图 2.13　NPN 三极管电路符号及原理分解图

根据以上特点，用万用表电阻挡可以很方便地进行管型识别。具体方法如下：将万用表打到 R×100（或 R×1 k）挡，用黑表笔接触三极管的一根引脚，红表笔分别接触另外两根引脚，测得一组（两个）电阻值；黑表笔依次换接三极管其余两引脚，重复上述操作，又测得两组（四个）电阻值。将测得的三组（六个）电阻值进行比较，当某一组中的两个阻值基本相同时，黑表笔所接的引脚为该三极管的基极（b）。若该组两个阻值为三组中的最小，则说明被测管是 NPN 型；若该组的两个阻值为最大，则说明被测管是 PNP 型。若这三组阻值当中最小的那组阻值在 3～10 kΩ，该三极管是硅管；若为 500～1 000 Ω，则该三极管是锗管。

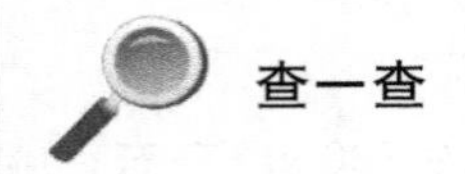

市面上三极管的材料与管型有着什么样的一般关系？

（2）确定集电极 c 和发射极 e。

① 如果是 NPN 管，在判断出管型和基极 b 的基础上，将万用表打到 R×1 k 挡上，用黑、红表笔接基极之外的另两根引脚，再用手同时捏住黑表笔所接的极与 b 极（手相当于一个电阻器），注意不要让两个电极直接相碰，此时注意观察万用表指针向右摆动的幅度；然后，将黑、红表笔对调，重复上述的测试步骤，如图 2.14 所示。比较两次检测中表针向右摆动的幅度，以摆动幅度大的那次测量为准，黑表笔接的为集电极 c，红表笔接的为发射极 e。

② 如果是 PNP 管，在判断出管型和基极 b 的基础上，将万用表打到 R×1 k 挡上，用红、黑表笔接基极之外的另两根引脚，再用手同时捏住红表笔所接的极与 b 极（手相当于一个电阻器），注意不要让两个电极直接相碰，此时注意观察万用表指针向右摆动的幅度；然后，将红、黑表笔对调，重复上述的测试步骤，如图 2.15 所示。比较两次检测中表针向右摆动的幅度，以摆动幅度大的那次测量为准，红表笔接的为集电极 c，黑表笔接的为发射极 e。

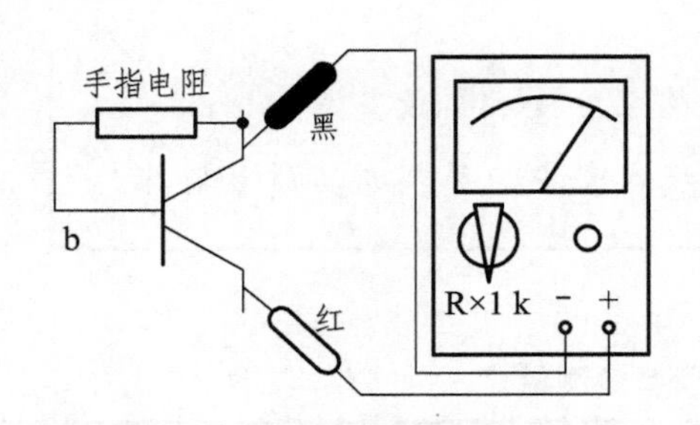

图 2.14　NPN 三极管管脚判断

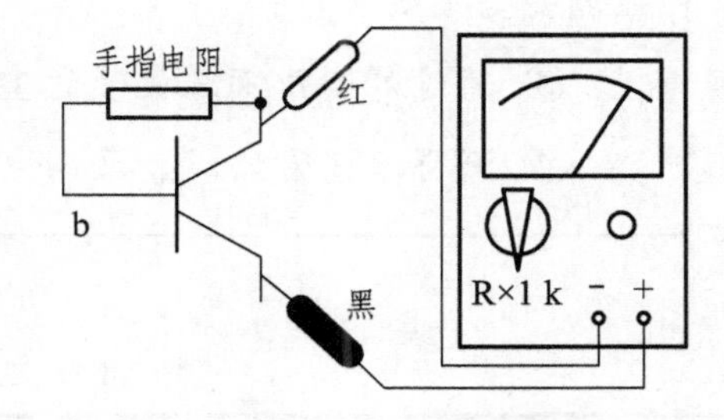

图 2.15　PNP 三极管管脚判断

2. 三极管质量的检测

三极管的故障主要有断路故障、击穿故障、噪声大、性能变差等。可以用万用表的 R×100 或 R×1 k 挡测量三极管集电结、发射结以及集电极与发射极之间的正、反向电阻的大小，从而初步判断三极管的质量好坏。一般来说，正向电阻越小越好，反向电阻越大越好。

注意：

（1）若测得的阻值为零或特别小，说明存在击穿故障。

（2）若测得的阻值为∞（无穷大），说明存在断路故障。

另外，若测量时表针不停地摆动，当用手抓住三极管外壳时，表针所指的阻值在减小，减小的阻值越多，说明该管的温度稳定性越差。

做一做

二极管、三极管识别和检测训练

（1）二极管的识别与检测训练，完成表 2.10。

① 为每位同学分发常用的不同型号二极管共 10 只；

② 要求每位同学独立完成，指导教师多作巡回辅导，示范操作，强调安全文明实习；

③ 通过外壳识别二极管的型号及主要技术参数；

④ 测得二极管的正、反向电压填入表中，并判断其质量好坏。

（2）三极管的识别与检测训练，完成表 2.11。

① 为每位同学分发常用的不同型号三极管共 5 只；

② 要求每位同学独立完成，指导教师多作巡回辅导，示范操作，强调安全文明实习；

③ 通过外壳识别三极管的型号及主要技术参数；

④ 测得三极管的正、反向电压填入表中，并判断其质量好坏。

表 2.10　二极管参数测量

序号	型号	万用表选挡	正向电阻	反向电阻	材料	极性	主要用途	质量好坏
1								
2								
3								
4								
5								
6								
7								
8								
9								
10								

表 2.11　三极管参数测量

序号	型号	管型	正反向电阻	阻值及挡位						质量好坏
				挡位	R_{eb}	挡位	R_{cb}	挡位	R_{ec}	
1			正							
			反							
2			正							
			反							
3			正							
			反							
4			正							
			反							
5			正							
			反							

三、不同二极管的选用与代换

1. 检波二极管的选用及代换

检波二极管一般可选用点接触型锗二极管，例如 2AP 系列等。

选用时，应根据电路的具体要求来选择工作频率高、反向电流小、正向电流足够大的检波二极管。虽然检波和整流的原理一样，但整流的目的只是为了得到直流电，而检波则是从被调制波中取出信号成分（包络线）。检波电路和半波整流线路完全相同。因检波是对高频波整流，二极管的结电容一定要小，所以选用点接触二极管。能用于高频检波的二极管大多能用于限幅、箝位、开关和调制电路。

检波二极管损坏后，若无同型号二极管更换时，也可以选用半导体材料相同，主要参数相近的二极管来代换。在业余条件下，也可用损坏了一个 PN 结的锗材料高频晶体管来代用。

2. 整流二极管的选用及代换

整流二极管一般为平面型硅二极管，用于各种电源整流电路中。

选用整流二极管时，主要应考虑其最大整流电流、最大反向工作电流、截止频率及反向恢复时间等参数。普通串联稳压电源电路中使用的整流二极管，对截止频率的反向恢复时间要求不高，只要根据电路的要求选择最大整流电流和最大反向工作电流符合要求的整流二极管即可。开关稳压电源的整流电路及脉冲整流电路中使用的整流二极管，应选用工作频率较高、反向恢复时间较短的整流二极管或选择快恢复二极管。

整流二极管损坏后，可以用同型号的整流二极管或参数相同的其他型号整流二极管代换。通常，高耐压值（反向电压）的整流二极管可以代换低耐压值的整流二极管，而低耐压值的整流二极管不能代换高耐压值的整流二极管。整流电流值高的二极管可以代换整流电流值低的二极管，而整流电流值低的二极管则不能代换整流电流值高的二极管。

3. 稳压二极管的选用及代换

稳压二极管一般用在稳压电源中作为基准电压源，也可用在过电压保护电路中作为保护二极管。

选用的稳压二极管，应满足应用电路中主要参数的要求。稳压二极管的稳定电压值应与应用电路的基准电压值相同，稳压二极管的最大稳定电流应高于应用电路的最大负载电流50%左右。

稳压二极管损坏后，应采用同型号稳压二极管或电参数相同的稳压二极管来更换。可以用具有相同稳定电压值的高耗散功率稳压二极管来代换耗散功率低的稳压二极管，但不能用耗散功率低的稳压二极管来代换耗散功率高的稳压二极管。例如，0.5 W、6.2 V 的稳压二极管可以用 1 W、6.2 V 稳压二极管代换。

4. 开关二极管的选用及代换

开关二极管的作用是利用其单向导电特性使其成为一个较理想的电子开关。开关二极管除能满足普通二极管和性能指标要求外，还具有良好的高频开关特性（反向恢复时间较短），被广泛应用于电脑、电视机、通信设备、家用音响、影碟机、仪器仪表、控制电路、各类高频电路及电子设备的开关电路、检波电路、高频脉冲整流电路等。

开关二极管分为普通开关二极管、高速开关二极管、超高速开关二极管、低功耗开关二极管、高反压开关二极管、硅电压开关二极管等种类。中速开关电路和检波电路，可以选用2AK 系列普通开关二极管。高速开关电路要根据应用电路的主要参数（例如正向电流、最高反向电压、反向恢复时间等）来选择开关二极管的具体型号。

开关二极管损坏后，应用同型号的开关二极管更换或用与其主要参数相同的其他型号的开关二极管来代换。高速开关二极管可以代换普通开关二极管，反向击穿电压高的开关二极管可以代换反向击穿电压低的开关二极管。

5. 变容二极管的选用及代换

选用变容二极管时，应着重考虑其工作频率、最高反向工作电压、最大正向电流和零偏压结电容等参数是否符合应用电路的要求，应选用结电容变化大、高 Q 值、反向漏电流小的变容二极管。

变容二极管损坏后，应更换与原型号相同的变容二极管或用其主要参数相同（尤其是结电容范围应相同或相近）的其他型号的变容二极管来代换。

四、三极管的选用与代换

1. 一般小功率三极管的选用

小功率三极管在电子电路中的应用最多，主要用作小信号的放大、控制或振荡器。选用三极管时首先要搞清楚电子电路的工作频率。如中波收音机振荡器的最高频率是 2 MHz 左右；而调频收音机的最高振荡频率为 120 MHz 左右；电视机中 VHF 频段的最高振荡频率为250 MHz 左右；UHF 频段的最高振荡频率接近 1 000 MHz 左右。工程设计中一般要求三极管的 f_T（特征频率）大于 3 倍的实际工作频率，故可按照此要求来选择三极管的特征频率 f_T。由于硅材料高频三极管的 f_T 一般不低于 50 MHz，所以在音频电子电路中使用这类管子可不

考虑 f_T 这个参数。小功率三极管 V_{CEO}（集电极-发射极反向极击穿电压）的选择可以根据电路的电源电压来决定，一般情况下只要三极管的 V_{CEO} 大于电路中电源的最高电压即可。当三极管的负载是感性负载如变压器、线圈等时，V_{CEO} 数值的选择要慎重，感性负载上的感应电压可能达到电源电压的 2 ~ 8 倍（如节能灯中的升压三极管）。一般小功率三极管的 V_{CEO} 都不低于 15 V，所以在无电感元件的低电压电路中也不用考虑这个参数。一般小功率三极管的 I_{CM}（集电极最大允许电流）在 30 ~ 50 mA，对于小信号电路一般可以不予考虑，但对于驱动继电器及推动大功率音箱的管子要认真计算一下。当然首先要了解继电器的吸合电流是多少毫安，以此来确定三极管的 I_{CM}。当我们估算了电路中三极管的工作电流（即集电极电流），又知道了三极管集电极到发射极之间的电压后，就可根据 $P = UI$ 来计算三极管的集电极最大允许耗散功率 P_{CM}。国产及国外生产的小功率三极管的型号极多，它们的参数有一部分是相同的，有一部分是不同的。只要你根据以上分析的使用条件，本着"大能代小"的原则（即 V_{CEO} 高的三极管可以代替 V_{CEO} 低的三极管；I_{CM} 大的三极管可以代替 I_{CM} 小的三极管等），就可对三极管应用自如了。

2. 大功率三极管的选用

对于大功率三极管，只要不是高频发射电路，我们都不必考虑三极管的特征频率 f_T。对于三极管的集电极-发射极反向击穿电压 V_{CEO} 这个极限参数的考虑与小功率三极管是一样的，对于集电极最大允许电流 I_{CM} 的选择主要也是根据三极管所带的负载情况而计算的。三极管的集电极最大允许耗散功率 P_{CM} 是大功率三极管重点考虑的问题，需要注意的是大功率三极管必须有良好的散热器。即使是一只四五十瓦的大功率三极管，在没有散热器时，也只能经受两三瓦的功率耗散。大功率三极管的选择还应留有充分的余量。另外在选择大功率三极管时还要考虑它的安装条件，以决定选择塑封管还是金属封装的管子。如果你拿到一只三极管又无法查到它的参数，可以根据它的外形来推测一下它的参数。目前小功率三极管最多见的是 TO-92 封装的塑封管，也有部分是金属壳封装。它们的 P_{CM} 一般在 100 ~ 500 mW，最大的不超过 1 W。它们的 I_{CM} 一般在 50 ~ 500 mA，最大的不超过 1.5 A。而其他参数是不好判断的。在修理电子设备中还会遇到形形色色的半导体元器件，它们的替换还需查阅有关手册。

3. 按三极管的种类选用

（1）低频小功率三极管。

低频小功率三极管一般指特征频率在 3 MHz 以下，功率小于 1 W 的三极管，一般作为小信号放大用。

（2）高频小功率三极管。

高频小功率三极管一般指特征频率大于 3 MHz，功率小于 1 W 的三极管。主要用于高频振荡、放大电路中。

（3）低频大功率三极管。

低频大功率三极管指特征频率小于 3 MHz，功率大于 1 W 的三极管。低频大功率三极管品种比较多，主要应用于电子音响设备的低频功率放大电路种；用于各种大电流输出稳压电源中作为调整管。

（4）高频大功率三极管。

高频大功率三极管指特征频率大于 3 MHz，功率大于 1 W 的三极管，主要用于通信等设备中作为功率驱动、放大。

（5）开关三极管。

开关三极管是利用控制饱和区和截止区相互转换而工作的。开关三极管的开关过程需要一定的响应时间，开关响应时间的长短表示了三极管开关特性的好坏。

（6）差分对管。

差分对管是把两只性能一致的三极管封装在一起的半导体器件，它能以最简单的方式构成性能优良的差分放大器。

（7）复合三极管。

复合三极管是分别选用各种极性的三极管进行复合连接，在组成复合三极管时，不管选用什么样的三极管，这些三极管按照一定的方式连接后可以看成是一个高β的三极管。组合复合三极管时，应注意第一只管子的发射极电流方向必须与第二只管子的基极电流方向相同。复合三极管的极性取决于第一只管子。复合三极管的最大特点是电流放大倍数很高，所以多用于较大功率输出的电路中。

4. 三极管的代换

三极管的更换原则是同型号更换，但不同型号间也可根据以下原则更换：

（1）三极管使用的材料相同，如硅管代换硅管，锗管代换锗管；

（2）极限参数高的晶体管代换参数低的三极管。例如 V_{CEO} 高的三极管就可以代换 V_{CEO} 低的三极管；P_{CM} 较大的三极管就可以代换 P_{CM} 小的三极管。

（3）性能好的三极管代换性能差的三极管，如β高的三极管可以代换β低的三极管（但β不能过高），I_{CEO} 小的三极管可以代换 I_{CEO} 大的三极管。

（4）高频、开关管代换普通低频三极管。高频管和开关管之间一般也可以相互取代，但对开关特性要求高的电路，一般高频管不能代换开关管。

（5）复合管代换单管。

使用三极管的一些建议：

（1）降额使用三极管在安全工作区是提高整机可靠性的最低要求，降额使用可以提高三极管使用可靠性。根据三极管失效模式，下面是三极管降额使用的参考数据：通用型三极管，功率降额 30%、电流降额 50%、电压降额 60%；开关三极管功率降额 50%、电流降额 50%、电压降额 60%。

（2）高频电路中三极管的管脚尽量短。

（3）功率驱动用大功率三极管要安装散热器，中小功率管做功率驱动时也应采取散热措施。

（4）直流放大用差分对管时，由于对管参数不可能完全一致，应采用补偿元件和平衡调节措施，以消除零点漂移。

选用三极管原则：

最大集电极电压、最大集电极电流，如果频率高，考虑特征频率。如果开关工作，考虑存储时间。如果有增益要求，考虑放大倍数、前级能否驱动等。

五、任务评价

（1）二极管、三极管的分类、检测及代换判断任务考核评价表一式两份，一份由指导教师保存，用于这个任务的考核成绩评定，一份由学生保存。

（2）教学任务的考核成绩均为百分制。

任务考核评价表

任务名称：二极管、三极管的分类、检测及代换

<table>
<tr><td colspan="3">班级：　　　　姓名：</td><td colspan="6">学号：　　　　指导教师：</td></tr>
<tr><td rowspan="3">评价项目</td><td rowspan="3">评价标准</td><td rowspan="3">评价依据
（信息、佐证）</td><td colspan="3">评价方式</td><td rowspan="3">权重</td><td rowspan="3">得分小计</td><td rowspan="3">总分</td></tr>
<tr><td>个人自评</td><td>小组自评</td><td>小组间互评</td></tr>
<tr><td>0.1</td><td colspan="2">0.9</td></tr>
<tr><td>职业素质</td><td>1. 遵守企业管理规定、劳动纪律；
2. 按时完成学习及工作任务；
3. 工作积极主动、勤学好问</td><td>1. 遵守纪律；
2. 完成工作任务；
3. 学习积极性</td><td></td><td></td><td></td><td>0.2</td><td></td><td rowspan="3"></td></tr>
<tr><td>专业能力</td><td>1. 二极管与三极管管脚识别与检测；
2. 二极管与三极管参数测量及质量检测；
3. 二极管与三极管选用与代换原则</td><td>1. 能正确二极管与三极管管脚识别与检测；
2. 掌握二极管与三极管参数测量及质量检测的方法；
3. 掌握二极管与三极管选用与代换原则</td><td></td><td></td><td></td><td>0.7</td><td></td></tr>
<tr><td>创新能力</td><td>能够推广、应用国内相关职业的新工艺、新技术、新材料、新设备</td><td>“四新”技术的应用情况</td><td></td><td></td><td></td><td>0.1</td><td></td></tr>
<tr><td>指导教师综合评价</td><td colspan="8">

指导老师签名：　　　　　　　　　　　　日期：</td></tr>
</table>

任务延伸与拓展

广泛深入地了解其他新型的二极管和三极管，并按以下要求学习：

（1）深入了解二极管的其他技术参数以及如何对损坏的二极管进行代换；

（2）深入了解三极管的直流参数与交流参数。

学生在教师指导下，利用计算机网络、图书资料查阅相关资料，完成本任务。

1.4 其他半导体器件的分类、检测及代换

任务目标

（1）学习场效应管、晶闸管外形和标志识别其类型和极性；

（2）使用万用表对场效应管、晶闸管的极性、特性和质量进行检测；

（3）掌握场效应管、晶闸管选用与代换原则。

任务分析

场效应晶体管简称场效应管，是一种电压控制电流的半导体器件。场效应管有三个电极，即源极（S）、栅极（G）和漏极（D），它们分别对应普通三极管的 e、b、c 极。目前大量生产和广泛使用的场效应管分为三大类：结型场效应管（JFET）、绝缘栅型场效应管（MOS）和金属型场效应管。根据导电沟道材料的不同，又分为 N 沟道场效应管和 P 沟道场效应管。它们的结构虽然不一样，但性能却大同小异，其优点是电场控制的单极性导电方式（又称单极型晶体管）输入阻值很高，抗辐射能力强，噪声低，热稳定性好，便于集成；其缺点是容易产生静电击穿损坏。因而特别适用于高灵敏、低噪声电路，适于制作大规模集成电路。

场效应管的主要技术参数如下所述。

1. 开启电压 V_{GS}（th）（或 V_T）

开启电压是 MOS 增强型管的参数，栅源电压小于开启电压的绝对值，场效应管不能导通。

2. 夹断电压 V_{GS}（off）（或 V_P）

夹断电压是耗尽型 FET 的参数，当 $V_{GS} = V_{GS}$（off）时，漏极电流为零。

3. 饱和漏极电流 I_{DSS}

耗尽型场效应三极管，当 $V_{GS} = 0$ 时所对应的漏极电流即为饱和漏极电流 I_{DSS}。

4. 输入电阻 R_{GS}

场效应三极管的栅源输入电阻的典型值，结型场效应三极管，反偏时 R_{GS} 约大于 10^7 Ω，绝缘栅型场效应三极管，R_{GS} 是 $10^9 \sim 10^{15}$ Ω。

5. 低频跨导 g_m

低频跨导反映了栅源电压对漏极电流的控制作用（相当于普通晶体管的 h_{FE}），单位是 mS（毫西门子）。

6. 最大漏极功耗 P_{DM}

最大漏极功耗可由 $P_{DM} = V_{DS} - I_D$ 决定，与双极型三极管的 P_{CM} 相当。

7. 极限漏极电流 I_D

是漏极能够输出的最大电流，相当于普通三极管的 I_{CM}，其值与温度有关，通常手册上标注的是温度为 25 °C 时的值。一般指的是连续工作电流，若为瞬时工作电流，则标注为 I_{DM}，这个值通常大于 I_D。

8. 最大漏源电压 U_{DSS}

U_{DSS} 是场效应管漏源极之间可以承受的最大电压（相当于普通晶体管的最大反向工作电压 U_{CEO}），有时也用 U_{DS} 表示。

全称晶体闸流管，俗称可控硅。一种包含 3 个或 3 个以上 PN 结，能从断态转入通态，或由通态转入断态的双稳态电力电子器件。它泛指所有 PNPN 类型的开关管，也可表示这类开关管中的任一器件。自 1957 年美国贝尔电话实验室将第一只晶闸管用于工业领域以来，由于它的优异性能，很快受到各国重视。随着新材料的出现，新工艺的采用，单只晶闸管的电流容量从几安发展到几千安，耐压等级从几百伏提高到几千伏，工作频率大大提高，器件的动态参数也有很大改进。20 世纪 80 年代普通晶闸管的耐压等级和通流能力达到 3 500 A/6 500 V，可关断晶闸管达 3 000 A/4 500 V。随着应用领域的拓展，晶闸管正沿着高电压、大电流、快速、模块化、功率集成化、廉价的方向发展。

任务实施

一、场效应管的识别

1. 场效应管的种类

场效应管有两种：结型场效应管 JFET、绝缘栅型场效应管 MOS，具体分类如图 2.16 所示。

结型场效应管（JFET）因有两个 PN 结而得名、绝缘栅型场效应管（JGFET）则因栅极与其他电极完全绝缘而得名。按沟道半导体材料的不同，结型和绝缘栅型各分 N 沟道和 P 沟道两种。绝缘栅型场效应管与结型场效应管的不同之处在于它们的导电方式不同。若按导电方式来划分，绝缘栅型场效应管又可分成耗尽型与增强型，结型场效应管均为耗尽型。

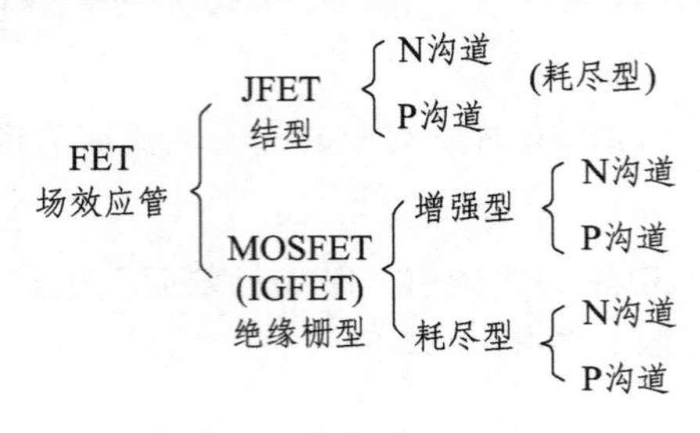

图 2.16

2. 场效应管结构

结型场效应管如图 2.17 ~ 2.1.19 所示。

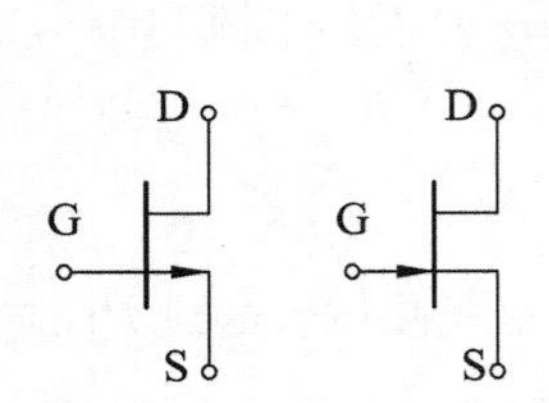

图 2.17　N 沟道结型场效应管电路符号

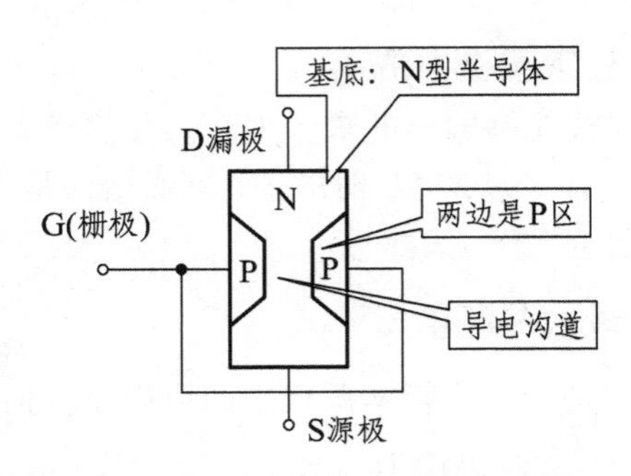

图 2.18　N 沟道结型场效应管结构图

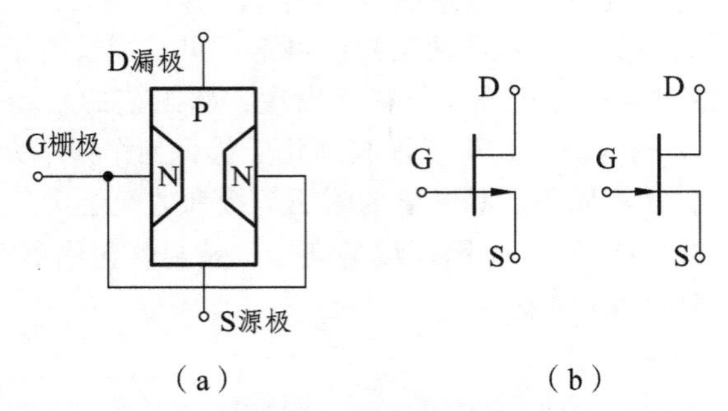

图 2.19　P 沟道结型场效应管结构图和电路符号

绝缘栅场效应管如图 2.20 和图 2.21 所示。

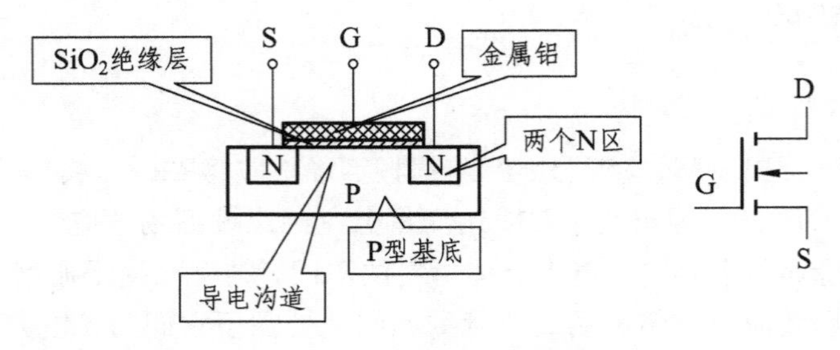

图 2.20　N 沟道增强型

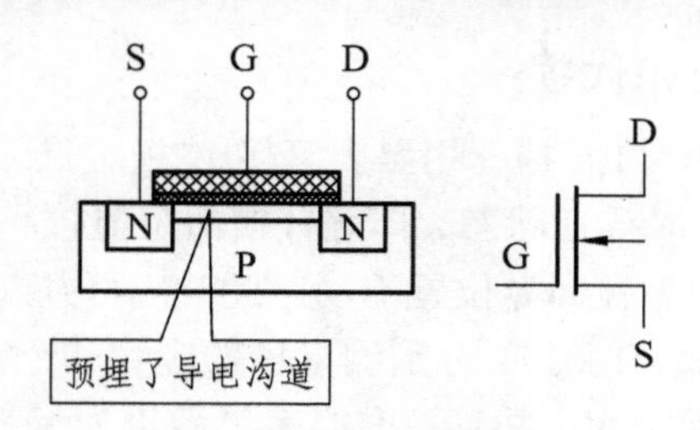

图 2.21 N 沟道耗尽型

3. 场效应管外形的识别

塑料封装场效应管如图 2.22 所示。

图 2.22 塑料封装场效应管

金属封装场效应管如图 2.23 所示。

图 2.23 金属封装场效应管

场效应管也有三个引脚，分别是栅极（又称控制极）、源极、漏极。场效应管可看作一只普通晶体三极管，栅极 G 对应基极 b，漏极 D 对应集电极 c，源极 S 对应发射极 e。N 沟道对应 NPN 型晶体管，P 沟道对应 PNP 晶体管。

场效应管的栅极、源极和漏极可通过直接目测识别，如图 2.24 所示。

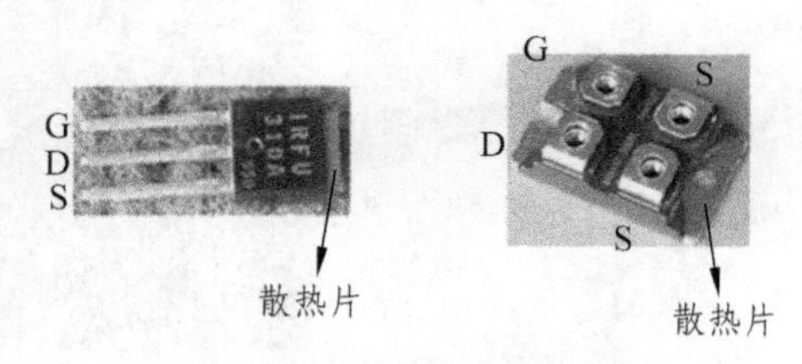

图 2.24 直接目测识别

二、场效应管的检测和代换

将万用表的量程选择在 R×1 k 挡，用黑表笔接 D 极，红表笔接 S 极；用手同时触及一下 G、D 极，场效应管应呈瞬时导通状态，即表针摆向阻值较小的位置；再用手触及一下 G、S 极，场效应管应无反应，即表针回零位置不动。此时应可判断出场效应管为好管。

将万用表的量程选择在 R×1 k 挡，分别测量场效应管三个管脚之间的电阻值。若某脚与其他两脚之间的电阻值均为无穷大，并且再交换表笔后仍为无穷大时，则此脚为 G 极，其他两脚为 S 极和 D 极。然后再用万用表测量 S 极和 D 极之间的电阻值一次，交换表笔后再测量一次。其中阻值较小的一次，黑表笔接的是 S 极，红表笔接的是 D 极。场管代换需大小相同，分清 N 沟道和 P 沟道，功率大的可以代换功率小的，但原则上还是原值代换最好。

三、晶闸管的分类和检测

1. 晶闸管的分类

（1）按关断、导通及控制方式分类。

晶闸管按其关断、导通及控制方式可分为普通晶闸管、双向晶闸管、逆导晶闸管、门极关断晶闸管（GTO）、BTG 晶闸管、温控晶闸管和光控晶闸管等多种。

（2）按引脚和极性分类。

晶闸管按其引脚和极性可分为二极晶闸管、三极晶闸管和四极晶闸管。

（3）按封装形式分类。

晶闸管按其封装形式可分为金属封装晶闸管、塑封晶闸管和陶瓷封装晶闸管三种类型。其中，金属封装晶闸管又分为螺栓形、平板形、圆壳形等多种；塑封晶闸管又分为带散热片型和不带散热片型两种。

（4）按电流容量分类。

晶闸管按电流容量可分为大功率晶闸管、中功率晶闸管和小功率晶闸管三种。通常，大功率晶闸管多采用金属壳封装，而中、小功率晶闸管则多采用塑封或陶瓷封装。

（5）按关断速度分类。

晶闸管按其关断速度可分为普通晶闸管和高频（快速）晶闸管。

2. 单向晶闸管的识别与检测

（1）单向晶闸管的电极判别。

目前国内常见晶闸管主要有螺栓型（见图 2.25）、平板型（见图 2.26）和塑封型，前两种三个电极的形状区别很大，可直观识别出来，只有塑封晶闸管需用万用表检测识别。单向晶闸管的结构图如图 2.27 所示，其电路符号如图 2.28 所示。

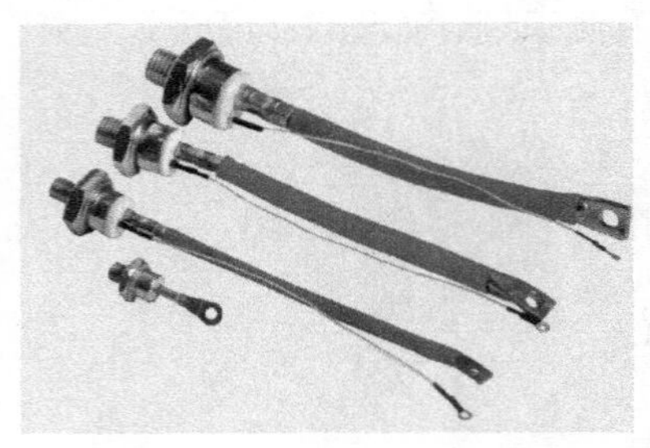

图 2.25 螺旋式结构图

图 2.26　平板式结构图

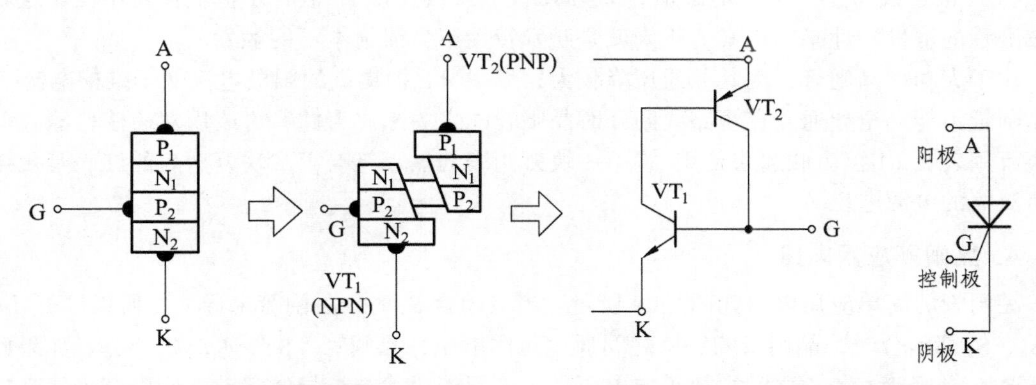

图 2.27　单向晶闸管结构图　　　　图 2.28　单向晶闸管电路符号

（2）使用万用表对晶闸管识别检测。

如果从其外形不能识别电极时，可以用万用表电阻挡进行测量。根据普通晶闸管的结构可知，门极（控制极 G）与阴极之间为一个 PN 结，具有单向导电性，而阳极与门极之间有两个反极性串联的 PN 结。因此通过万用表 R×100 或 R×1 k 挡测量普通晶闸管各引脚之间的电阻值，就能确定三个电极。具体方法是：将万用表拨在 R×100 挡，将黑表笔接某一电极，红表笔依次接触另外的电极。假如有一次阻值很小，约为几百欧，而另一次阻值很大，约为几千欧，则黑表笔接的是控制极 G。在阻值小的那次测量中，红表笔接的是阴极 K，剩余的一脚为阳极 A。

3. 单向晶闸管的质量判断

一根好的单向晶闸管，应该是 3 个 PN 结良好；反向电压能阻断；加正向电压，控制极断路是也能阻断；而当控制极加了正向电流时晶闸管能导通，且在撤去控制极电流后仍能维持导通。

（1）PN 结特性检测。

首先用万用表 R×100 挡检测 G-K 极间的正、反向电阻。若两者有明显差别（与普通二极管相比差别小得多），说明 PN 结是好的；若正、反向电阻皆为无穷大，说明控制电路断路；

反之，若正、反向电阻都为零，说明控制极短路。检测 A-G、A-K 极间正、反向电阻都应很大。如果出现阻值较小的情况，说明有 PN 结击穿短路现象，晶闸管已损坏。

注意：

若晶闸管 A-K 或 A-G 之间断路，阻值也为无穷大，用上述方法很难判断出来。所以在进行上述检测之后，还应进行导电检测。

（2）导电特性检测。

对小功率单向晶闸管，将万用表打到 R×1 挡，黑表笔接 A 极，红表笔接 K 极，然后用导线短接一下 G 极和 A 极，此时应看到表针偏向小电阻方向（几十欧至十几欧），这是断开 G 极和 A 极连线（红、黑表笔必须始终与 K 极、A 极连接），表针示值应保持不变。这就表明被测管的触发特性基本正常，否则就是触发特性不良或根本不能触发。

对于大功率晶闸管，因其导通压降较大，用 R×1 挡提供的阳极电流低于维持电流 I_H，故晶闸管不能完全导通，在短路线断开时晶闸管随之关断。为此，可改用双表法检测，即把两块万用表 R×1 挡串联起来使用（将第一块万用表的黑表笔与第二块万用表的红表笔短接），获得双倍的电源电压。

4. 晶闸管应用电路

晶闸管的简单应用电路如图 2.29 所示。当只闭合 S_1 时，晶闸管未导通，所以灯 L 不亮；当 S_1、S_2 都闭合时，晶闸管 G、K 之间通过正向电压，晶闸管 VS 导通，灯 L 亮。如果此时断开 S_2，晶闸管 G、K 之间去掉正向电压后，晶闸管仍然维持导通状态，所以灯仍然亮。此电路反映出晶闸管的可控性。

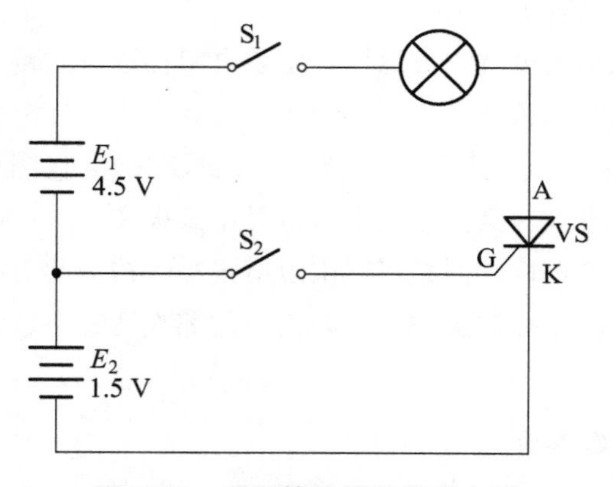

图 2.29 晶闸管的简单应用电路

四、晶闸管的选用及代换

1. 晶闸管的选用

（1）选择晶闸管的类型。

晶闸管有多种类型，应根据应用电路的具体要求合理选用。

若用于交、直流电压控制、可控整流、交流调压、逆变电源、开关电源保护电路等，可选用普通晶闸管。

若用于交流开关、交流调压、交流电动机线性调速、灯具线性调光及固态继电器、固态接触器等电路，应选用双向晶闸管。

若用于交流电动机变频调速、斩波器、逆变电源及各种电子开关电路等，可选用门极关断晶闸管。

若用于锯齿波发生器、长时间延时器、过电压保护器及大功率晶体管触发电路等，可选用 BTG 晶闸管。

若用于电磁灶、电子镇流器、超声波电路、超导磁能储存系统及开关电源等电路，可选用逆导晶闸管。

若用于光电耦合器、光探测器、光报警器、光计数器、光电逻辑电路及自动生产线的运行监控电路，可选用光控晶闸管。

（2）选择晶闸管的主要参数。

晶闸管的主要参数应根据应用电路的具体要求而定。

所选晶闸管应留有一定的功率裕量，其额定峰值电压和额定电流（通态平均电流）均应高于受控电路的最大工作电压和最大工作电流 1.5 ~ 2 倍。

晶闸管的正向压降、门极触发电流及触发电压等参数应符合应用电路（指门极的控制电路）的各项要求，不能偏高或偏低，否则会影响晶闸管的正常工作。

2. 晶闸管的代换

晶闸管损坏后，若无同型号的晶闸管更换，可以选用与其性能参数相近的其他型号晶闸管来代换。应用电路在设计时，一般均留有较大的裕量。在更换晶闸管时，只要注意其额定峰值电压（重复峰值电压）、额定电流（通态平均电流）、门极触发电压和门极触发电流即可，尤其是额定峰值电压与额定电流这两个指标。代换晶闸管应与损坏晶闸管的开关速度一致。例如在脉冲电路、高速逆变电路中使用的高速晶闸管损坏后，只能选用同类型的快速晶闸管，而不能用普通晶闸管来代换。选取代用晶闸管时，不管什么参数，都不必留有过大的裕量，应尽可能与被代换晶闸管的参数相近，因为过大的裕量不仅是一种浪费，而且有时还会起副作用，出现不触发或触发不灵敏等现象。

另外，还要注意两个晶闸管的外形要相同，否则会给安装工作带来不便。

五、任务评价

（1）场效应管、晶闸管的分类、检测及代换任务考核评价表一式两份，一份由指导教师保存，用于这个任务的考核成绩评定，一份由学生保存。

（2）教学任务的考核成绩均为百分制。

任务考核评价表

任务名称：场效应管、晶闸管的分类、检测及代换

<table>
<tr><td colspan="9">班级：　　　　姓名：　　　　学号：　　　　指导教师：</td></tr>
<tr><td rowspan="3">评价项目</td><td rowspan="3">评价标准</td><td rowspan="3">评价依据
（信息、佐证）</td><td colspan="3">评价方式</td><td rowspan="3">权重</td><td rowspan="3">得分小计</td><td rowspan="3">总分</td></tr>
<tr><td>个人自评</td><td>小组自评</td><td>小组间互评</td></tr>
<tr><td>0.1</td><td colspan="2">0.9</td></tr>
<tr><td>职业素质</td><td>1. 遵守企业管理规定、劳动纪律；
2. 按时完成学习及工作任务；
3. 工作积极主动、勤学好问</td><td>1. 遵守纪律；
2. 完成工作任务；
3. 学习积极性</td><td></td><td></td><td></td><td>0.2</td><td></td><td rowspan="3"></td></tr>
<tr><td>专业能力</td><td>1. 识别场效应管类型极性；
2. 识别晶闸管类型极性；
3. 用万用表检测场效应管的极性、特性及质量；
4. 用万用表检测晶闸管的极性、特性及质量</td><td>1. 识别场效应管类型极性；
2. 识别晶闸管类型极性；
3. 用万用表检测场效应管的极性、特性及质量；
4. 用万用表检测晶闸管的极性、特性及质量</td><td></td><td></td><td></td><td>0.7</td><td></td></tr>
<tr><td>创新能力</td><td>能够推广、应用国内相关职业的新工艺、新技术、新材料、新设备</td><td>“四新”技术的应用情况</td><td></td><td></td><td></td><td>0.1</td><td></td></tr>
<tr><td>指导教师综合评价</td><td colspan="8">

指导老师签名：　　　　　　　　　　日期：</td></tr>
</table>

任务延伸与拓展

广泛深入的了解其他新型的场效应管、晶闸管，并按以下要求学习：

（1）深入了解场效应管的其他技术参数以及如何对损坏的场效应管进行代换；

（2）深入了解晶闸管的其他未提及的基本特征。

学生在教师指导下，利用计算机网络、图书资料查阅相关资料，完成本任务。

1.5　光电器件的识别与检测

任务目标

1. 了解并熟悉光电器件的用途、使用和装配中的注意事项；
2. 掌握光电器件质量和性能的一般检测方法。

任务实施

一、半导体光电器件

半导体光电器件也叫光电器件。光电器件是将光能转换为电能的一种传感器件，它是构成光电式传感器最主要的部件。光电器件响应快、结构简单、使用方便，而且有较高的可靠性，因此在自动检测、计算机和控制系统中，应用非常广泛。

二、光电器件的种类

光电器件种类繁多，大致分为三类：发光二极管（LED）；光敏器件，光电二极管、光电三极管、光敏电阻、光电耦合器等；数显器件，包括数码管。

三、发光二极管（LED）的识别与检测

半导体发光二极管是采用磷化镓（GaP）或磷砷化镓（GaAsP）等半导体材料制成，是直接将电能转变为光能的结型电致发光器件。

发光二极管包括可见光、不可见光、激光等不同类型，这里只对可见光发光二极管作一简单介绍。

1. 普通发光二极管

（1）种类和特性。

发光二极管与普通二极管一样也是由 PN 结构成，具有单向导电性。当给其加 2 ~ 3 V 正向电压，只要有正向电流通过时，它就会发出可见光。发光二极管的发光颜色决定于所用材料，目前有黄、绿、红、橙等颜色，可以制成长方形、圆形等各种形状，图 2.30 为发光二极管的符号。

常见的“红-绿-橙”变色发光二极管：其内部两根二极管采用共阴极接法，K 为公共阴极，R 是发红光管 V_1 的正极，G 为发绿光管 V_2 的正极。

图 2.30　发光二极管的电路符号

（2）型号和主要参数。

国产部标型号为：FG2410。在一般使用场合，只要外形和发光颜色相符，多数可互换使用。

小电流发光二极管的主要参数有电学和光学两类参数。电学参数主要有工作电流、最大工作电流、正向压降和反向耐压。小电流发光二极管的工作电流不宜过大，最大工作电流值不大于 50 mA，正向起辉电流近似 1 mA，测试电流为 10 ~ 30 mA。它的正向压降一般在 1.5 ~ 3 V；反向耐压一般小于 6 ~ 10 V。光学参数有发光波长、发光亮度等。可见光发光二极管的波长在 500 ~ 700 nm。发光管的光通量一般用 lm 表示。

（3）性能检测。

① 用万用表 R × 10 k 挡测量其正向阻值，用 R × 1 k 挡测其反向阻值，判断方法与普通二极管相同。

② 在万用表外附接一节 1.5 V 电池，用 R × 10 或 R × 100 挡，用表笔及外接电池正极分别与发光二极管两端接触。若发光则是好的；若不发光，则调换表笔再测，若仍不发光则二极管损坏。用一个容量大于 100 μF 的电解电容器，先用万用表对其充电，充电完毕后，黑表笔改接电容负极，将被测发光二极管接于红表笔和电容器正极之间，如果发光二极管点亮后逐渐熄灭，表明它是好的。此时红表笔接的是管子的负极，电容器正极接的是管子的正极；如果发光二极管不亮，将其两端对调重新接上测试，还不亮，表明管子已损坏。

③ 用两块万用表，都置于 R × 1 挡，用一支表笔将其串联，将被测发光二极管接于第一块万用表的黑表笔和第二块万用表红表笔之间。若管子发光，说明是好的；若管子不亮，两表笔对调再测，还不亮则管子损坏。

用以上方法检测发光二极管好坏时，也可判断出正、负极。即测得反向电阻（或发光管不亮）时，红表笔所接为管子正极，黑表笔（或外接电容器正极）所接为管子负极。发光管的正、负极也可通过查看引脚或内芯结构予以识别。

检测变色发光二极管时，可仿照上述中②法，分 3 步检测：

第一步，将红表笔接 K，黑表笔接 R，管子应发红光；

第二步，将红表笔接 K，黑表笔接 G，管子应发绿光；

第三步，将红表笔接 K，黑表笔同时接 R、G，管子应发出复合光——橙光。

在使用发光二极管时应注意以下几个问题：

（1）若用电压源驱动，要注意选择好限流电阻，以限制流过管子的正向电流。

（2）管脚引线较长的为管子正极，短的为管子的负极。

（3）发光二极管具有单向导电性，可以用万用表的 R × 10 k 挡，用测二极管的方法测试，但因其正向导通电压较高，不能用低倍率挡测试。

（4）交流驱动时，为防止反向击穿，可并联整流二极管，进行保护。发光二极管因其驱动电压低、功耗小、寿命长、可靠性高等优点广泛用于显示电路中。

2. 闪烁发光二极管

闪烁发光二极管可作报警电路、节日彩灯、电子胸花等。

（1）外形和结构。

闪烁发光二极管是一种光-电结合的产品，其外形与普通发光二极管相同，但从侧面可看到管芯上有一条短黑带。该管有两种引出方式：一种是长引线为正极，如图 2.31 所示；另一种是短引线为正极。

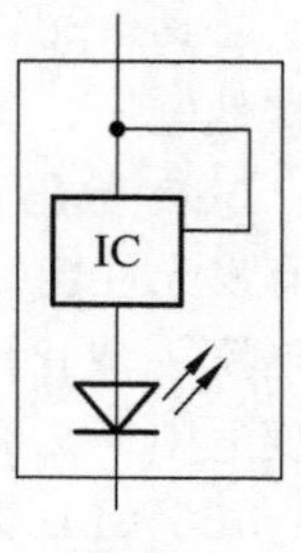

图 2.31

闪烁发光二极管是由一块 IC 电路和一只发光二极管相连，然后用环氧树脂全包封而成，其中振荡器产生一个频率为 f_0 的信号，经过几级分频器后，获得一个频率为 1.3 ~ 5.2 Hz 中的某一固定频率，再由驱动级进行电流放大，输出一个足够大的驱动电流，使闪烁二极管处于工作状态。使用时，只要在两根引脚上加一定电压，即可自行产生 1.3 ~ 5.2 Hz 的闪烁光。

（2）参数和使用注意事项。

闪烁发光二极管系列用 ϕ5 mm 环氧树脂全包封形式，颜色有红、橙、黄、绿 4 种。其主要参数：功耗 P_M 为 200 mW，正向电压 U_{FM} 为 7 V，正向电流 I_{FM} 为 45 mA，反向电压 U_R 为 0.4 V，工作温度 T_a 为 – 40 ~ + 85 °C，储存温度 T 为 – 55 ~ + 100 °C。

使用闪烁发光二极管，应注意以下事项：

① 使用时正、负极不得接反；

② 工作电压一般为 3 ~ 5 V；

③ 在电路中应尽量远离发热元器件；

④ 焊接时，焊接温度不宜过高，应使用镊子夹住引脚根部，帮助散热；焊接过程中管体不应受力。

3. 数显器件（LED 数码管）

LED 数码管是目前最常用的一种显示器，如图 2.32 所示。如果把发光二极管制成条状，再按一定方式连接，组成数字“8”，就构成了 LED 数码管。使用时按规定使某些笔段上的发光二极管发光，即可组成 0 ~ 9 的一系列数字。

LED 数码管的主要特点是：工作电压低，驱动电流小，能与 CMOS、TTL 显示电路匹配，响应速度快，高频特性好，单色性好，亮度高，体积小，质量轻，抗冲击性能好，寿命长，成本低。LED 数码管被广泛用作数字仪表、数显数控装置、计算机的数显器件。

图 2.32　LED 数码管

（1）LED 数码管的结构和工作原理。

LED 数码管分共阳极和共阴极两种结构。A ~ G 代表 7 个笔段的驱动端（亦称笔段电极）、DP 是小数点，第 3 脚与第 8 脚内部连通，“ + ”表示共阳极，“ – ”表示共阴极。共阳极 LED

数码管是将 8 只发光二极管的阳极（正极）短接后作为公共阳极。其工作特点是：当笔段电极接低电平，公共阳极接高电平时，相应笔段发光。共阴极 LED 数码管则与之相反。

LED 数码管的产品中以发红光、绿光、黄光的居多。如上所述 LED 数码管等效于多只具有发光性能的 PN 结。LED 数码管属于电流控制器件，其发光亮度 L（单位：cd/m^2）与正向电流 I_F 成正比，即 $L = KI_F$。使用 LED 数码管时，工作电流一般选每段约 10 mA，即保证亮度适中，又不会损坏器件。

（2）LED 数码管的分类。

① 按封装外形尺寸分类，可分为大、中、小三种。通常中、小型 LED 数码管采用双列直插式，大型的则采用印制板插入式。

② 按显示位数分类，可划分为单管位和多管位。单管位通常称数码管，多管位则称为显示器。

③ 按显示亮度分类，有普通亮度和高亮度之分。

④ 按字形结构分类，有数码管和符号管两种。

（3）LED 数码管的检测。

① 外观检测。颜色均匀、无局部变化及气泡，显示时不能有断笔、连笔等。

② 干电池检测法。将 3 V 干电池负极引出线经限流电阻 R 固定接触在 LED 数码管的公共阴极端上，电池正极引出线依次移动接触各笔段的正极端。此引出线接触到某一笔段电极端，该笔段就应显示出来。LED 数码管每笔段工作电流 I_{LED} 在 5 ~ 10 mA，若电流过大会损坏数码管，因此必须加限流电阻。

③ 万用电表检测法。利用万用表的 h_{FE} 插口能方便地检查 LED 数码管的发光情况。

四、光敏器件的识别与检测

1. 光敏电阻

光敏电阻是无结半导体器件，如图 2.33 所示，其电路符号如图 2.34 所示。光照强度越强，其电阻越小，可以用万用表直接检测其亮阻和暗阻。具体方法是：将万用表置于 R × 1 k 挡，置光敏电阻于距 25 W 白炽灯 50 cm 远处（其照度约为 100 Lx），直接测量光敏电阻的亮阻；再在完全黑暗的条件下直接测量光敏电阻的暗阻。如果亮阻为数千欧至数十千欧，暗阻为数兆欧至几十兆欧，则说明光敏电阻质量良好。

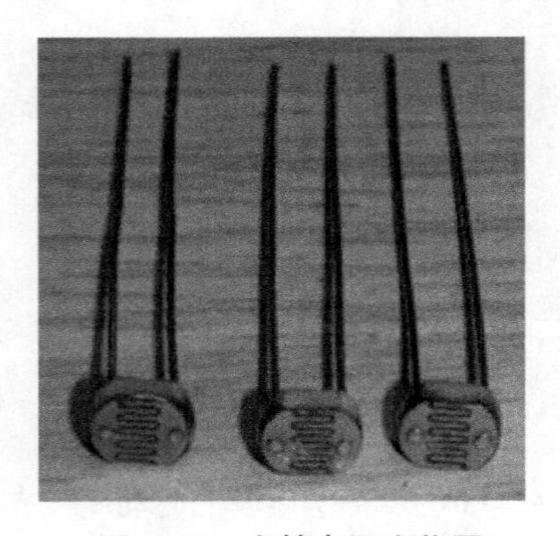

图 2.33 光敏电阻实物图

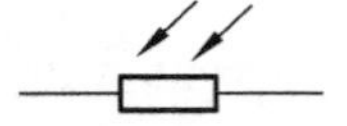

图 2.34 光敏电阻电路

2. 光电二极管

光电二极管（Photo-Diode）和普通二极管一样，也是由一个 PN 结组成的半导体器件，也具有单方向导电特性。但在电路中它不作整流元件，而是把光信号转换成电信号的光电传感器件。

（1）光电二极管的原理。

光电二极管是怎样把光信号转换成电信号？普通二极管在反向电压作用时处于截止状态，只能流过微弱的反向电流，光电二极管在设计和制作时尽量使 PN 结的面积相对较大，以便接收入射光。光电二极管是在反向电压作用下工作的。没有光照时，反向电流极其微弱，叫暗电流；有光照时，反向电流迅速增大到几十微安，称为光电流。光的强度越大，反向电流也越大。光的变化引起光电二极管电流变化，这就可以把光信号转换成电信号，成为光电传感器件。

（2）光电二极管的检测方法。

① 电阻测量法。

用万用表 R×1 k 挡进行电阻测量。光电二极管正向电阻约 10 kΩ 左右。在无光照情况下，反向电阻为∞时，管子良好（反向电阻不是∞时，说明漏电流大）；有光照时，反向电阻随光照强度增加而减小，阻值可达到几千欧或一千欧以下，则管子良好；若反向电阻都是∞或为零，则管子损坏。

② 电压测量法。

用万用表 1 V 挡进行电压测量。用红表笔接光电二极管“+”极，黑表笔接“–”极。在光照下，其电压与光照强度成比例，一般可达 0.2 ~ 0.4 V。

③ 短路电流测量法。

用万用表 50 μA 挡进行短路电流测量。用红表笔接光电二极管“+”极，黑表笔接“–”极。在白炽灯下（不能用日光灯），随着光照增强，其电流增加是好的，短路电流可达数十至数百微安。

在实际工作中，有时需要区别是红外发光二极管，还是红外光电二极管（或者是光电三极管）。若管子都是透明树脂封装，则可以从管芯安装来区别。红外发光二极管管芯下有一个浅盘，而光电二极管和光电三极管则没有。若管子尺寸过小或黑色树脂封装的，则可用万用表（置 R×1 k 挡）来测量电阻。用手捏住管子（不让管子受光照），正向电阻为 20 ~ 40 kΩ，而反向电阻大于 200 kΩ 的是红外发光二极管；正反向电阻都接近∞的是光电三极管；正向电阻在 10 kΩ 左右，反向电阻接近∞的是光电二极管。

（3）光电二极管的主要技术参数。

① 最高反向工作电压。

② 暗电流（dark current），也称无照电流。光电耦合器的输出特性是指在一定的发光电流 I_F 下，光敏管所加偏置电压 V_{CE} 与输出电流 I_C 之间的关系。当 $I_F = 0$ 时，发光二极管不发光，此时的光敏晶体管集电极输出电流称为暗电流，一般很小。

③ 光电流。

④ 灵敏度。

⑤ 结电容。

⑥ 正向压降。

⑦ 响应时间。

（4）光电二极管的工作原理。

光电二极管是将光信号变成电信号的半导体器件。它的核心部分也是一个 PN 结，和普通二极管相比，在结构上不同的是，为了便于接收入射光照，PN 结面积尽量做得大一些，电极面积尽量小些，而且 PN 结的结深很浅，一般小于 1 μm。

光电二极管是在反向电压作用之下工作的。没有光照时，反向电流很小（一般小于 0.1 微安），称为暗电流。当有光照时，携带能量的光子进入 PN 结后，把能量传给共价键上的束缚电子，使部分电子挣脱共价键，从而产生电子-空穴对，称为光生载流子。它们在反向电压作用下参加漂移运动，使反向电流明显变大。光的强度越大，反向电流也越大。这种特性称为“光电导”。光电二极管在一般照度的光线照射下，所产生的电流叫光电流。如果在外电路上接上负载，负载上就获得了电信号，而且这个电信号随着光的变化而相应变化。

光电二极管、光电三极管是电子电路中广泛采用的光敏器件。光电二极管和普通二极管一样具有一个 PN 结，不同之处是在光电二极管的外壳上有一个透明的窗口以接收光线照射，实现光电转换，在电路图中文字符号一般为 VD。光电三极管除具有光电转换的功能外，还具有放大功能，在电路图中文字符号一般为 VT。光电三极管因输入信号为光信号，所以通常只有集电极和发射极两个引脚线。同光电二极管一样，光电三极管外壳也有一个透明窗口，以接收光线照射。

五、任务评价

（1）光电器件的识别及质量判断任务考核评价表一式两份，一份由指导教师保存，用于这个任务的考核成绩评定，一份由学生保存。

（2）教学任务的考核成绩均为百分制。

任务考核评价表

任务名称：光电器件的识别及质量判断

<table>
<tr><td>班级：</td><td>姓名：</td><td colspan="7">学号：　　　　指导教师：</td></tr>
<tr><td rowspan="3">评价项目</td><td rowspan="3">评价标准</td><td rowspan="3">评价依据
（信息、佐证）</td><td colspan="3">评价方式</td><td rowspan="3">权重</td><td rowspan="3">得分小计</td><td rowspan="3">总分</td></tr>
<tr><td>个人自评</td><td>小组自评</td><td>小组间互评</td></tr>
<tr><td>0.1</td><td colspan="2">0.9</td></tr>
<tr><td>职业素质</td><td>1. 遵守企业管理规定、劳动纪律；
2. 按时完成学习及工作任务；
3. 工作积极主动、勤学好问</td><td>1. 遵守纪律；
2. 完成工作任务；
3. 学习积极性</td><td></td><td></td><td></td><td>0.2</td><td></td><td></td></tr>
</table>

续表

专业能力	1. 普通发光二极管的识别与检测； 2. 闪烁发光二极管的使用及其注意事项； 3. LED 数码管的工作原理及其检测； 4. 光敏器件的识别与检测	1. 能否正确识别与检测普通发光二极管； 2. 会不会正确使用闪烁发光二极管； 3. LED 数码管的使用和检测方法； 4. 能否正确对光敏器件进行识别与检测				0.7		
创新能力	能够推广、应用国内相关职业的新工艺、新技术、新材料、新设备	“四新”技术的应用情况				0.1		
指导教师综合评价	指导老师签名：　　　　　　日期：							

任务延伸与拓展

广泛深入的了解新型的光电器件，并按以下要求学习：

了解市场上还有哪些光电器件，并选择一些加以识别检测。

学生在教师指导下，利用计算机网络、图书资料查阅相关资料，完成本任务。

1.6　电声器件的识别及质量检测

任务目标

（1）常用电声器件的分类、结构、主要技术参数和使用中的注意事项；

（2）掌握电声器件相关性和质量的检测方法。

任务分析

电声器件是指能把声能转变为音频电信号，或者能把音频电信号转变成声能的器件。常见的电声器件有扬声器、耳机、蜂鸣器、传声器等。扬声器俗称喇叭，是用来将音频电信号转变成声音的电声器件。

任务实施

一、扬声器的识别与检测

1. 扬声器的种类

（1）按扬声器的工作频率分类，可分为低音扬声器、高音扬声器、中音扬声器、全频带扬声器等。

（2）按扬声器外形分类，可分为圆形扬声器、椭圆形扬声器、超薄形扬声器、号筒式扬声器等。

（3）按扬声器的驱动方式或能量转换方式分类，可分为电动式扬声器、电磁式扬声器、压电式扬声器、电容式扬声器、数字式扬声器、晶体式扬声器等。

（4）按扬声器的磁体分类，可分为外磁式扬声器（如舌簧式扬声器、永磁式扬声器）、内磁式扬声器、励磁式扬声器等。

（5）按扬声器音膜分类，可分为纸盆扬声器、非纸质扬声器、带橡皮边的扬声器、带布边的扬声器、带泡沫边的扬声器等。

（6）按声波的辐射方式分类，可分为直射式扬声器、反射式扬声器。

2. 常用扬声器

（1）电动式扬声器。

电动式扬声器是被广泛采用的一种扬声器。它的特点是电气性能优良、成本低、结构简单、品种齐全、音质柔和、低音丰满、频率特性的范围较宽等，是家用电器中采用最多的一种扬声器。

① 电动式扬声器的结构。

电动式扬声器主要由两大部分组成，即磁路系统和振动系统。振动系统由音圈、纸盆、音圈定位支架组成，磁路系统由环形磁铁、软铁芯柱、上导磁板、下导磁板组成。

② 电动式扬声器的纸盆（音膜）。

电动式扬声器又有布边扬声器、尼龙边扬声器、橡皮边扬声器等。它们的出现意味着纸盆扬声器的新发展。

（2）扬声器的主要技术参数。

① 标称阻值：3.2 Ω、4 Ω、8 Ω、16 Ω。

② 额定功率：单位为 V · A 或 W。

③ 频率响应：又称有效频率范围。不同的扬声器频率特性范围不同，对于低音扬声器而言，其频率范围一般为 30 Hz ~ 3 kHz；中音为 500 Hz ~ 5 kHz；高音为 3 ~ 15 kHz。

④ 特性灵敏度。

⑤ 谐振频率：指扬声器有效频率范围的下限值。优秀重低音扬声器的谐振频率为20 ~ 30 Hz。

（3）扬声器型号识别方法。

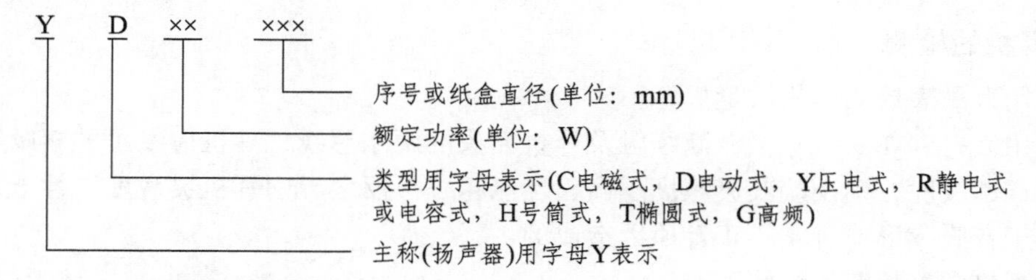

注意：通常在扬声器背面的磁铁上贴有铭牌，铭牌上标注有型号，从型号上可以了解该扬声器的种类、标称功率、阻抗大小、纸盆尺寸等。

3. 扬声器的检测

对扬声器的检测主要采用直观检测、试听检测和万用表检测。

（1）直观检测法。

直观检查主要是看扬声器纸盒有无破损、发霉，磁铁有无破裂或松动等，再用旋具接触磁铁，检查其磁性强弱（内磁式除外）。

（2）试听检测法。

采用试听法检测扬声器的质量是最科学、最稳妥的。其具体方法是：将扬声器接在功率放大器的输出端，通过听音来判断其声音大小和音质好坏（注意：扬声器阻抗与功放输出阻抗要匹配；功放的质量要保证）。

（3）万用表检测法。

将万用表置于 R×1 挡，用一只表笔与扬声器一引线脚相接，另一只表笔断续触碰扬声器的另一引线脚，此时扬声器便可发出“喀喀”声，且指针作相应的摆动，表明扬声器是好的。如扬声器没有声音，万用表指针也不摆动，表明扬声器有故障。

4. 扬声器的代换

（1）对国产扬声器要尽可能地用同型号扬声器更换。

（2）替代要考虑安装尺寸、安装孔位置，否则新扬声器无法装到整机上。形状相差太大的扬声器（如圆形和椭圆形），因安装问题不能替换。

（3）要用阻抗一样的扬声器代换，否则会使输出功率降低。

（4）额定功率指标要十分相近，略大些可以，不过太大会推不动，太小会损坏新扬声器。

二、耳机的识别与检测

1. 耳机的特点

同扬声器一样，也是一种将电信号转换成声音的器件。使用耳机听音，其电声性能指标明显优于扬声器，立体声效果极佳，所需功耗小，不收外界环境的限制，广泛应用于MP3、手机、计算机及一系列多媒体设备当中，代替扬声器作放声用。

2. 耳机的种类

（1）按耳机结构分类，可分为开放式、半开放式和封闭式。

（2）按耳机外形分类，可分为入耳式、耳塞式和头戴式。

（3）按耳机工作原理分类，可分为电动式、电磁式、静电式。

3. 耳机的检测

（1）用万用表检测耳机质量好坏。

将万用表打到 R×100 挡，断续触及耳机插头的两条芯线，耳机应发出“喀嚓”声，此声音越大、越清脆，则反映其灵敏度越高、性能越好。反之，则耳机灵敏度、性能不好，这可能是由于音膜变形或音圈不正等原因造成的。

（2）耳机常见故障的维修。

由于耳机体积小、结构紧凑，所以容易受到外界的机械伤害，特别是音圈用线细，连接线非常轻软，所以经常发生连接线折断、音圈与音膜脱落、音圈引出线折断等故障。

① 耳机完全无声。

用万用表 R×100 挡测试耳机插头的两条芯线是，阻值为∞，说明耳机存在断路故障，多为音圈断线所致。此时，要小心打开外壳，找出断线处，重新焊接，然后将耳机装好即可。

② 耳机引线根部折断。

因耳塞式耳机的连接线非常细软，很容易在其引线根部折断。其判别方法是：用手拿着耳机晃动，用万用表测其阻值，会发现接触时好时坏。维修时，可将耳机引线根部剪断，打开耳机外壳，焊掉残余引线，将剪断引线通过外壳孔穿进去，分别焊在两个焊片上。

③ 耳机插头接线折断。

对于一次性封装的耳机插头，可以剪掉插头后换另一只；对于外壳可拆卸插头，可以在断线处重新进行焊接。

三、传声器的识别与检测

传声器俗称话筒，其作用与扬声器的耳机相反，它是将声音信号转换为电信号的电声器件。

1. 传声器的种类和符号

传声器可分为动圈式、驻极体、无线、近讲传声器等。

传声器的文字符号过去用 S、M 或 MIC 表示，新国标规定为 B 或 BM。

2. 驻极体话筒的识别与检测

（1）驻极体话筒的结构。

驻极体话筒由声电转换和阻抗变换两部分组成，如图 2.35 所示。它的声电转换的关键元件是驻极体振动膜，经过高压电场驻极后，使其两面分别驻有异性电荷。这样，振动膜（蒸有纯金膜的一侧）与金属极板之间形成一个几十皮法的小容量电容器。当振动膜遇到声波振动时，引起电容两端的电场发生变化，从而产生了随声波变化而变动的交变电压。驻极体膜片与金属极板之间的容量较小，致使它的输出阻抗值很大，为了与音频放大器相匹配，在话筒内接了一只含有二极管的专用结型场效应管来进行阻抗变换。

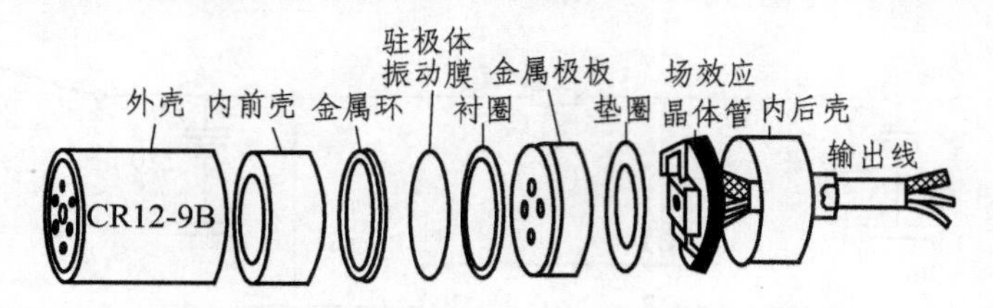

图 2.35　驻极体传声器的结构图

（2）驻极体话筒与电路的连接。

驻极体话筒与电路接法有两种：源极输出与漏极输出。

① 源极输出需用三根引线：漏极 D 接电源正；源极 S 与地之间接一电阻 R_S 来提供源极电压，信号由源极 S 经电容输出；编织线接地起屏蔽作用，如图 2.36 所示。

② 漏极输出只需两根引线：漏极 D 经电阻 R_D 接电源正极，信号由漏极 D 经电容输出；源极 S 与编织线一起接地，如图 2.37 所示。

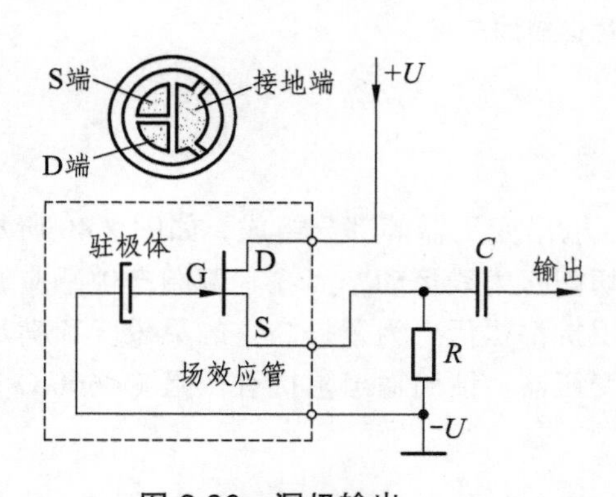

图 2.36　漏极输出

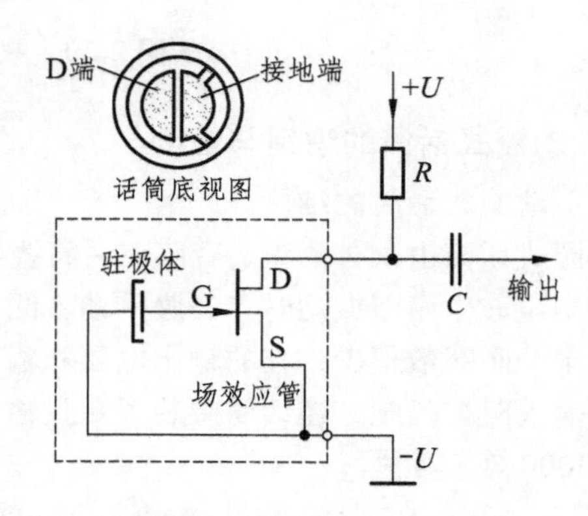

图 2.37　源极输出

（3）驻极体话筒的识别与检测。

① 引脚识别：A 为接地点，它的面积比 D 极和 S 极大，一般与外壳相连。

② 万用表判断：$R\times1$ k 挡。

③ 话筒好坏与灵敏度的判别：$R\times1$ k 或 $R\times100$ 挡，黑笔接漏极 D，红笔接 S 与地。

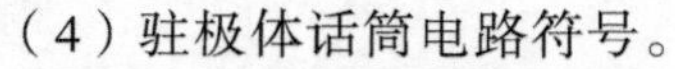

（4）驻极体话筒电路符号。

驻极体话筒的电路符号如图 2.38 所示。

图 2.38　MIC

（5）驻极体话筒应用电路举例。

本文介绍的驻极体话筒功放电路，外围元件少，制作简单，但音质很好。该话筒采用一块双路音频放大集成电路，其主要特点是效率高、耗电省，静态工作电流典型值只有 6 mA 左右。该集成电路的电压适应能力强（1.8 ~ 15 V DC），即使在 1.8 V 低电压下使用，仍会有约 100 mW 的功率输出，具体电路如图 2.39 所示。

工作原理：

驻极体话筒 MIC 将拾取的声音信号转换成电信号后，经 C_2 和 W 从 U_1 的“2”脚引入，经 U_1 音频放大后，推动喇叭发音。本机接成 BTL 输出电路，这对于改善音质，降低失真大有好处，同时输出功率也增加了 4 倍，当 3 V 供电时，其输出功率为 350 mW。

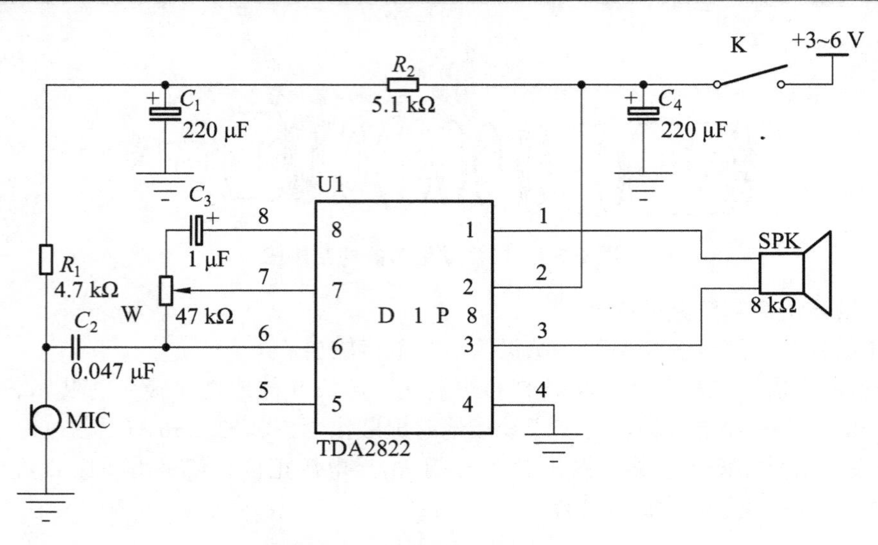

图 2.39 驻极体话筒的应用

3. 动圈式话筒的识别与检测

（1）动圈式话筒的结构。

动圈式话筒由永久磁铁、音膜、话筒线圈、输出变压器等部分组成，如图 2.40 所示。当音膜受到声波作用而振动时，音膜带动音圈做切割磁力线运动，而在其两端产生感应音频电压。由于音圈圈数很少，它的输出电压和输出阻抗都很低。为了提高它的灵敏度和满足与功放机的输入阻抗匹配，在话筒中装了一只输出变压器。话筒输出阻抗有低阻（<600 Ω）和高阻（>1 000 Ω）两种。

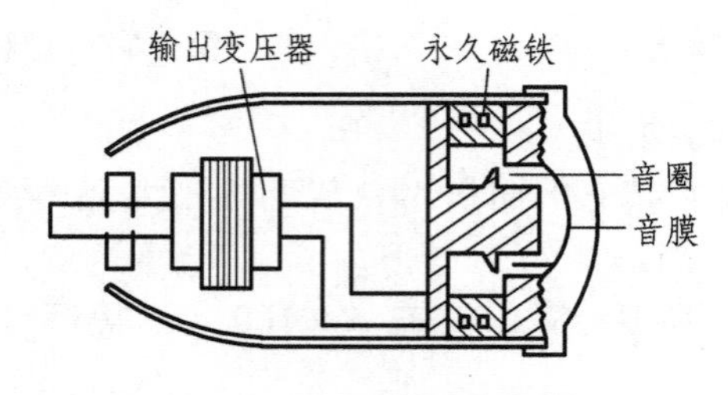

图 2.40 动圈式话筒结构图

（2）传声器的检测。

对于低阻传声器可选用万用表的 R × 10 挡测其输出端（插头的两个部位）的电阻值，一般阻值为 50 ~ 200 Ω（直流电阻值应低于阻抗值）。测试时，一支表笔断续触碰插头的一个极，传声器应发出“喀喀”声。如传声器无任何反映，表明有故障；如阻值为 0 Ω，则说明传声器有短路故障；如阻抗为 ∞，则说明传声器有断路故障。

此方法适用于无声故障的检测以及音小、失真或有杂音故障检修。

四、任务评价

（1）电声器件的识别及质量判断任务考核评价表一式两份，一份由指导教师保存，用于这个任务的考核成绩评定，一份由学生保存。

（2）教学任务的考核成绩均为百分制。

任务考核评价表

任务名称：光电器件的识别及质量判断

<table>
<tr><td colspan="2">班级：</td><td colspan="2">姓名：</td><td colspan="2">学号：</td><td colspan="3">指导教师：</td></tr>
<tr><td rowspan="3">评价项目</td><td rowspan="3">评价标准</td><td rowspan="3">评价依据
（信息、佐证）</td><td colspan="3">评价方式</td><td rowspan="3">权重</td><td rowspan="3">得分小计</td><td rowspan="3">总分</td></tr>
<tr><td>个人自评</td><td>小组自评</td><td>小组间互评</td></tr>
<tr><td>0.1</td><td colspan="2">0.9</td></tr>
<tr><td>职业素质</td><td>1. 遵守企业管理规定、劳动纪律；
2. 按时完成学习及工作任务；
3. 工作积极主动、勤学好问</td><td>1. 遵守纪律；
2. 完成工作任务；
3. 学习积极性</td><td></td><td></td><td></td><td>0.2</td><td></td><td rowspan="3"></td></tr>
<tr><td>专业能力</td><td>1. 扬声器的识别与检测；
2. 耳机的识别与检测；
3. 传声器的识别与检测</td><td>1. 是否掌握扬声器的识别与检测方法；
2. 是否掌握耳机的识别与检测方法；
3. 是否掌握传声器的识别与检测方法</td><td></td><td></td><td></td><td>0.7</td><td></td></tr>
<tr><td>创新能力</td><td>能够推广、应用国内相关职业的新工艺、新技术、新材料、新设备</td><td>“四新”技术的应用情况</td><td></td><td></td><td></td><td>0.1</td><td></td></tr>
<tr><td>指导教师综合评价</td><td colspan="8">

指导老师签名：　　　　　　　　　　日期：</td></tr>
</table>

任务延伸与拓展

广泛深入的了解各类电声器件，并按以下要求学习：

参照课堂上学习的检测维修电声器件的方法，对自己身边的电声器件进行修理、检测。

学生在教师指导下，利用计算机网络、图书资料查阅相关资料，完成本任务。

1.7 接插件、开关的识别与检测

任务目标

（1）掌握接插件、开关的分类、结构、用途和主要技术参数；

（2）掌握典型开关的应用及接插件质量的检测方法。

任务分析

开关类器件泛指具有开关的通断与转换电路功能的元器件，包括接插件、开关和继电器。开关与接插元器件是电路中不可或缺的元器件，起着断开、接通或转换电路的作用。继电器则可以说成是一种自动开关。接插件、开关与继电器种类及规格众多，应用十分广泛。

任务实施

一、接插元器件简介

接插件又称连接器或插头、插座，泛指各种连接器、插头、插塞、插针、插座、插槽、插孔、管座、接线端子等。通过对它的简便插拔，在电器与电器之间、电子设备的主机和各部件之间、电器中两块电路板或两部分电路之间进行电气连接，或在大功率的分立元器件与印制电路板之间完成电气连接，实现对信号和电能的传输控制。这样便于组装、更换、维护与维修。

在复杂的电子设备中，接插元件的用量很大。它的质量和可靠性直接影响整个电子系统的性能和运转，其中最突出的是接触问题。接触不良不但影响信号或电能的正常传送，而且也是噪声的重要来源之一。

接插元器件种类很多，分类方法也很多。接插件按用途来分，有电源接插件（或称电源插头、插座)、音视频接插件、印制电路连接器(印制电路与导线或印制板的连接)、IC 插座(IC 封装引脚与 PCB 的连接)、电视天线接插件、电话接插件、光纤电缆连接件等；接插件按结构形状来分，有圆形连接件、矩形连接件、条形连接件、印制板连接件、IC 连接件、带状扁平排线(电缆)接插件等；按工作频率分，有低频和高频连接器。高频连接器也称同轴连接器，采用同轴结构，与同轴电缆相连接。

接插元器件大多都是由插头(又称公头)和插座(又称母头、插口)组成。

接插元器件种类虽多，且不同种类接插元件的结构又有不同，但它们都是由接触体、绝缘体和壳体三部分构成。

(1)接触体：通过操作能断开或闭合电路的两个或多个导体。片状的单元导体称接触片，柱状的称插针或插孔；能断开或闭合电路的一组动、静触点称触点组。多数接触体都有阴、阳之分。插针、接触片称阳性接触体，插孔、音叉式簧片称阴性接触体。接触体的形式很多，圆柱形插针、插孔结构简单，接触可靠，应用广泛。为了改善接触体导电性能、减小接触电阻，通常都在其表面镀上一层银、金或合金等。

(2)绝缘体：固定接触体的绝缘构件。除保证多个接触体之间的相互电绝缘外，还起导向、定位、密封等作用。绝缘体的常用材料有橡胶、塑料、陶瓷等。

(3)壳体：固定和保护绝缘体和接触体的构体。

接插元器件的一般文字符号为“X”，插头(凸头)的文字符号是“XP”，插座(内孔)的文字符号是“XS”。常见接插件的电路图形符号如图 2.41 所示。

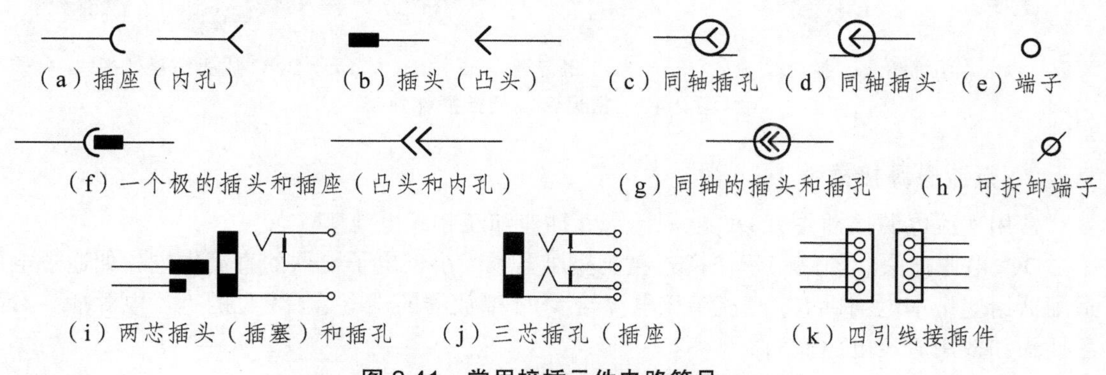

图 2.41　常用接插元件电路符号

1. 音视频接插件

音频接插件主要有莲花(RCA)插头、插座和耳机插头、插座。耳机插头、插座有两芯(单声道)和三芯(双声道)之分，分别有 2.5 mm、3.5 mm 和 6.35 mm(指插头的外径)等规格。

(两芯、三芯)耳机插头、插座示意图如图 2.42 所示。单声道接插件的工作原理如下：在插头未插入插座时，插座中的 1、2 触点为接通状态，1、2 触点与 3 触点之间均为断开状态。当插头插入插座以后，插头中的 4 端与插座中的 1 触点接通，即 1、4 之间为一条通路；而插头中的 5 与插座中 3 接通，即 3、5 之间为另一条通路。同时，插座中的 1、2 触点断开，1、2 触点与 3 触点之间仍然保持开路状态。在实际使用中，通常将插座上的 3 触点接地。

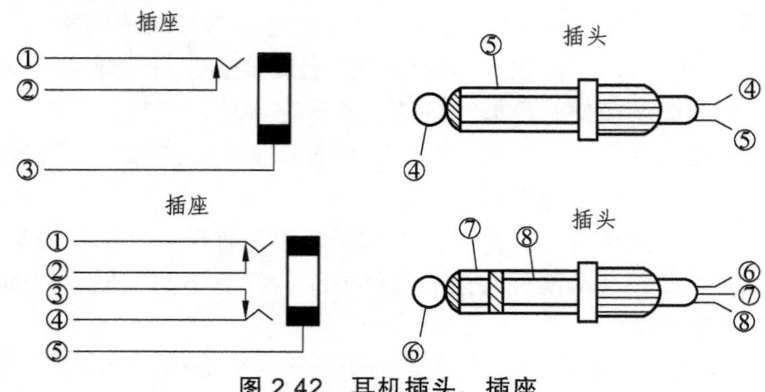

图 2.42 耳机插头、插座

提示： 使用中，两芯、三芯耳机接插件多兼具开关功能。

常见的视频接插件有莲花插头、插座和 BNC 插头、插座以及 S 端子等。

常见音视频接插件外形如图 2.43 所示。

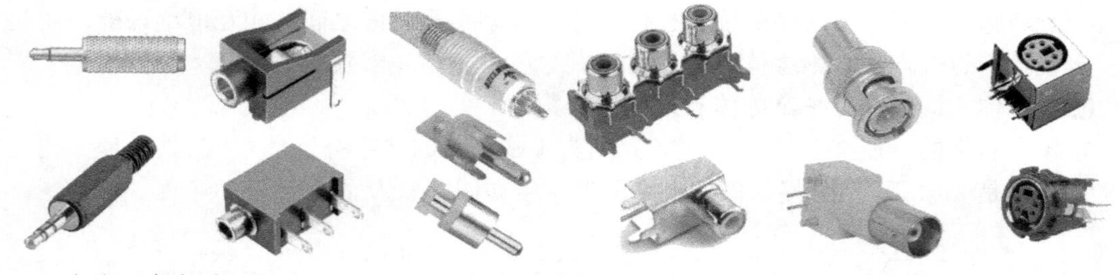

（a）耳机插头、插座　（b）莲花插头、插座　（c）BNC 插头插座（d）S 端子

图 2.43 常见音视频接插件外形

2. 直流电源接插件

常用直流电源接插件有 DC 电源插头、插座和纽扣式电池座。

DC 电源插头、插座用于便携式直流稳压电源为小型电子电器的直流供电，如通过电源适配器给笔记本电脑供电，直流稳压电源给 MP4 播放器的供电等。常见的直流电源插头有两芯插头和多用直流电源插头。

3. 数字、模拟信号接插件

数字、模拟信号接插件常见于计算机、单片机、可编程控制器等电路中，作为进行数字、模拟信号传递的 I/O 端口。如 9 针串口、15 针 VGA 接口（公、母）插座、USB 接口（公、母）插座等。

4. 印制板连接器

印制电路板与（底板）印制电路板之间或印制线路板与其他部件之间的互连经常采用印制板连接器。这种接插件的结构形式有簧片式和针孔式两种。印制板连接器多属矩形接插件，是由绝缘性能较好的矩形塑料壳与数量不等的接触对（即插针和插孔）构成，接触对的排列方式有两排、三排、四排等数种。插针和插孔都不接引线，焊接有插头、插座的印制电路板把插头和插座（不接引线）直接插接，实现电气连接。如计算机的各种板卡、内存条与主板之间就是这样实现的连接。

5. 电路板（线路板）接插件

线路板之间或线路板与其他部件之间有一定距离时，需要接上适当的引线才能将它们连接起来。使用时，要将其插座直接焊接在印刷电路板的铜箔印制线路上，而从插头上引出相应引线，将插头插入插座，便可接通电路。

线路板接插件有单引线接插件和多引线接插件之分。单引线接插件可以根据需要进行自由组合，它通常与短路子（短路器、短路片、短路帽、跳线帽、跳帽、跳线、跳线器）配合使用。当短路子插在相邻两个单引线接插件上时，两个本来断开的单引线接插件就接通了。多引线接插件主要用来进行多路信号的连接。这种接插件的插头插座上都采用了防插错设计，插头和插座分别设有定位销（凸台与缺口），或者是接插件的插针（插孔）之间的间距不均匀分布，结构上呈非对称性。这样，只有在规定的方向上插头才能插入插座，可防止使用中将插头插错方向。

线路板接插件多属扁平电缆（排线）连接器接插件或条形连接器接插件。条形连接器接插件的接触对多为圆形，且直径较粗，多用于插头大电流的电路中。例如电视机中交流 220 V 电源输入端和行场扫描偏转线圈与电路板的连接，通常均采用条形接插件。

提示：线路板接插件的插头和插座一般设置有倒刺钩装置，一旦插头与插座插紧连接后倒刺钩将二者钩紧。若想拔下插头，必须先通过挑拨或按压使倒刺钩脱钩，再抓住插头两侧用力才能拔下。

6. 管　座

常见管座有集成电路插座、扣式电池座、显像管（电子管）管座、信号灯座和保险丝管座等。管座通常固定安装在 PCB 或面板上，一面插上相应的元器件，另一面接触体的输出端同电路连接。

二、接插件的常见故障现象及其检测

接插件在使用中的常见故障现象主要有接触对接触不良、引脚开焊、引线断路等。

对接插件常见故障及质量不良现象，一般采用外表直观检查和万用表电阻挡测量检查两种检测方法。通常先进行外表直观检查，然后再用万用表进行检测。

1. 外表直观检查

外表直观检查可检查接插件是否有引脚相碰、引线断线等现象。对于敞开式或半敞开式的耳机插座，通过插拔耳机插头，可观察插座上的触点接触、断开情况，还可以检查是否存在接触不良现象。

2. 万用表测量检测

这种方法是用万用表的欧姆挡对接插件的有关电阻进行测量。对接插件的连通点测量标准为连通电阻值应小于 0.5 Ω，否则认为接插件接触不良。对接插件的断开点测量标准为断开电阻值应为无穷大，若断开电阻接近零，说明断开点有相碰现象。

将万用表置于“R × 10”挡，两支表笔分别接接插件的同一根导线的两个端头，测得的电阻值应为零。若测得的电阻值不为零，说明该导线有断路故障或多股导线中大多数导线断开。再将万用表置于“R × 10 k”挡，两支表笔分别接接插件的任意两个端，可测量两个端的导线之间的绝缘情况。在检测过程中，万用表的指针都应停在无穷大位置上不动。如果发现某两个端头之间的电阻不是无穷大，则说明该两个端头之间的导线有局部短路性故障。

对于耳机插座，通过插接或拔下耳机插头测量插头、插座上的各端子间的电阻，可以准确判定耳机插头、插座是否存在质量问题。

提问： 你能想出一个测量耳机插头、插座的具体方法吗？

三、开关简介

1. 开　关

开关是一个通过开启或关闭使电路开路、使电流中断或使其流到其他电路的元器件。它的规格、种类繁多，在电子电路和电子设备中应用广泛。

开关器件按驱动方式的不同，可分为手动和自动两类；按其自己是否会维持在动作状态，可分为锁定式开关和非锁定式开关；按应用场合不同，可分为电源开关、控制开关、转换开关和行程开关等；按机械动作方式的不同，可分为旋转式、按动式、拨动式等；按结构特点的不同，可分为钮子开关、拨动开关、波段开关、按钮开关等；按极位的不同，可分为单极单位开关、单极双位开关、双极双位开关、多极多位开关等。

提示： 这里的“极”也称“刀”，是指（由开关机械结构带动）可移位的导体（称为动触点、动触头）；“位”，过去称为“掷”，是指在开关结构中与刀对应的固定导体（即静触点、静触头）。也就是一个刀片（动触点）可以接触的静触头。位数是指与活动触头相对应的静触点的数量，也可以说是一个活动触点能够所处的位置数量。

2. 开关的符号

在电路中，开关用文字符号“S”表示（按钮开关也可用“SB”表示），开关的电路图形符号如图 2.44 所示。

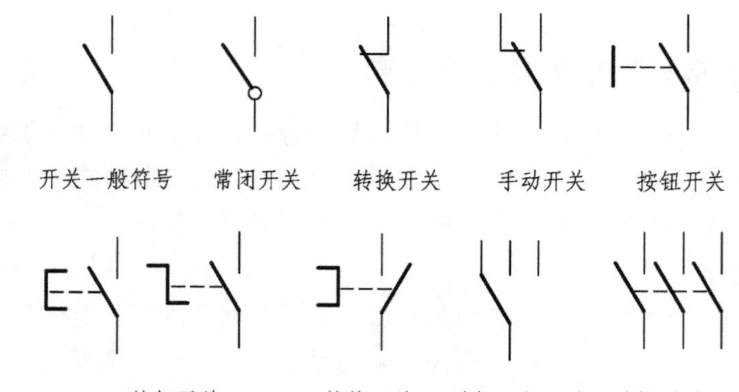

图 2.44　开关的电路图形符号

提示： 常闭开关，即动断开关，平常开关动触点与静触点闭合接通、开关动作时断开的开关；常开开关，即动合开关，开关动作而闭合接通的开关；转换开关，即动作前接通一条电路、动作后转换为接通另一条电路的开关。

3. 主要参数

（1）额定电压。

开关的额定电压是指开关在正常工作时所允许的安全电压。加在开关两端的电压大于此值，会造成两个触点之间打火击穿。

（2）额定电流。

开关的额定电流是指开关接通时所允许通过的最大安全电流。当超过此值时，开关的触点会因电流过大而烧毁。

（3）绝缘电阻。

开关的绝缘电阻指开关的导体部分与绝缘部分的电阻值。绝缘电阻值应在 100 MΩ 以上。

（4）接触电阻。

开关的接触电阻是指开关在开通状态下，每对触点之间的电阻值。一般要求在 0.1 ~ 0.5 Ω 以下。

四、常见开关种类

1. 钮子开关

钮子开关是通过扭动开关柄驱动动触点动作使电路接通或断开的开关。它的接点有单极、双极和三极等几种，接通状态有单位和双位等。钮子开关体积小，操作方便，是电子设备中常用的一种开关，工作电流从 0.5 ~ 5 A 不等。钮子开关广泛应用于小家电及仪器、仪表中，主要用来作为电源开关或状态转换开关使用。常见钮子开关外形及其原理示意图如图 2.45 所示。

船形开关也称翘板开关，其结构与钮子开关相同，只是把扭柄换成了船形，其外形如图 2.46 所示。

图 2.45　钮子开关常见外形及其原理示意图

图 2.46　船形开关

2. 拨动开关

拨动开关是通过拨动开关柄使电路接通或断开从而达到切换电路的目的的开关。常见的有单极双位、单极三位、双极双位以及双极三位等，一般用于低压电路，进行电源电路及电路工作状态的切换。拨动开关是水平滑动换位式开关，采用切入式咬合接触，具有滑块动作灵活、性能稳定可靠的特点，广泛用于各种仪器、仪表设备及小家电产品中。拨动开关常见外形及其电路符号如图 2.47 所示。

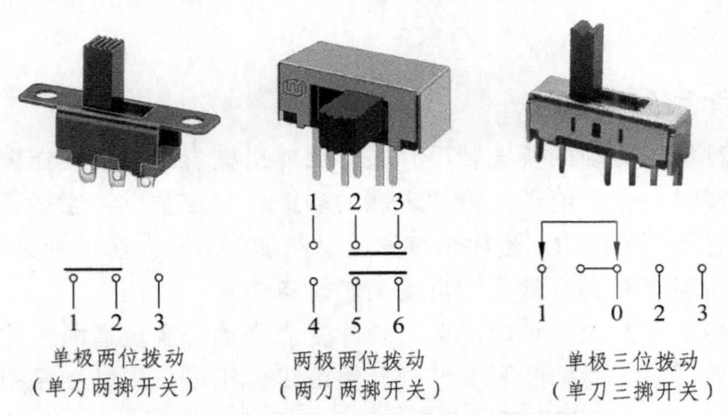

图 2.47　拨动开关常见外形及其电路符号

提示：图中的电路符号与图片中开关的掷位关系是相对应的。

3. 按钮开关

按钮开关是通过按动按钮推动传动机构使动触点与静触点接通或断开并实现电路换接的开关。按钮开关常用于电信设备、自控设备、计算机及各种家电中。图 2.48 所示为三种类型的按钮开关示意图。

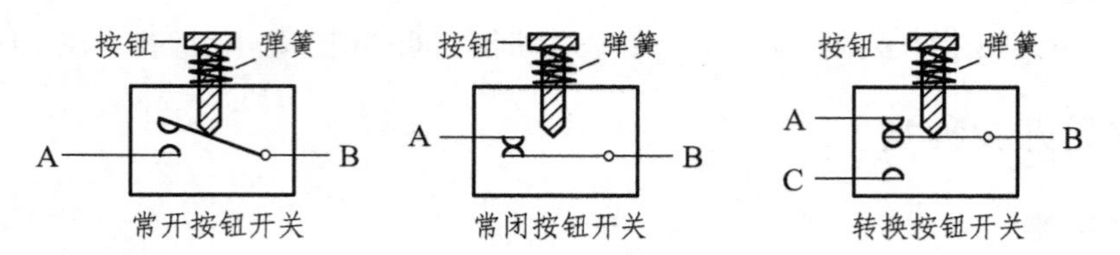

图 2.48　三种类型的按钮开关

4. 旋转开关

旋转开关是一种通过旋转旋柄使转轴带动动触头转动，从而与不同位置的静触点接通或断开，达到切换电路的目的的开关。旋转开关可以只有一个动触头及其相应的一层一圈静触点，这样的旋转开关就是单刀多掷（单极多位）开关；也可以有多个动触头及其相应数量的多层静触点，这就构成了多刀多掷（多极多位）开关。

旋转开关主要应用在收音机、收录机、指针式万用表、示波器及其他各种仪器仪表中，用来作为波段开关或挡位开关。旋转开关（三极三位）常见外形及其电路符号如图 2.49 所示。

图 2.49　旋转开关常见外形及其电路符号

提示：波段开关大部分用旋转式开关，进行触点的选择，也有的使用拨动式或推拉式开关，实现多个电路的转换。

5. 微动开关和轻触开关

微动开关是一种施压促动的快速转换开关。当外机械力作用于动作簧片上，动作簧片位移到临界点时产生瞬时动作，使动作簧片末端的动触点与定触点快速接通或断开；当外力移去后，动作簧片产生反向动作力，簧片瞬时完成反向动作。因为这种开关的触点间距比较小，故名微动开关，又叫灵敏开关，常用于自动控制设备中。

轻触开关是一种电子开关，靠内部金属弹片受力弹动来实现通断。使用时轻轻点按开关按钮就可使开关接通，松开时即断开。轻触开关由于体积小质量轻在家用电器方面得到广泛的应用。

微动开关和轻触按键开关都属于按钮式非锁定开关。常见微动开关和轻触开关实物外形如图 2.50 所示。

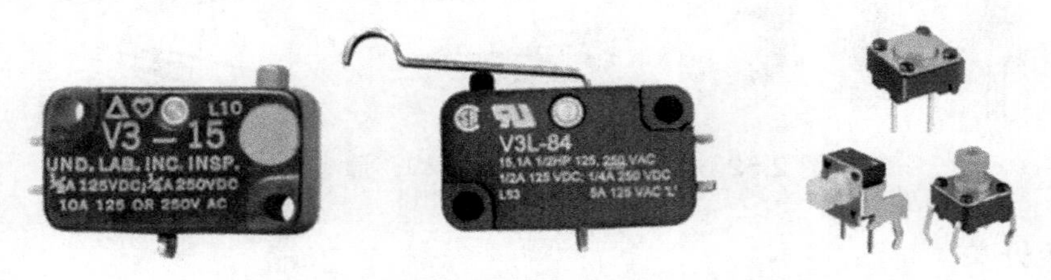

图 2.50 常见微动开关和轻触开关实物外形

提示：锁定式（或称自锁式）开关就是开关按一下维持导通，也就是会自锁，再按一下断路。非锁定（自复式）开关就是只有在开关被按下时导通或者在被按下时断路，放开就回到原来的状态，又称暂时开关或轻触式开关。

6. 薄膜按键开关

薄膜按键开关又称薄膜开关、平面开关、触摸开关，是一种常开型按钮式轻触开关。它是由具有一定柔性的绝缘材料和导电材料层组成的多层结构非自锁按键开关，是近年来流行的集装饰与功能为一体的新型开关。薄膜开关按基材不同可分为软性和硬性两种；按面板类型不同，可分为平面型和凹凸型；按操作感受又可分为触觉有感型和无感型。

图 2.51 所示为 16 键标准键盘的薄膜按键开关及其内部电路，开关为矩阵排列方式，有 8 根引线，分成行线和列线。

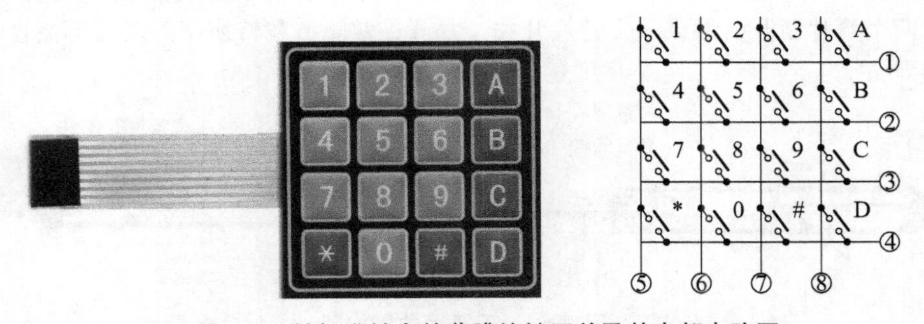

图 2.51 16 键标准键盘的薄膜按键开关及其内部电路图

与传统的机械开关相比，薄膜开关具有结构简单、外形美观、密闭性好、性能稳定、寿命长等优点，被广泛应用于各种微电脑控制的电子设备中，如各种遥控器的键盘等。

7. 水银开关

水银开关，又称倾侧开关，是在一接有两个电极内的小巧容器储存一小滴水银制作而成。水银是液态导体，因为重力的关系，容器位置变化时水银珠会随流向较低的地方，如果同时接触到两个电极，两个电极就会连通，开启开关。水银开关主要应用于电器倾倒、倾侧的检测。

常见水银开关外形及其结构与工作原理示意图如图 2.52 所示。

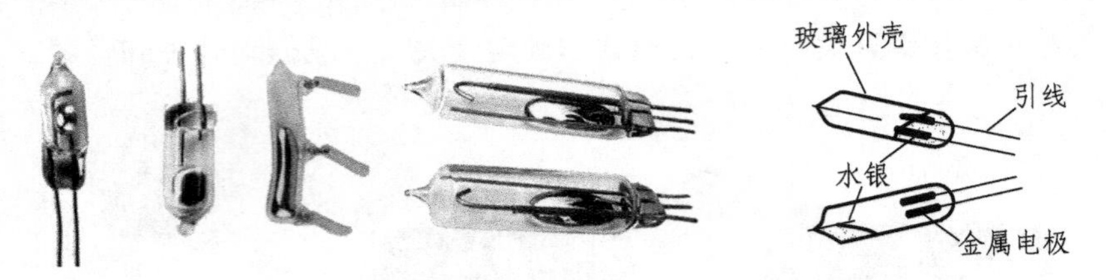

图 2.52 水银开关外形及结构、原理示意图

8. 磁控开关

磁控开关由永久磁铁和干簧管两部分组成。干簧管又称舌簧管、磁簧开关，是一种磁敏的特殊开关。它通常由两个或三个软磁性材料做成的簧片触点，被封装在充有惰性气体或真空的玻璃管（少数为塑料管）里制作而成。玻璃管内平行封装的簧片端部重叠，并留有一定间隙或相互接触以构成开关的常开或常闭接点。

根据舌簧触点的构造不同，舌簧管可分为常开、常闭、转换三种类型。

常闭接点干簧管的工作原理：当永久磁铁或通电的线圈靠近单簧管时簧片磁化，一个簧片在触点位置上生成 N 极，另一个的触点位置上生成 S 极。异性相吸，当吸引力大于簧片的弹力时，簧片的接点吸合，即电路闭合；当磁力小到一定程度时，因弹力作用接点又被重新分开，电路断开。

常开接点（H）型的干簧管，接点平时打开，只有簧片被磁化时，接点才分开。

转换接点的单簧管结构上有三个簧片，第一片用只导电的非磁性材料做成，第二、第三个簧片用既导电又导磁的材料做成，第一、第二两个簧片分别居于第三个簧片两侧。平时，由于弹力的作用，第一、第三相连；当有外界磁力，第二、第三两个簧片因磁化而相吸，第一、第三两个簧片断开，形成一个转换开关。常开、常闭型和转换型接点的干簧管的结构图如图 2.53 所示。

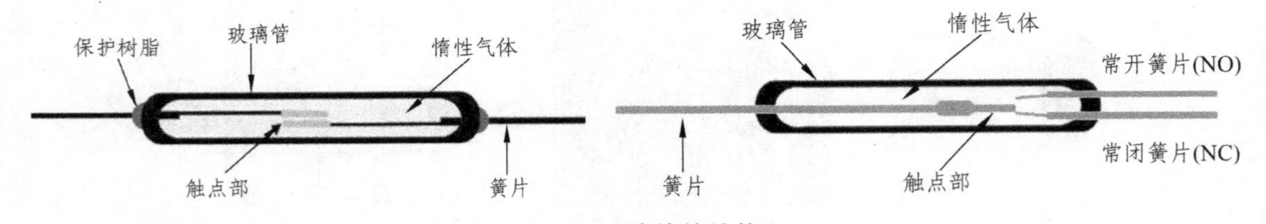

图 2.53 干簧管的结构图

作为一种利用磁场信号来控制的线路开关器件，干簧管可以作为传感器用，用于计数、限位，在安防系统中主要用于门磁、窗磁的制作，同时还被广泛使用于各种通信设备中。常见干簧管开关的外形如图 2.54 所示。

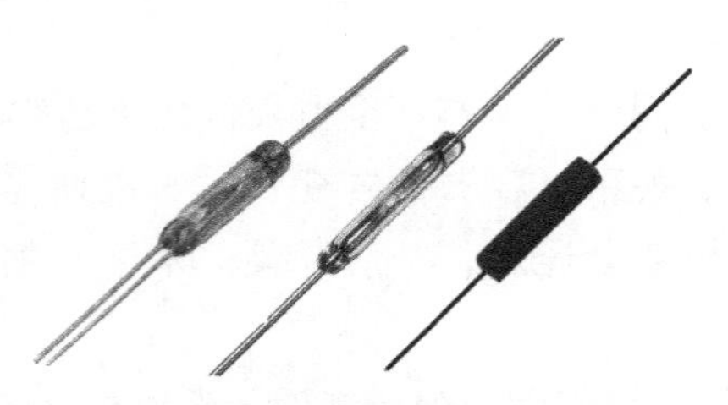

图 2.54 常见干簧管开关的外形

应用电路举例：

图 2.55 所示是一个干簧管防盗报警电路，此电路的主要部件为干簧管和 555 集成电路脉冲振荡器。它的优点在于结构简单、成本造价低，是一种平时不耗电的防盗报警电路。

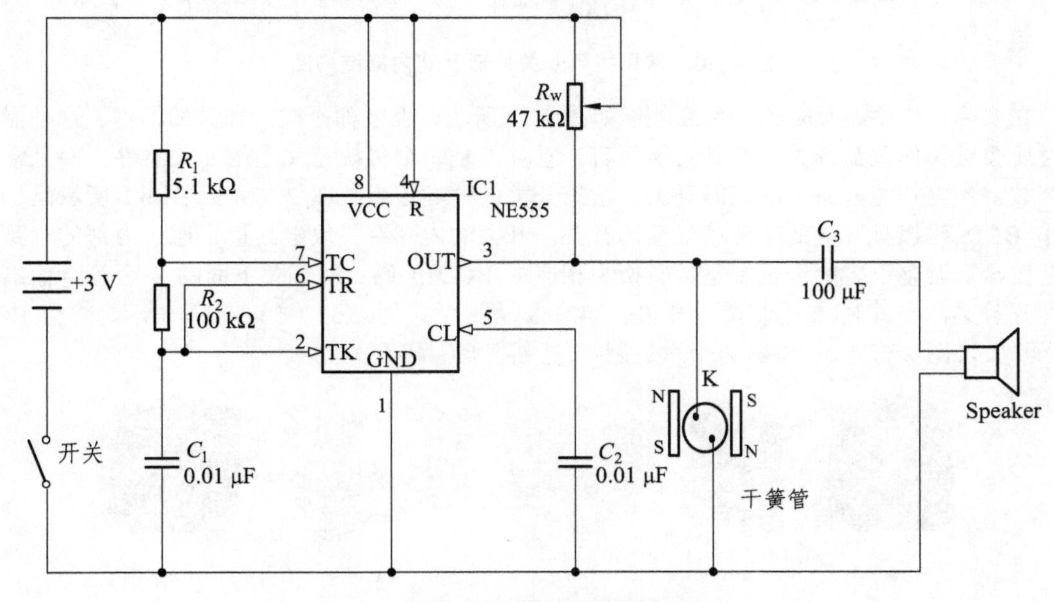

图 2.55　磁控开关应用举例

干簧管与永久磁铁配合组成磁控开关。铁合金簧片常开触点封装在真空或充有惰性气体的细长玻璃管中，当移动磁铁靠近干簧管时，簧片被磁化，触点闭合。一旦磁铁离开，磁场消失，簧片靠自身的弹性将其断开，这是常开触点形式，干簧管也可以制成常闭的触点形式。

图中 K 为干簧管触点，NS 为安装在门户上的永久条形磁铁，夜间门关闭后，永久磁铁靠近干簧管，使干簧管的触点接通，把 555 的④脚（振荡复位端）接地，于是③脚为地电位，输出为零，扬声器 B 不发声。当有人撬开门潜入时，由于永久磁铁离开了干簧管，所以干簧管内触点断开，④脚接向 3 V 电源，555 被启动开始振荡，扬声器发出报警声。平时通过开关断开 3 V 电源，报警器就停止工作。另外，原理图在音响中接入干簧管，再将干簧管放入两块相吸的磁铁之间，这时干簧管并不闭合，电路不导通。当移动一块磁铁后干簧管立即闭合，电路会导通报警。

9. 拨码开关

拨码开关又名 DIP 开关，是多个单极单位开关的组合，内部可以有多个微型开关（常见的有 3 个、5 个、6 个和 8 个）。当组合有 8 个开关时，其名称为“8 位拨码开关”。当某路开关拨至“ON”的位置时，该路开关处于闭合状态，否则为断开状态。如图 2.56 所示为常见拨码开关外形及其内部电路结构。一般来说，拨码开关的外壳上都会有“ON”位置标识，注意留意。拨码开关广泛使用于数据处理、通信、遥控和防盗自动警铃系统等需要手动程式编制的产品上。

图 2.56　常见拨码开关外形及其内部结构图

在实际应用中，有时还会见到外形如图 2.57 所示，也被称作拨码开关的器件，这种器件有时还会被称作拨盘开关。就其功能而言，它并不是一个传统意义上的开关器件，而是常用在有数字预置功能电路中的编码开关。拨码开关的种类很多，图 2.57（a）、（b）所示是一种叫作 BCD 码拨盘开关的一位拨盘编码开关。开关的内部有一块电路板，通过内部的电路，能把拨盘上调整设定的十进制整数转换为相应的 BCD 编码，从开关下面的 4 个管脚输出。这种开关又称十进制-二进制拨盘开关、8421 编码开关。图 2.57（c）、（d）所示为多位 BCD 编码开关。图 2.57（e）所示为十六进制-二进制拨盘编码开关。

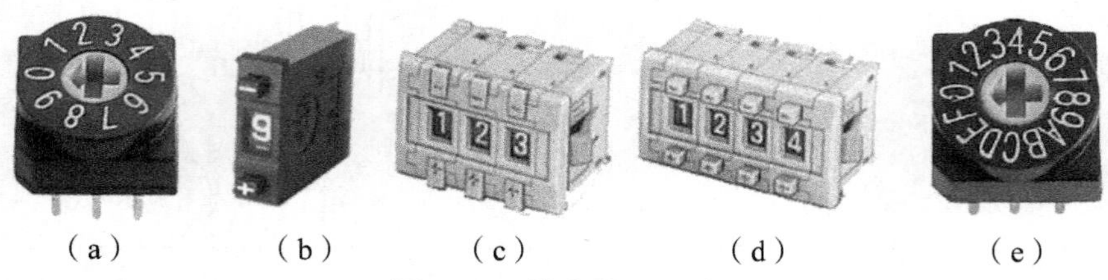

（a）　（b）　（c）　（d）　（e）

图 2.57　拨盘编码开关

对于图 2.57（a）、（e）所示的拨盘开关，可以通过旋转插入插槽的“一”字形螺丝刀，调整设定需转换的整数；而对于图 2.57（b）~（d）所示的编码开关，则要通过按压“+”或“-”按钮设定需转换的整数。

10. 光电开关

光电开关是光电接近开关的简称，是一种由红外发光管与红外接收管以及相应的电路封装在一起构成的有源开关器件，其实是一种光电传感器。这种新型的开关已被用作物位检测、液位控制、产品计数、宽度判别、速度检测、定长剪切、孔洞识别、信号延时、自动门传感、冲床和剪切机以及安全防护等诸多领域。此外，利用红外线的隐蔽性，还可在银行、仓库、商店以及其他需要的场合作为防盗警戒之用。

光电开关是利用是否对光束有遮挡或反射，检测物体有无，来控制开关电路接通与否的。即，它与光耦的原理类似，只不过它是用来当作开关使用的。

常见的光电开关有两种，一种是反射式，另一种是对射式。常见光电开关的外形如图 2.58 所示。

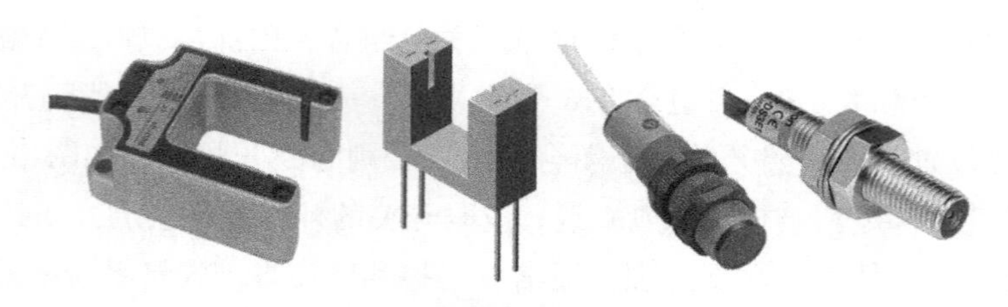

图 2.58　常见光电开关的外形

光电开关应用举例：

图 2.59 为报警灯控制电路，晶闸管在电路中起到了可控开关的作用。只要有触发信号加到晶闸管的触发端（G），晶闸管便会导通，触发信号消失晶闸管仍保持导通状态。当物体 A 被移动到光电开关检测器中，发光二极管的光被物体遮挡，光敏晶体管无光照射则截止。D_1 的正端电压上升，呈正向偏置，电源经 R_2、D_1 为晶体三极管 VT_1 提供基极电流，使得 VT_1 导通的瞬间为晶闸管的触发端提供触发电压，于是晶闸管导通，报警灯的电流增加而发光。这种情况即使 A 物体离开光检测区，晶闸管仍处于导通状态，报警灯保持，只有关断一下 K_1，才能使电路恢复初始等待状态。

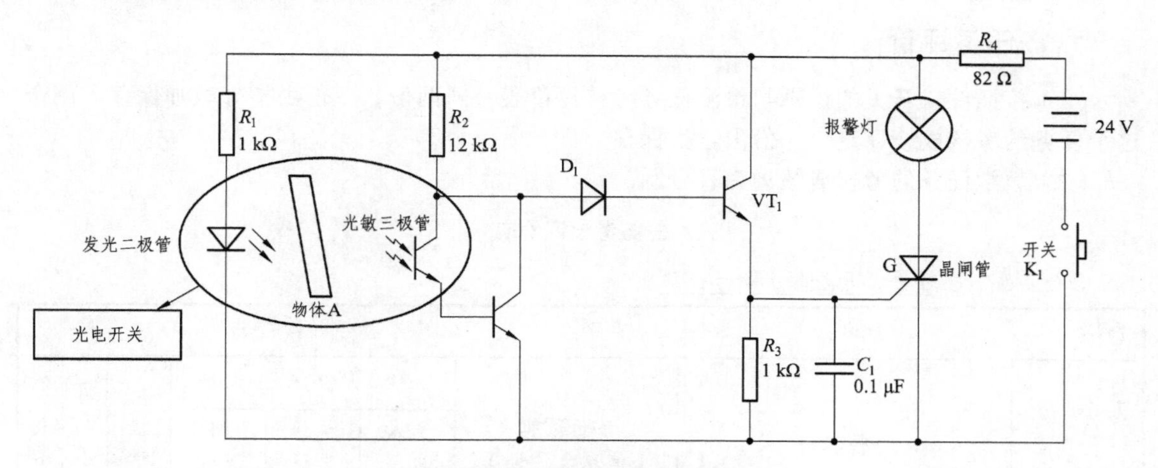

图 2.59　光电开关应用举例

该电路可通过灯的亮灭来识别工作状态，也可用万用表检测关键点的电压来判断电路是否工作正常，元器件是否有故障。

当 A 物体不存在时，D_1 正端电压很低，VT_1 处于截止状态，其发射极电压也很低无触发信号。当 A 物体阻挡光线时光敏三极管截止，D_1 正端电压升高，VT_1 发射极电压也升高并输出触发信号。

五、开关的常见故障现象及其检测

开关器件在使用中常见的故障现象主要有断路、引脚开焊。对于无源开关器件，还会有机械故障、内部触点接触不良、接触电阻大等现象。

（无源）开关器件常见非机械故障及质量不良现象，一般采用万用表电阻挡测量进行检查、检测。基本方法与检查、检测接插件基本相同：将万用表置于 R×1 挡（或数字万用表的 R×200 挡），测量接通两触点引脚间的直流电阻，这个电阻应接近于零，否则说明触点接触不良；将万用表置于 R×1 k 或 R×10 k 挡，测量该触点断开后触点引脚间及其他触点引脚间、对“地”间的电阻，此值应趋无穷大，否则说明绝缘性能不好。当开关在“开”、“关”两种状态间变化时，动触点与相应静触点间的电阻，应相应迅速地在几乎为零到几乎无穷大之间变化。

对光电开关这种有源开关器件的检测，可参照检测光耦的方法进行。

提示：对于多刀开关，其引脚为两排排列时，两排引脚虽是独立的，但却呈对称对应排列。检测前了解开关引脚的排列情况（谁跟谁是一组开关、每组有几个触点、哪个是动触点引脚等），掌握开关的结构与原理，搞清楚开关是锁定式还是自复式，有助于检测和判断。

想一想

（1）身边有哪些东西上用到了本节课所学的接插件和开关？

（2）市面上还有哪些开关和接插件是本节课没有讲到的？请同学们列举出来。

六、任务评价

（1）接插件、开关的识别与检测任务考核评价表一式两份，一份由指导教师保存，用于这个任务的考核成绩评定，一份由学生保存。

（2）教学任务的考核成绩均为百分制。

任务考核评价表

任务名称：接插件、开关的识别与检测

<table>
<tr><td colspan="9">班级：　　　　姓名：　　　　学号：　　　　指导教师：</td></tr>
<tr><td rowspan="3">评价项目</td><td rowspan="3">评价标准</td><td rowspan="3">评价依据
（信息、佐证）</td><td colspan="3">评价方式</td><td rowspan="3">权重</td><td rowspan="3">得分小计</td><td rowspan="3">总分</td></tr>
<tr><td>个人自评</td><td>小组自评</td><td>小组间互评</td></tr>
<tr><td>0.1</td><td colspan="2">0.9</td></tr>
<tr><td>职业素质</td><td>1. 遵守企业管理规定、劳动纪律；
2. 按时完成学习及工作任务；
3. 工作积极主动、勤学好问</td><td>1. 遵守纪律；
2. 完成工作任务；
3. 学习积极性</td><td></td><td></td><td></td><td>0.2</td><td></td><td rowspan="3"></td></tr>
<tr><td>专业能力</td><td>1. 接插件的分类及故障检测；
2. 开关的分类及几种典型应用举例</td><td>1. 是否掌握接插件的分类及故障检测方法；
2. 是否熟悉开关的分类及应用</td><td></td><td></td><td></td><td>0.7</td><td></td></tr>
<tr><td>创新能力</td><td>能够推广、应用国内相关职业的新工艺、新技术、新材料、新设备</td><td>“四新”技术的应用情况</td><td></td><td></td><td></td><td>0.1</td><td></td></tr>
<tr><td>指导教师综合评价</td><td colspan="8">

指导老师签名：　　　　　　　　　　日期：</td></tr>
</table>

任务延伸与拓展

广泛深入的了解各类开关、接插件，并按以下要求学习：

（1）参照课堂上学习的检测维修接插件的方法，对自己身边的各类接插件进行修理、检测；

（2）对干簧管和光电开关的应用深入学习后，寻找在日常生活中有哪些实际应用，和我们课堂上学的有什么区别。

学生在教师指导下，利用计算机网络、图书资料查阅相关资料，完成本任务。

1.8　石英晶振元件、陶瓷元件的识别

任务目标

（1）掌握石英晶振元件、陶瓷元件的分类、结构、用途；

（2）掌握石英晶振元件、陶瓷元件质量的检测方法。

任务分析

石英晶体又称石英晶振谐振器，是一种用于稳定频率和选择频率的电子元件。声表面波滤波器和超声延迟线是以压电陶瓷为材料，利用其压电效应、声表面波传播的特性制成的，用于滤波和延时的电子元件。

任务实施

一、石英晶振元件

1. 石英晶振元件的分类

石英晶振元件（见图 2.60）按频率稳定度可分为普通型和高精密型；按封装外形可分为金属壳、玻璃壳、胶木壳和塑封等；按用途可分为彩电用、对讲机用、录像机用、影碟机用、电台用、手表用等。

晶体振荡器也分为无源晶振和有源晶振两种类型。无源晶振与有源晶振（谐振）的英文名称不同，无源晶振为 crystal（晶体），而有源晶振则叫作 oscillator（振荡器）。无源晶振需要借助于时钟电路才能产生振荡信号，自身无法振荡起来，所以“无源晶振”这个说法并不准确；有源晶振是一个完整的谐振振荡器。

图 2.60 石英晶振实物图

谐振振荡器包括石英（或其晶体材料）晶体谐振器，陶瓷谐振器，LC 谐振器等。晶振与谐振振荡器有着共同的交集，即有源晶体谐振振荡器。石英晶片之所以能做振荡电路（谐振）是基于它的压电效应。从物理学中知道，若在晶片的两个极板间加一电场，会使晶体产生机械变形；反之，若在极板间施加机械力，又会在相应的方向上产生电场。这种现象称为压电效应。如在极板间所加的是交变电压，就会产生机械变形振动，同时机械变形振动又会产生交变电场。一般来说，这种机械振动的振幅是比较小的，其振动频率则是很稳定的。但当外加交变电压的频率与晶片的固有频率（决定于晶片的尺寸）相等时，机械振动的幅度将急剧增加，这种现象称为压电谐振。因此，石英晶体又称为石英晶体谐振器，其特点是频率稳定度很高。

石英晶体振荡器与石英晶体谐振器都是提供稳定电路频率的一种电子器件。石英晶体振荡器是利用石英晶体的压电效应来起振，而石英晶体谐振器是利用石英晶体和内置 IC 的共同作用来工作的。振荡器直接应用于电路中，工作时一般需要 3.3 V 电压来维持工作。振荡器比谐振器多了一个重要技术参数——谐振电阻（RR），而谐振器则没有电阻要求。RR 的大小直接影响电路的性能，也是各商家竞争的一个重要参数。

2. 石英晶振元件的结构

石英晶体是一种各向异性的结晶体。从一块晶体上按一定的方位角切下的薄片称为晶体（可以是正方形、矩形或圆形等），然后在晶片的两个对应表面上涂覆银层，并装上一对金属板，就构成石英晶体谐振器，其结构图如图 2.61 所示。它一般用金属外壳封装，也有用玻璃壳封装的。石英晶振不分正负极，外壳是地线，其他两条不分正负。

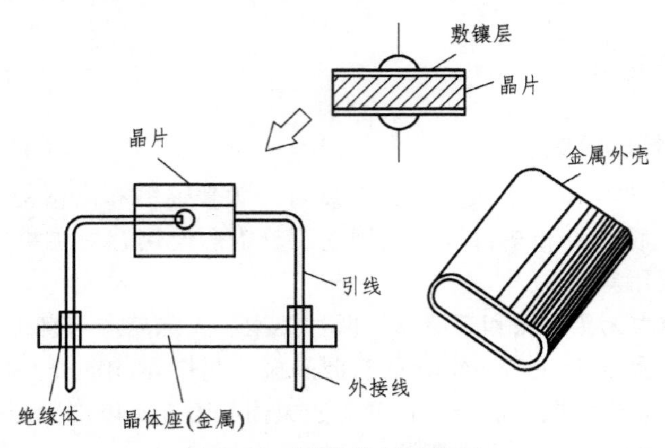

图 2.61 石英晶振结构图

3. 石英晶振元件的电路符号及等效电路

石英晶振的等效电路如图 2.62 所示。等效电路中的 C_0 为切片与金属板构成的静电电容，L_1 和 C_1 分别模拟晶体的质量（代表惯性）和弹性，而晶片振动时，因摩擦而造成的损耗等效于电阻 R_1。电工学上这个网络有两个谐振点，以频率的高低分为串联谐振和并联谐振，其中较低的频率是串联谐振，较高的频率是并联谐振。由于晶体自身的特性，这两个频率的距离相当接近，在这个极窄的频率范围内，晶振等效为一个电感。所以只要晶振的两端并联上合适的电容，它就会组成并联谐振电路。这个并联谐振电路加到一个负反馈电路中就可以构成正弦波振荡电路。由于晶振等效为电感的频率范围很窄，所以即使其他元件的参数变化很大，这个振荡器的频率也不会有很大的变化。

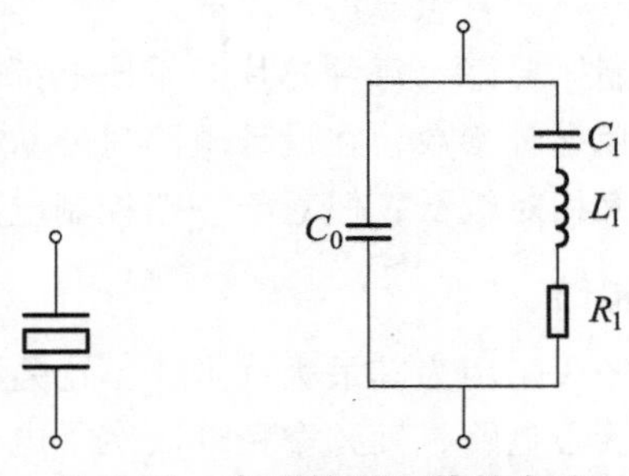

图 2.62　电路符号和等效电路

4. 石英晶振元件的主要参数

晶振元件的主要参数有标称频率 f_0、负载电容 C_L、激励电平、工作温度范围和温度频差。晶振元件相当于电感，组成振荡电路时需配接外部电容器，即负载电容 C_L。在规定的 C_L 下，晶振元件的振荡频率才为标称频率 f_0。激励电平是指晶振元件工作时所消耗的有效功率。激励电平要大小适中，过大会使电路频率稳定度变差，甚至“振裂”晶片，过小会使晶片振幅减小和不稳定，甚至不起振。一般激励电平大于额定值，小于 50%的额定值。温度频差是指在工作温度范围内的工作频率相对于基准温度下工作频率的最大偏离值。除体积特小的晶振元件之外，其标称频率都标注在外壳上，故识别及使用都十分方便。

5. 石英晶振元件的用途

晶振在数字电路的基本作用是提供一个时序控制的标准时刻。数字电路的工作是根据电路设计，在某个时刻专门完成特定的任务，如果没有一个时序控制的标准时刻，整个数字电路就会成为“聋子”，不知道什么时刻该做什么事情了。晶振的作用是为系统提供基本的时钟信号。通常一个系统共用一个晶振，便于各部分保持同步。有些通信系统的基频和射频使用不同的晶振，而通过电子调整频率的方法保持同步。晶振通常与锁相环电路配合使用，以提供系统所需的时钟频率。如果不同子系统需要不同频率的时钟信号，可以用与同一个晶振相连的不同锁相环来提供。

为了得到交流信号，电路中可以用 RC、LC 谐振电路取得，但这些电路的振荡频率并不稳定。在要求得到高稳定频率的电路中，必须使用石英晶体振荡电路。石英晶体具有高品质因数，振荡电路采用了恒温、稳压等方式以后，振荡频率稳定度可以达到 $10^{-9}\sim10^{-11}$。石英晶振元件广泛应用在通信、时钟、手表、计算机等需要高稳定信号的场合。晶振有一个重要的参数，即负载电容值，选择与负载电容值相等的并联电容，就可以得到晶振标称的谐振频率。一般的晶振振荡电路都是在一个反相放大器（注意是放大器不是反相器）的两端接入晶振，再将两个电容分别接到晶振的两端，每个电容的另一端再接到地，这两个电容串联的容量值就应等于负载电容。请注意一般 IC 的引脚都有等效输入电容，这个不能忽略。一般的晶振的负载电容为 15 pF 或 12.5 pF，如果再考虑元件引脚的等效输入电容，则两个 22 pF 的电容构成晶振的振荡电路就是比较好的选择。

晶振是为电路提供频率基准的元器件，通常分成有源晶振和无源晶振两个大类。无源晶振需要芯片内部有振荡器，并且晶振的信号电压根据起振电路而定，允许有不同的电压。但无源晶振通常信号质量和精度较差，需要精确匹配外围电路（电感、电容、电阻等），如需更换晶振时，要同时更换外围的电路。有源晶振不需要芯片的内部振荡器，可以提供高精度的频率基准，信号质量也较无源晶振要好。每种芯片的手册上都会提供外部晶振输入的标准电路，会表明芯片的最高可使用频率等参数，在设计电路时要掌握好。与计算机用 CPU 不同，单片机现在所能接收的晶振频率相对较低，但对于一般控制电路来说足够了。

6. 石英晶体振荡器应用电路

石英钟走时准、耗电省、经久耐用为其最大优点。不论是老式石英钟或是新式多功能石英钟都是以石英晶体振荡器为核心电路，其频率精度决定了电子钟表的走时精度。石英晶体振荡器原理的示意如图 2.63 所示，其中 V_1 和 V_2 构成 CMOS 反相器石英晶体 Q 与振荡电容 C_1 及微调电容 C_2 构成振荡系统，这里石英晶体相当于电感。振荡系统的元件参数确定了振频率。一般 Q、C_1 及 C_2 均为外接元件，而 R_1 为反馈电阻，R_2 为振荡的稳定电阻，集成在电路内部。因无法通过改变 C_1 或 C_2 的数值来调整走时精度，我们只有用外接一只电容的方法来改变振荡系统参数，以调整走时精度。根据电子钟表走时的快慢，调整电容有两种接法：若走时偏快，则可在石英晶体两端并接电容，此时系统总电容加大，振荡频率变低，走时减慢；若走时偏慢，则可在晶体支路中串接电容，此时系统的总电容减小，振荡频率变高，走时增快。只要经过耐心的反复试验，就可以调整走时精度。因此，晶振可用于时钟信号发生器。

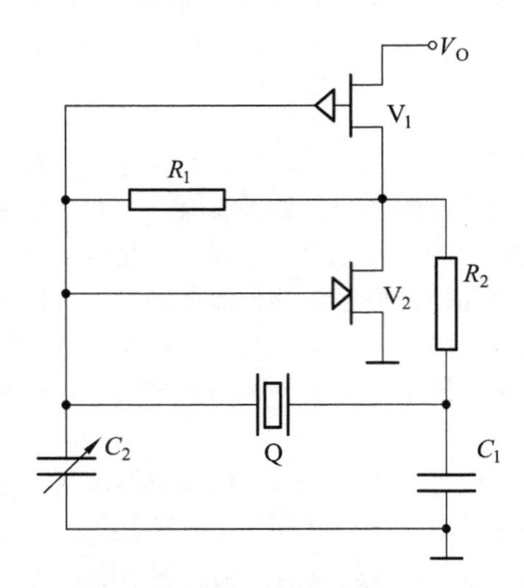

图 2.63 石英晶体振荡器原理图

二、石英晶振元件的检测

1. 直观判别法及电阻测量法

一个质量完好的石英晶体，外观应整洁、无裂纹，引脚牢固可靠，其电阻值应为无穷大。若用万用表测得其阻值很小或为零，可断定石英晶体已损坏；但反过来不成立，即若用万用表测得阻值为∞，也不能完全断定石英晶体良好。

2. 试电笔判别法

将一支试电笔的刀头插入市电插座的火线孔内，用手指捏住晶体的任一引脚，将另一引脚触碰试电笔顶端的金属部分。若试电笔氖泡发红，一般说明晶体是好的；若氖泡不亮，说明晶体已坏。

3. 电压测量法

当鉴别彩电遥控器晶体的好坏时，可将万用表置于 DC 10 V 挡，黑表笔接电源负极，红表笔分别测晶体的两引脚电压值，若为表 2.12 所示值即为正常，否则有故障。

表 2.12　晶体两只引脚电压值

状　态	引　脚	
	X_{IN}	X_{OUT}
未按遥控键	0	$+E$
按遥控键	约 $+E/2$	约 $+E/2$

4. 试听-代换法

鉴别彩电遥控器晶体的好坏，可使用一台调幅收音机，将其开机，把调谐指针拨到 530 kHz 左右（根据晶体的 f_0 而定），再将遥控器近距离对准收音机按动其任意一个按键时，应听到有规律的“嘟嘟”声（如声音较小可把收音机音量电位器调大或微调调台旋钮），则说明其晶体良好；若无“嘟嘟”声或声音不正常，可能晶体有故障，可用好晶体代换，再按上述方法试听，如声音恢复正常说明被代换晶体有质量问题。

三、陶瓷谐振元件

1. 陶瓷谐振元件结构和特点

由压电陶瓷制成的谐振元件简称陶瓷谐振元件。它与晶振元件一样，也是利用压电效应的元件。目前的陶瓷元件大多数采用锆钛酸铅陶瓷材料做成薄片，再在两面涂上银层，焊上引线或夹上电极板，用塑料封装而成。

陶瓷谐振元件的基本结构、工作原理、特性、等效电路及应用范围与晶振元件相同或相似，在此不再赘述。虽然陶瓷片的性能不及晶振片，但由于其价格低廉，除有较高要求的电路外，几乎都可以用它代替晶振元件。其电路符号与石英晶振一样，图 2.64 和图 2.65 为常见的陶瓷元件实物图。

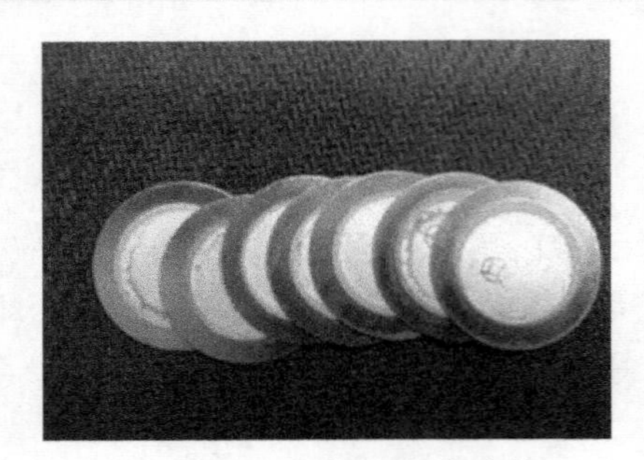

图 2.64　压电陶瓷蜂鸣片

图 2.65　压电陶瓷超声波传感器

2. 陶瓷谐振元件的种类、型号命名和参数

（1）陶瓷谐振元件的分类。

陶瓷元件按功能和用途可分为陶瓷滤波器、陶瓷谐振器和陶瓷陷波器等；按引出端子数可分为二端元件、三端元件、四端元件和多端元件；按封装形式可分为塑壳封装和金属壳封装，多数为塑壳封装。陶瓷元件和晶振元件的电路符号按 GB 4728 国家标准应是一样的，文字符号按 GB 7159—87 国家标准应该用 B 或 BC 来表示。

（2）陶瓷谐振元件的型号命名。

国家陶瓷元件型号由 5 部分组成，其中第一部分表示元件的功能，如 L 表示滤波器，X 表示陷波器，J 表示鉴频器，Z 表示谐振器；第二部分用字母 T 表示材料为压电陶瓷；第三部分用字母 W 和下标数字表示外形尺寸，也有部分型号仅用 W 或 B 表示，无下标；第四部分用数字和字母 M 或 K 表示标称频率，如 700 K 和 10.7 M 分别表示标称频率为 700 kHz 和 10.7 MHz；第五部分用字母表示产品类别或系列。例如，LTW6.5M 为中心频率为 6.5 MHz 的陶瓷滤波器，再如 JT6.5MD 为频率零点为 6.5 MHz 的陶瓷鉴频器。

（3）陶瓷谐振元件的参数。

陶瓷元件的主要参数有标称频率、通常宽度、插入损耗、陷波深度、失真度、鉴频输出电压及谐振阻抗等。在选用和更换陶瓷元件时，一般只要注意其功能（或型号）和标称频率即可。应当指出，标称频率对不同功能的陶瓷元件来讲，其叫法有所不同，如陶瓷滤波器用“中心频率”或“标称中心频率”，陶瓷陷波器用“陷波频率”，陶瓷鉴频器用“频率零点”，陶瓷谐振器用“谐振频率”等。

查一查

（1）石英晶振元件和陶瓷元件在电子产品中有哪些用途？

（2）自己身边有哪些东西应用了这两种元器件？

想一想

结合本节课所学知识以及上面“查一查”所获取的信息，想一想石英晶振元件和陶瓷元件有哪些区别？

四、任务评价

（1）石英晶振元件、陶瓷元件的识别判断任务考核评价表一式两份，一份由指导教师保存，用于这个任务的考核成绩评定，一份由学生保存。

（2）教学任务的考核成绩均为百分制。

任务考核评价表

任务名称：石英晶振元件、陶瓷元件的识别

班级：	姓名：	学号：	指导教师：					
评价项目	评价标准	评价依据（信息、佐证）	评价方式			权重	得分小计	总分
			个人自评	小组自评	小组间互评			
			0.1	0.9				
职业素质	1. 遵守企业管理规定、劳动纪律； 2. 按时完成学习及工作任务； 3. 工作积极主动、勤学好问	1. 遵守纪律； 2. 完成工作任务； 3. 学习积极性				0.2		
专业能力	1. 石英晶振元件与陶瓷元件的基本知识； 2. 石英晶振元件的应用与检测； 3. 陶瓷元件的识别及用途	1. 对石英晶振元件和陶瓷元件基础知识的掌握程度； 2. 能否掌握石英晶振的应用和检测方法； 3. 对陶瓷元件识别和用途的掌握情况				0.7		
创新能力	能够推广、应用国内相关职业的新工艺、新技术、新材料、新设备	“四新”技术的应用情况				0.1		
指导教师综合评价	指导老师签名：　　　　日期：							

任务延伸与拓展

广泛深入的了解各类石英晶振元件、陶瓷元件，并按以下要求学习：

了解各类新型石英晶振元件、陶瓷元件的用途及特点。

学生在教师指导下，利用计算机网络、图书资料查阅相关资料，完成本任务。

1.9 集成电路的识别与代换

任务目标

（1）学习集成电路的封装、管脚的识别；

（2）掌握集成电路的代换原则。

任务分析

自20世纪初真空电子管发明后，至今电子器件已经经历了五代的发展过程。集成电路（IC）的诞生，是电子技术出现了划时代的革命，它是现代电子技术和计算机发展的基础，也是微电子技术发展的标志。

任务实施

一、集成电路的定义及特点

1. 集成电路的定义

集成电路是利用半导体工艺和膜工艺，将晶体管、电阻体、电容器以及连接导线制作在很小的半导体或绝缘机体上，形成一个完整的电路，并封装在特制的外壳之中。它也可以称为固体组件，常用英文字母“IC”表示。

2. 集成电路的特点

相比于分立元器件电路，集成电路具有体积小，质量轻，引出线和焊接点少，寿命长，可靠性高，性能好等优点，同时成本低，便于大规模生产。它不仅在工、民用电子设备如收录机、电视机、计算机等方面得到广泛的应用，同时在军事、通信、遥控等方面也得到广泛的应用。用集成电路来装配电子设备，其装配密度比晶体管可提高几十倍至几千倍，设备的稳定工作时间也可大大提高。

二、集成电路的封装及管脚识别

1. 集成电路的封装形式

集成电路的封装材料及外形有多种，最常用的封装有塑料、陶瓷及金属三种。封装外形可分为圆形金属外壳封装（晶体管式封装）、陶瓷扁平或塑料外壳封装、双列直插式陶瓷或塑料封装、单列直插式封装等。

（1）DIP 双列直插式封装。

DIP（Dual In-line Package）是指采用双列直插形式封装的集成电路芯片，如图 2.66 所示。绝大多数中小规模集成电路（IC）均采用这种封装形式，其引脚数一般不超过 100 个。采用 DIP 封装的 CPU 芯片有两排引脚，需要插入到具有 DIP 结构的芯片插座上。当然，也可以直接插在有相同焊孔数和几何排列的电路板上进行焊接。DIP 封装的芯片在从芯片插座上插拔时应特别小心，以免损坏引脚。

图 2.66　DIP 双列直插式封装

DIP 封装具有以下特点：

① 适合在 PCB（印刷电路板）上穿孔焊接，操作方便；

② 芯片面积与封装面积之间的比值较大，故体积也较大。

Intel 系列 CPU 中 8088 就采用这种封装形式，缓存（Cache）和早期的内存芯片也是这种封装形式。

（2）SIP 单列直插式封装（见图 2.67）。

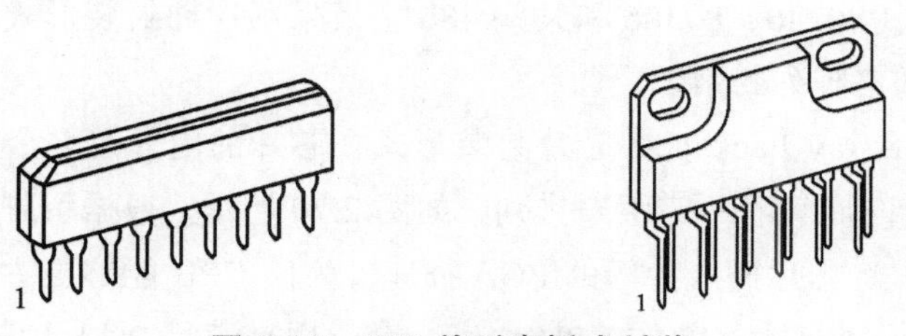

图 2.67　SIP 单列直插式封装

（3）SOP 表面焊接式封装（见图 2.68）。

图 2.68　SOP 表面焊接式封装

（4）QFP 塑料方形扁平式封装和 PFP 塑料扁平组件式封装。

QFP（Plastic Quad Flat Package）封装的芯片引脚之间距离很小，管脚很细，如图 2.69 所示。一般大规模或超大型集成电路都采用这种封装形式，其引脚数一般在 100 个以上。用这种形式封装的芯片必须采用 SMD（表面安装设备技术）将芯片与主板焊接起来。采用 SMD 安装的芯片不必在主板上打孔，一般在主板表面上有设计好的相应管脚的焊点。将芯片各脚对准相应的焊点，即可实现与主板的焊接。用这种方法焊上去的芯片，如果不用专用工具是很难拆卸下来的。

图 2.69 QFP 塑料方形扁平式封装和 PFP 塑料扁平组件式封装

PFP（Plastic Flat Package）方式封装的芯片与 QFP 方式基本相同，唯一的区别是 QFP 一般为正方形，而 PFP 既可以是正方形，也可以是长方形。

QFP/PFP 封装具有以下特点：

① 适用于 SMD 表面安装技术在 PCB 电路板上安装布线；

② 适合高频使用；

③ 操作方便，可靠性高；

④ 芯片面积与封装面积之间的比值较小。

Intel 系列 CPU 中 80286、80386 和某些 486 主板采用这种封装形式。

（5）PGA 插针网格阵列封装。

PGA（Pin Grid Array Package）芯片封装形式在芯片的内外有多个方阵形的插针，每个方阵形插针沿芯片的四周间隔一定距离排列，如图 2.70 所示。根据引脚数目的多少，可以围成 2～5 圈。安装时，将芯片插入专门的 PGA 插座。为使 CPU 能够更方便地安装和拆卸，从 486 芯片开始，出现一种名为 ZIF 的 CPU 插座，专门用来满足 PGA 封装的 CPU 在安装和拆卸上的要求。

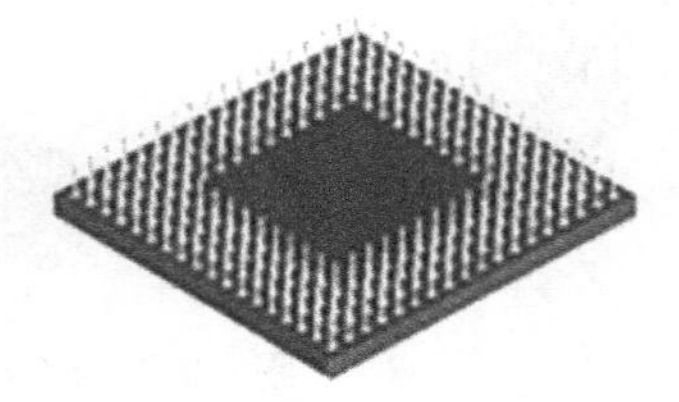

图 2.70 PGA 插针网格阵列封装

ZIF（Zero Insertion Force Socket）是指零插拔力的插座。把这种插座上的扳手轻轻抬起，CPU 就可很容易、轻松地插入插座中。然后将扳手压回原处，利用插座本身的特殊结构生成的挤压力，将 CPU 的引脚与插座牢牢地接触，绝对不存在接触不良的问题。而拆卸 CPU 芯片只需将插座的扳手轻轻抬起，则压力解除，CPU 芯片即可轻松取出。

PGA 封装具有以下特点：

① 插拔操作更方便，可靠性高；

② 可适应更高的频率。

Intel 系列 CPU 中，80486 和 Pentium、Pentium Pro 均采用这种封装形式。

（6）BGA 球栅阵列封装。

随着集成电路技术的发展，对集成电路的封装要求更加严格。这是因为封装技术关系到产品的功能性，当 IC 的频率超过 100 MHz 时，传统封装方式可能会产生所谓的“Cross Talk”现象，而且当 IC 的管脚数大于 208 Pin 时，传统的封装方式有其困难度。因此，除使用 QFP 封装方式外，现今大多数的高脚数芯片（如图形芯片与芯片组等）皆转而使用 BGA（Ball Grid Array Package）封装技术，如图 2.71 所示。BGA 一出现便成为 CPU、主板上南/北桥芯片等高密度、高性能、多引脚封装的最佳选择。

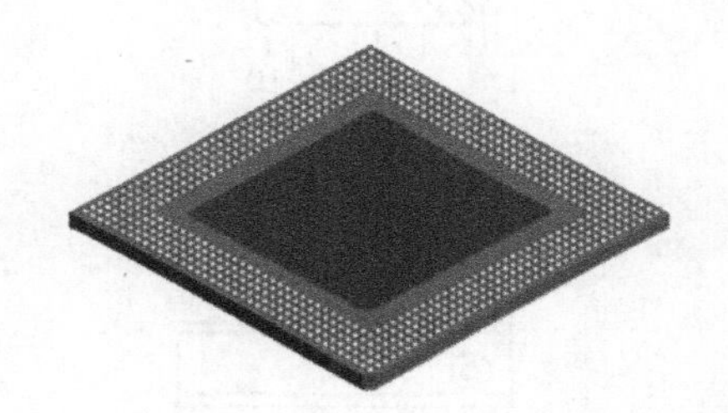

图 2.71　BGA 球栅阵列封装

BGA 封装具有以下特点：

① I/O 引脚数虽然增多，但引脚之间的距离远大于 QFP 封装方式，提高了成品率；

② 虽然 BGA 的功耗增加，但由于采用的是可控塌陷芯片法焊接，从而可以改善电热性能；

③ 信号传输延迟小，适应频率大大提高；

④ 组装可用共面焊接，可靠性大大提高。

BGA 封装方式经过十多年的发展已经进入实用化阶段。1987 年，日本西铁城（Citizen）公司开始着手研制塑封球栅面阵列封装的芯片（即 BGA）。而后，摩托罗拉、康柏等公司也随即加入到开发 BGA 的行列。1993 年，摩托罗拉率先将 BGA 应用于移动电话。同年，康柏公司也在工作站、PC 计算机上加以应用。一直到 Intel 公司在计算机 CPU 中（即奔腾Ⅱ、奔腾Ⅲ、奔腾Ⅳ等）以及芯片组（如 i850）中开始使用 BGA，这对 BGA 应用领域扩展发挥了推波助澜的作用。目前，BGA 已成为极其热门的 IC 封装技术，其全球市场规模早在 2000 年已达 12 亿块，2005 年市场需求比 2000 年更有了 70%以上幅度的增长。

总之，由于 CPU 和其他超大型集成电路在不断发展，集成电路的封装形式也不断作出相应的调整变化，而封装形式的进步又将反过来促进芯片技术向前发展。

2. 集成电路的管脚识别

集成电路的引脚分别有 3 根、5 根、7 根、8 根、10 根、12 根、14 根、16 根等多种，正确识别引脚排列顺序是很重要的，否则集成电路无法正确安装、调试与维修，以至于不能正常工作，甚至造成损坏。集成电路的封装外形不同，其引脚排列顺序也不一样。

（1）圆筒形和菱形金属壳封装 IC 的引脚识别。

面向引脚（正视），由定位标记所对应的引脚开始，按顺时针方向依次数到底即可。常见的定位标记有突耳、圆孔及引脚不均匀排列等，如图 2.72 所示。

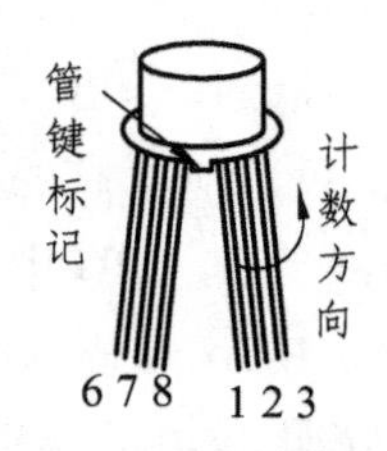

图 2.72 圆筒形和菱形金属壳封装 IC 的引脚识别

（2）单列直插式 IC 引脚识别。

使其引脚向下，面对型号或定位标记，自定位标记一侧的第一根引脚数起，依次计数。此类集成电路上常用的定位标记为色点、凹坑、细条、色带、缺角等，如图 2.73 所示。

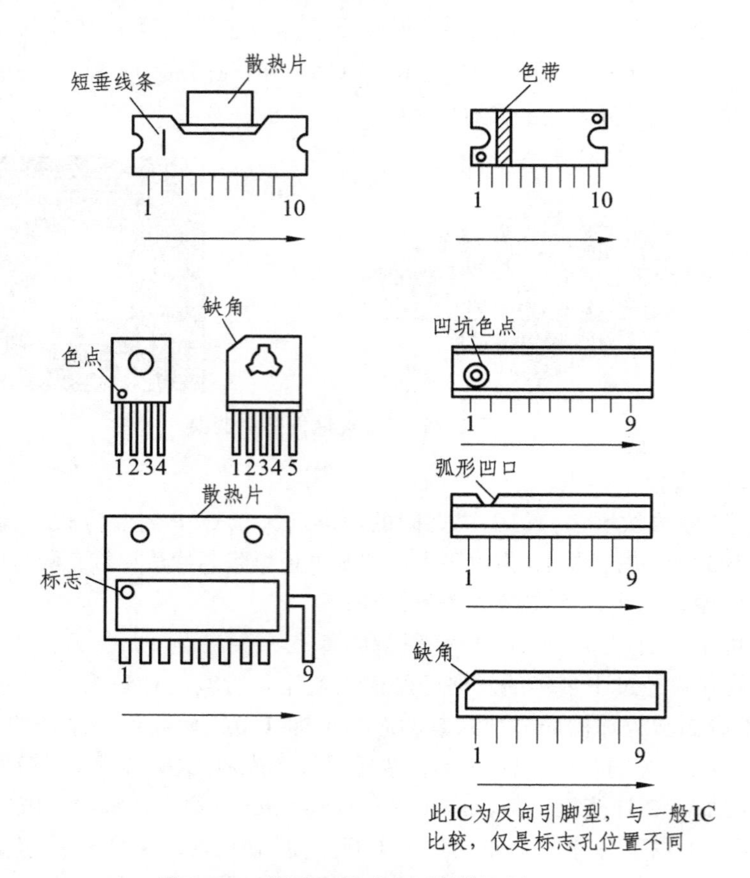

图 2.73 单列直插式 IC 引脚识别

（3）双列直插式或扁平式 IC 的引脚识别。

将其水平放置，引脚向下，即其型号、商标向上，定位标记在左边，从左下角第一根引脚数起，按逆时针方向，依次为①脚，②脚，③脚……扁平式表面贴装集成电路的引脚识别方向和双列直插式 IC 相同，如图 2.74 所示。

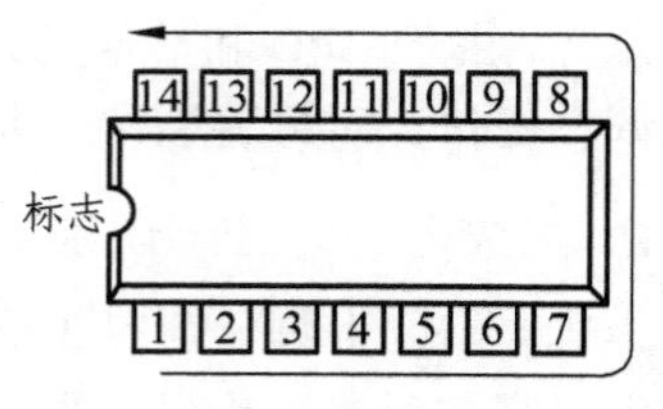

图 2.74 双列直插式或扁平式 IC 的引脚识别

三、集成电路的代换原则

1. 直接代换

直接代换是指用其他 IC 不经任何改动而直接取代原来的 IC，代换后不影响机器的主要性能与指标。其代换原则是：代换 IC 的功能、性能指标、封装形式、引脚用途、引脚序号和间隔等几方面均相同。其中 IC 的功能相同不仅指功能相同，还应注意逻辑极性相同，即输出输入电平极性、电压、电流幅度必须相同。即使是同一公司或厂家的产品，也应注意区分。代换 IC 的主要电参数（或主要特性曲线）、最大耗散功率、最高工作电压、频率范围及各信号输入、输出阻抗等参数要与原 IC 相近。功率小的代用功率大的要加大散热片。

（1）同一型号 IC 的代换。

同一型号 IC 的代换一般是可靠的。安装集成电路时，要注意方向不要搞错，否则，通电时集成电路很可能被烧毁。有的单列直插式功放 IC，虽型号、功能、特性相同，但引脚排列顺序的方向是有所不同的。例如，双声道功放 IC LA4507，其引脚有“正”、“反”之分，其起始脚标注（色点或凹坑）方向不同；又如没有后缀与后缀为“R”的 IC 等，例如 M5115P 与 M5115RP。

（2）不同型号 IC 的代换。

① 型号前缀字母相同、数字不同 IC 的代换。这种代换只要相互间的引脚功能完全相同，其内部电路和电参数稍有差异，也可相互直接代换。如伴音中放 IC LA1363 和 LA1365，后者比前者在 IC 第⑤脚内部增加了一个稳压二极管，其他完全一样。

② 型号前缀字母不同、数字相同 IC 的代换。一般情况下，前缀字母是表示生产厂家及电路的类别，前缀字母后面的数字相同，大多数可以直接代换。但也有少数，虽数字相同，但功能却完全不同。例如，HA1364 是伴音 IC，而 uPC1364 是色解码 IC，故二者完全不能代换。

③ 型号前缀字母和数字都不同 IC 的代换。有的厂家引进未封装的 IC 芯片，然后加工成按本厂命名的产品。还有如为了提高某些参数指标而改进产品。这些产品常用不同型号进行命名或用型号后缀加以区别。例如，AN380 与 uPC1380 可以直接代换，AN5620、TEA5620、DG5620 等可以直接代换。

2. 非直接代换

非直接代换是指不能进行直接代换的 IC 稍加修改外围电路，改变原引脚的排列或增减个别元件等，使之成为可代换的 IC 的方法。

代换原则：代换所用的 IC 可与原来的 IC 引脚功能不同、外形不同，但功能要相同，特性要相近；代换后不应影响原机性能。

（1）不同封装 IC 的代换。

相同类型的 IC 芯片，但封装外形不同，代换时只要将新器件的引脚按原器件引脚的形状和排列进行整形。例如，AFT 电路 CA3064 和 CA3064E，前者为圆形封装，辐射状引脚；后者为双列直插塑料封装，两者内部特性完全一样，按引脚功能进行连接即可。双列 IC AN7114、AN7115 与 LA4100、LA4102 封装形式基本相同，引脚和散热片正好都相差 180°。

前面提到的 AN5620 带散热片双列直插 16 脚封装、TEA5620 双列直插 18 脚封装，9、10 脚位于集成电路的右边，相当于 AN5620 的散热片，二者其他脚排列一样，将 9、10 脚连起来接地即可使用。

（2）电路功能相同但个别引脚功能不同 IC 的代换。

代换时可根据各个型号 IC 的具体参数及说明进行。如电视机中的 AGC、视频信号输出有正、负极性的区别，只要在输出端加接倒相器后即可代换。

（3）类型相同但引脚功能不同 IC 的代换。

这种代换需要改变外围电路及引脚排列，因而需要一定的理论知识、完整的资料和丰富的实践经验与技巧。

（4）有些空脚不应擅自接地。

内部等效电路和应用电路中有的引出脚没有标明，遇到空的引出脚时，不应擅自接地，这些引出脚为更替或备用脚，有时也作为内部连接。

（5）用分立元件代换 IC。

有时可用分立元件代换 IC 中被损坏的部分，使其恢复功能。代换前应了解该 IC 的内部功能原理、每个引出脚的正常电压、波形图及与外围元件组成电路的工作原理。同时，还应考虑：

① 信号能否从 IC 中取出接至外围电路的输入端；

② 经外围电路处理后的信号，能否连接到集成电路内部的下一级去进行再处理（连接时的信号匹配应不影响其主要参数和性能）。如中放 IC 损坏，从典型应用电路和内部电路看，由伴音中放、鉴频以及音频放大级成，可用信号注入法找出损坏部分，若是音频放大部分损坏，则可用分立元件代替。

（6）组合代换。

组合代换就是把同一型号的多块 IC 内部未受损的电路部分，重新组合成一块完整的 IC，用以代替功能不良的 IC 的方法。对买不到原配 IC 的情况下这种代换方法是十分适用的。但要求所利用 IC 内部完好的电路一定要有接口引出脚。

非直接代换关键是要查清楚互相代换的两种 IC 的基本电参数、内部等效电路、各引脚的功能、IC 与外部元件之间连接关系的资料。实际操作时还应注意：

① 集成电路引脚的编号顺序，切勿接错。

② 为适应代换后的 IC 的特点，与其相连的外围电路的元件要做相应的改变。

③ 电源电压要与代换后的 IC 相符，如果原电路中电源电压高，应设法降压；若电压低，则要看代换 IC 能否工作。

④ 代换以后要测量 IC 的静态工作电流。如电流远大于正常值，则说明电路可能产生自激，这时须进行去耦、调整。若增益与原来有所差别，可调整反馈电阻阻值。

⑤ 代换后 IC 的输入、输出阻抗要与原电路相匹配，并检查其驱动能力。

⑥ 在改动时要充分利用原电路板上的脚孔和引线，外接引线要求整齐，避免前后交叉，以便检查和防止电路自激，特别是防止高频自激。

⑦ 在通电前电源 V_{CC} 回路里最好再串接一直流电流表，降压电阻阻值由大到小观察集成电路总电流的变化是否正常。

查一查

以上IC的代换原则只是概括，不具有针对性。在实际进行IC代换时还需要参见一些型号详细的代换书籍，例如国防科技大学出版社的《常用集成电路应用替换手册》、中国电力出版社的《集成电路实用数据与型号代换手册》、电子工业出版社的《集成电路检测、选用、代换手册》等。

四、任务评价

（1）集成电路的识别与代换任务考核评价表一式两份，一份由指导教师保存，用于这个任务的考核成绩评定，一份由学生保存。

（2）教学任务的考核成绩均为百分制。

任务考核评价表

任务名称：集成电路的识别与代换

<table>
<tr><td colspan="2">班级：　　　　　　姓名：</td><td>学号：</td><td colspan="6">指导教师：</td></tr>
<tr><td rowspan="3">评价项目</td><td rowspan="3">评价标准</td><td rowspan="3">评价依据
（信息、佐证）</td><td colspan="3">评价方式</td><td rowspan="3">权重</td><td rowspan="3">得分小计</td><td rowspan="3">总分</td></tr>
<tr><td>个人自评</td><td>小组自评</td><td>小组间互评</td></tr>
<tr><td>0.1</td><td colspan="2">0.9</td></tr>
<tr><td>职业素质</td><td>1. 遵守企业管理规定、劳动纪律；
2. 按时完成学习及工作任务；
3. 工作积极主动、勤学好问</td><td>1. 遵守纪律；
2. 完成工作任务；
3. 学习积极性</td><td></td><td></td><td></td><td>0.2</td><td></td><td rowspan="3"></td></tr>
<tr><td>专业能力</td><td>1. 清楚集成电路的发展历程、定义及特点；
2. 掌握集成电路的封装形式及管脚识别的方法；
3. 掌握集成电路的代换原则</td><td>1. 对集成电路的发展历程、定义及特点的了解程度；
2. 是否熟悉集成电路的封装形式及管脚识别的方法；
3. 对集成电路的代换原则的掌握程度</td><td></td><td></td><td></td><td>0.7</td><td></td></tr>
<tr><td>创新能力</td><td>能够推广、应用国内相关职业的新工艺、新技术、新材料、新设备</td><td>“四新”技术的应用情况</td><td></td><td></td><td></td><td>0.1</td><td></td></tr>
<tr><td>指导教师综合评价</td><td colspan="8">

指导老师签名：　　　　　　　　　　　　日期：</td></tr>
</table>

任务延伸与拓展

广泛深入的了解各类新型集成电路，并按以下要求学习：

（1）了解各类新型集成电路的封装形式和使用方法；

（2）更为详细的了解各类集成电路的选用及代换原则。

学生在教师指导下，利用计算机网络、图书资料查阅相关资料，完成本任务。

任务2　简单整机电路图识读训练

六管超外差收音机电路原理图识读演练

任务目标

（1）能对六管超外差收音机电路图进行功能划分；

（2）掌握各个功能电路图的识读方法。

任务实施

一、超外差式收音机

超外差式收音机是在直放式收音机的基础上发展而来的。超外差式收音是由输入信号和本机振荡信号产生一个固定中频信号的过程。如果把收音机收到的广播电台的高频信号，都变换为一个固定的中频载波频率（仅是载波频率发生改变，而其信号包络仍然和原高频信号包络一样），然后再对此固定的中频进行放大、检波，再加上低放级、功放级，就成了超外差式收音机。由于它具有较高的灵敏度和较理想的选择性，所以现代收音机都是超外差式的。

二、超外差式收音机的工作原理

为了分析方便，超外差式收音机的工作过程可以画成方框图，如图 2.75 所示。从图可以看出，接收天线将广播电台播发出的高频调幅波（点 A），经过输入调谐电路接收下来（点

A），通过变频级把外来的高频调幅波信号频率变换成一个介于低频与高频之间的固定频率（点 B），即中频 465 kHz，然后由中频放大级将变频后的中频信号进行放大（点 C），再经检波级（解调）检出音频信号（点 D），为了获得足够大的输出音量，需要经前置放大级（点 E）和低频功率放大级（点 F）加以放大来推动扬声器。我们通常将从天线到检波级为止的电路部分称为高频部分，而将从检波级到扬声器为止的电路部分称为低频部分。

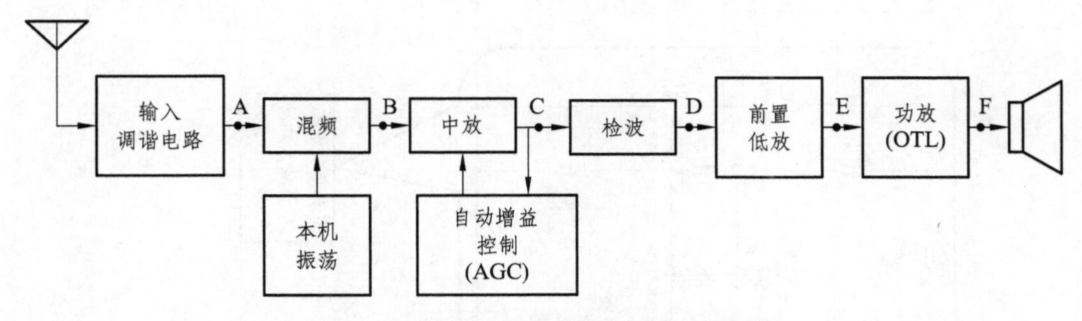

图 2.75 超外差收音机的工作原理方框图

除了解以上六管超外差收音机的基本原理构造和功能特点外还需要掌握以下知识点：

（1）学习如何将超外差收音机电路原理图分成各功能模块识读；

（2）掌握各个功能模块原理图的识读方法。

图 2.76 为六管超外差收音机的电路原理图，请同学们根据图上标识自行进行识读。

三、六管超外差收音机的调谐电路

1. 输入调谐电路的作用

在人类生活的空间中存在着各种各样的无线电波。无线电波遇到导体就会在导体中感应出高频电流，这种感生电流的频率和激起它的无线电波的频率相同。因此把天线（或磁性天线）架设在无线电波传播的空间，就可以接收无线电波。如果用收音机把人们周围空间存在着的无线电波都转变成声音，那就只能是一片嘈杂声，什么也听不清。为了能够选择欲收听的电台广播，就需要在收音机的接收端安装一个由可变电容器和电感器组成的 LC 回路，这个回路通常就叫作调谐电路。

2. 输入调谐电路识读演练

如图 2.77 所示为超外差收音机的调谐电路部分，它由双联可变电容器的 CA 和 T_1 的初级线圈组成，是一个串联谐振回路。从天线接收进来的高频信号，通过输入调谐电路的谐振选出需要的电台信号。调节 CA 的容量从大到小，可以使输入调谐回路所谐振的频率在 525～1 605 kHz 内连续变化。输入调谐回路的作用是调节回路谐振频率，使其同许多外来信号中某一电台频率一致，即产生谐振，从而大大提高 T_1 初级两端的信号电压，与此同时在 T_1 初级两端其他非谐振的外来信号被抑制掉，以达到选台的目的。

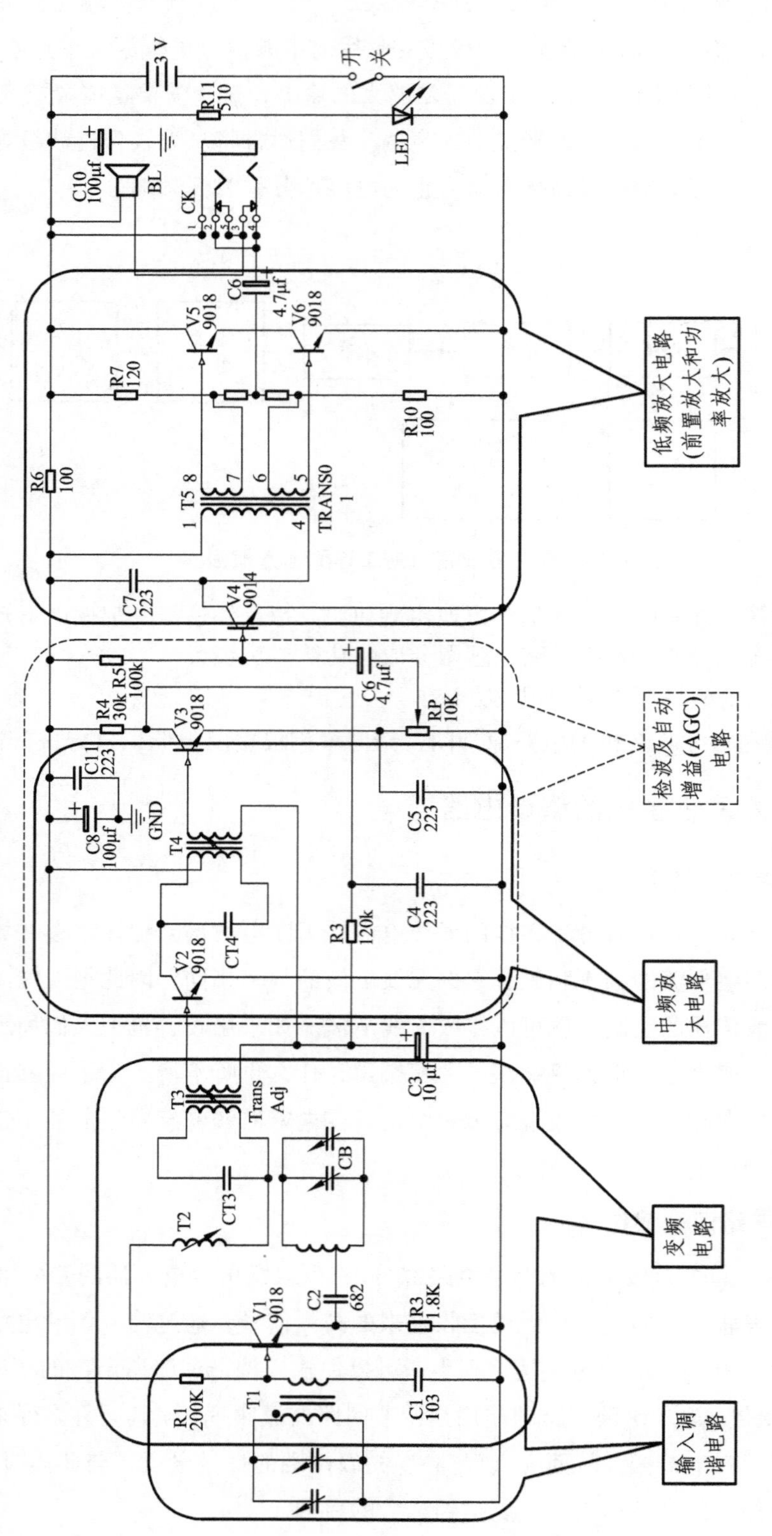

图 2.76 六管超外差收音机电路原理图

四、六管超外差收音机的变频电路

1. 变频电路的作用

直放式接收机对于不同的频率信号的灵敏度和选择性不同，整机增益集中在同一频率附近，出于稳定性的考虑，总增益不能做得很高。相对于直放式收音机来说，超外差收音机最大的特点在于增加了变频电路，变频电路把收音机接收来的高频无线电信号都变成固定的中频无线电信号，就能克服直放式收音机存在的缺点。因为中频频率较变换前低，而且是固定不变，所以任何电台的信号都能得到较大而且相等的放大量。另外，由于外来高频信号必须经过变频级的“差频”，才能进入到下一级中频放大级，而且差频出的中频信号还要经过中频谐振回路进一步选择，所以选择性大大提高。

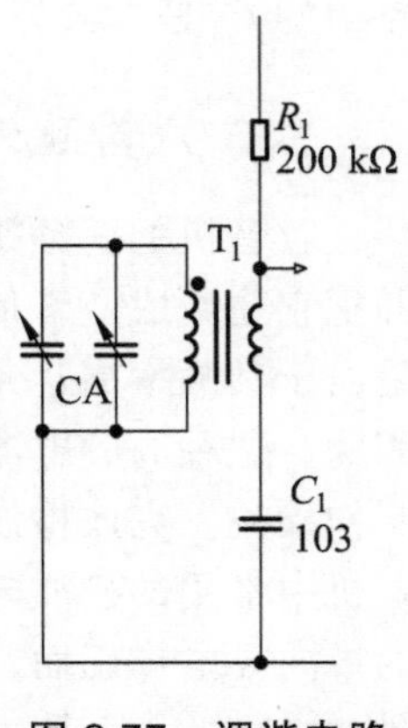

图 2.77　调谐电路

2. 变频电路的识读演练

变频电路是由本机振荡电路和混频电路组合起来的，如图 2.78 所示为变频级电路图。V_1 是变频管，同时完成振荡和混频作用。外来信号经调谐回路选择后，信号电压感应到 T_1 次级，输入到变频管的基极和发射极之间（C_1 对高频信号可视为短路）。V_1 和 T_2 初级线圈，T_2 的次级线圈 1、2 及 CA 组成一个变压器反馈式振荡器，即本机振荡器，其中 CA 和 T_2 次级线圈 1-3 组成决定振荡频率的谐振回路。本振回路中的振荡信号通过 C_2 加到变频管的发射极，在 V_1 中和外来信号进行混频。混频后的信号从 V_1 集电极输出，并通过 T_2 的初级加至中频变压器 T_3 的初级。T_3 的初级线圈和 CT_3 组成 LC 谐振回路，谐振于 465 kHz 的中频，所以它可负责选出混频后输出的差频 465 kHz 的中频信号，并通过 T_3 次级线圈送给下一级中放电路。

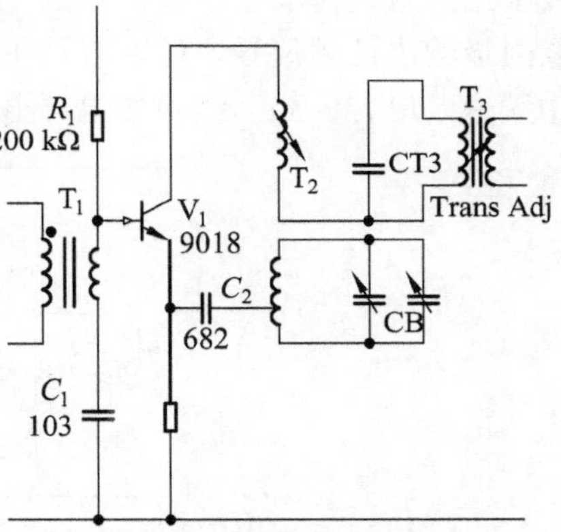

图 2.78　变频电路

五、六管超外差收音机的中频放大电路

中频放大器是超外差式收音机的重要组成部分。中放级的好坏对收音机的灵敏度、选择性和保真度等主要指标有决定性的影响。根据变频级输入的信号频率，中频放大电路的工作频率就为 465 kHz。超外差式收音机的中频放大电路如图 2.79 所示，该电路采用一级中放。V_2 为共发射极放大电路，输入和输出端全部配接中频变压器。T_4 的初级和 CT_4 也组成 LC 谐振回路，谐振于 465 kHz。当 V_2 的输出端输出 465 kHz 中频信号时，LC 谐振回路阻抗最大，输出的电压最高，而对于其他频率的信号则阻抗很小，不能耦合到下一级，从而达到选择

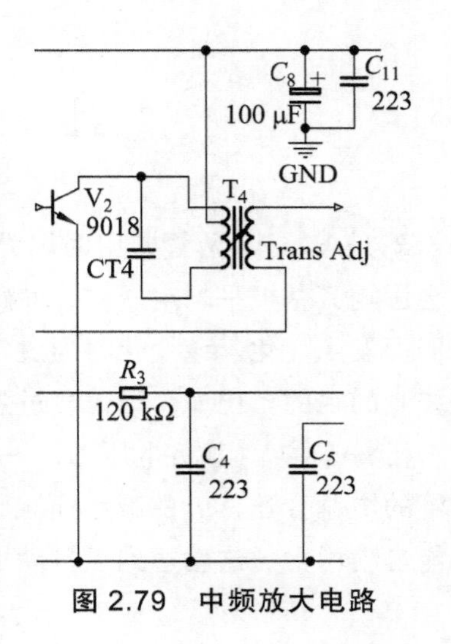

图 2.79　中频放大电路

中频的目的。同时，中频变压器还有变换阻抗的作用，可以使前后两级放大器阻抗适配。电路中的 C_3 是中频旁路电容。

六、六管超外差收音机的检波及自动增益（AGC）电路

收音机的任务是从广播电台发送出来的已调制的电磁波（无线电波）中取出调制信号，并把它还原成声音信号。接收天线收到的高频调幅波，虽然其振幅是随调制信号变化的，但是由于其频率高达几百到几万千赫兹，耳机或扬声器中的振动膜片由于惯性无法随其振动，因此，这种高频电流不能使耳机或扬声器发出声音。从调幅高频信号中取出调制信号的过程叫作检波。完成检波作用的电路叫检波电路，检波电路是所有调幅接收机必备的。在一般收音机中常用的检波电路使用晶体二极管或晶体三极管。晶体二极管检波器是利用晶体二极管的单向导电作用而制成的。晶体二极管检波器特性好，失真小，但要求输入信号的幅度要大（均 1 V 以上）。晶体三极管检波器是利用晶体三极管的基极-发射极的 PN 结的单向导电特性制成的，故其机理和晶体二极管检波一样。但由于它具有晶体三极管的放大作用，故灵敏度高，但失真稍大，所以在简易收音机中常见到此电路。

六管超外差收音机采用的就是晶体三极管的检波电路，如图 2.80 所示，它是利用 V_3 的发射结进行检波的。中频信号由 T_4 的次级加到 V_3 的基极，经晶体三极管发射结检波后，从发射极输出低频信号。低频信号在 RP 上产生压降，由 RP 中间抽头取出送至低放级。C_5 是中频旁路电容，R_4、C_3 组成电源退耦电路，V_3 接成共集电极电路。

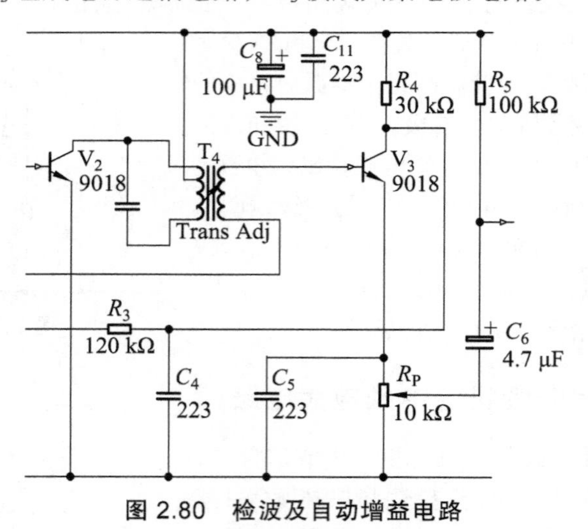

图 2.80 检波及自动增益电路

R_3 是 V_2、V_3 两管共用的偏置电阻，因为 V_3 是检波管，且发射结作检波用，故信号的大小会影响其基极平均电压，从而影响 V_3 的集电极电流和电压，集电极上的电压会随输入信号强弱而发生变化。该变化将通过 R_3 反应到 V_2、V_3 上，并控制它们的基极电位，达到自动增益控制的目的。比如，当信号过强时，V_3 集电极电流 $I_{c3}\uparrow \rightarrow R_4$ 上的压降 $U_4\uparrow \rightarrow V_3$ 集电极电压 $U_c\downarrow \rightarrow V_2$、$V_3$ 基极电压 $U_b\downarrow \rightarrow V_2$ 集电极电流 I_{c2} 和 V_3 集电极电流 $I_{c3}\downarrow$。由于一般晶体三极管的增益会随其 I_c 的减小而减小，因此当输入信号强时，中放电路的增益会自动减小，反之能自动增大。这就达到了自动增益控制的目的。

七、六管超外差收音机的低频放大级电路

低频放大级电路一般是由前置放大、功率放大两部分组成的。如图 2.81 所示，检波输出的低频信号通过 C_6 耦合至 V_4 基极进行前置放大。该级放大器输入端采用阻容耦合，输出端采用变压器耦合。R_5 是偏置电阻，R_6、C_{10} 组成电源滤波电路，其作用是减少各级共用电源的相互影响，防止低频自激。

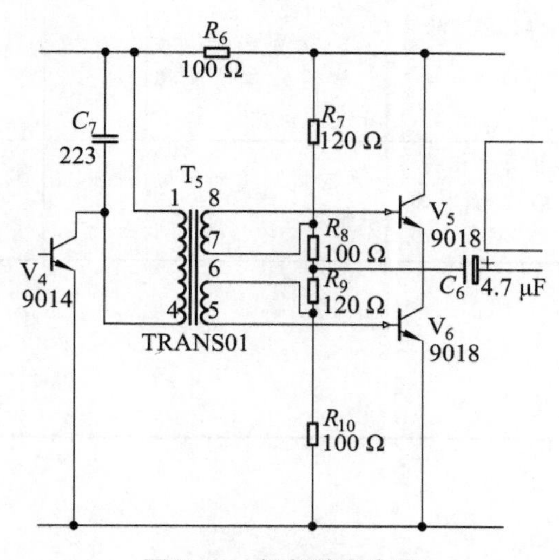

图 2.81　低频放大电路

V_5、V_6 组成甲乙类推挽功率放大电路。T_5 是输入变压器，它们的作用是耦合信号、倒相、阻抗匹配。C_9 为隔离电容，能隔离掉音频信号中的直流成分，用以改善音质，稳定工作。R_7、R_8 为 V_5 的偏置电阻，R_9 和 R_{10} 为 V_6 的偏置电阻，使 V_5、V_6 能工作在放大区。

八、任务评价

（1）六管超外差收音机电路原理图识读演练任务考核评价表一式两份，一份由指导教师保存，用于这个任务的考核成绩评定，一份由学生保存。

（2）教学任务的考核成绩均为百分制。

任务考核评价表

任务名称：六管超外差收音机电路原理图识读演练

班级：	姓名：	学号：	指导教师：					
评价项目	评价标准	评价依据（信息、佐证）	评价方式			权重	得分小计	总分
			个人自评	小组自评	小组间互评			
			0.1	0.9				
职业素质	1. 遵守企业管理规定、劳动纪律； 2. 按时完成学习及工作任务； 3. 工作积极主动、勤学好问	1. 遵守纪律； 2. 完成工作任务； 3. 学习积极性				0.2		

续表

专业能力	1. 了解六管超外差收音机的原理及特点； 2. 能对此收音机原理图进行功能分块； 3. 掌握对各个功能模块电路的识读方法	1. 是否对此收音机的原理及特点了解清楚； 2. 是否能熟练划分此收音机电路图各个功能模块； 3. 能否正确的对电路图的各功能模块进行识读				0.7		
创新能力	能够推广、应用国内相关职业的新工艺、新技术、新材料、新设备	“四新”技术的应用情况				0.1		
指导教师综合评价	指导老师签名： 日期：							

任务延伸与拓展

广泛深入的了解六管超外差收音机的特点，并按以下要求学习：

（1）完全掌握类似收音机电路图的识读方法；

（2）参照本任务收音机电路图的识读方法，试着在书籍或互联网上查找一些其他功能更全面、设计更完善的收音机电路图进行分功能识读；

（3）对找到的电路图进行电路原理分析，最后正确的识读这张原理图并写出识读过程，以巩固本次任务所学知识。

学生在教师指导下，利用计算机网络、图书资料查阅相关资料，完成本任务。

任务3 复杂整机电路图识读训练

2.1 声道音箱功放电路原理图识读演练

任务目标

（1）总体了解功放电路原理；

（2）学习将电路图分模块；

（3）理解各个模块电路的基本功能。

任务分析

功放，顾名思义，其意思就是功率放大。功放的主要作用就是将输入信号进行放大，以达到能够获得较大驱动能力的目的。此课题所举例功放为音频功放，其作用即是将音频信号进行放大，达到能驱动喇叭发生的目的。

一般功放由电源部分，低音部分，左右声道放大部分和控制部分组成。

1. 电源部分

电源部分的作用是为整个系统的工作提供能量。一般情况下电源可以分为普通直流电源，直流可调电源，开关电源等。对于我们本次举例的功放而言，采用的是直流稳压电源。电源的主要性能指标有：输入电压，频率范围，浪涌电流，泄露电流，输出电压，最小输出电流，额定电流，峰值电流等。

2. 低音部分

低音部分的主要作用是将音频信号中的低音成分进行功率放大，提供足够驱动卫星箱（喇叭）工作的电流。其主要由低通滤波器和放大电路组成，低通滤波器的作用是从原音频信号中分离出低音成分（设计为 200 Hz 以下），放大电路的作用即是将分离出的信号进行放大。

3. 左右声道放大部分

所谓的左右声道是指耳机或者低音炮左右的两个音箱，左右声道放大部分的主要作用是将音频输入信号放大，为左右两个功放提供足够的驱动电流，左右放大电路为两个对称二级同相放大器组成。放大器的主要参数指标有：输入失调电压，温度漂移，偏置电流，增益带宽，转换速率，噪声，消耗电流，功耗等。

4. 主控部分

主控部分的作用是提供对功放操作的接口，如音量加减等。主控部分主要由单片机和数字电位器构成。

根据典型音频功放的结构特点，在本项目的任务一中我们需要完成以下几个子任务：

（1）通过学习读图音频功放电路掌握读电路原理图的基本技能和技巧；

（2）学会填写电路原理图读图表；

（3）领会组内团队合作和组间团队协作的意义。

任务实施

在本次任务中，我们将通过对 2.1 声道音箱功放的原理图讲解，向大家传授读电路图的方法和技巧。大家在认识功放电路之前应该明确下面几个要点。

功放的作用是把来自音源或前级放大器的弱信号放大，推动音箱发声。

放大电路的基本构成以及主要参数：

功放的主要性能指标有输出功率、频率响应、失真度、信噪比、输出阻抗和阻尼系数等。

输出功率：单位为 W，由于各厂家的测量方法不一样，所以出现了一些名目不同的叫法。例如额定输出功率，最大输出功率，音乐输出功率，峰值音乐输出功率。

音乐功率：是指输出失真度不超过规定值的条件下，功放对音乐信号的瞬间最大输出功率。

峰值功率：是指在不失真条件下，将功放音量调至最大时，功放所能输出的最大音乐功率。

额定输出功率：当谐波失真度为 10%时的平均输出功率，也称作最大有用功率。通常来说，峰值功率大于音乐功率，音乐功率大于额定功率，一般地讲峰值功率是额定功率的 5 ~ 8 倍。

频率响应：表示功放的频率范围，和频率范围内的不均匀度。频响曲线的平直与否一般用分贝[dB]表示。家用 HI-FI 功放的频响一般为 20 Hz ~ 20 kHz，正负 1 dB。这个范围越宽越好。一些极品功放的频响已经做到 0 ~ 100 kHz。

失真度：理想的功放应该是把输入的信号放大后，毫无改变地还原出来。但是由于各种原因经功放放大后的信号与输入信号相比较，往往产生了不同程度的畸变，这个畸变就是失真。用百分比表示，其数值越小越好。HI-FI 功放的总失真在 0.03% ~ 0.05%。功放的失真有谐波失真，互调失真，交叉失真，削波失真，瞬态失真，瞬态互调失真等。

信噪比：是指功放输出的各种噪声电平与信号电平之比，用 dB 表示，这个数值越大越好。一般家用 HI-FI 功放的信噪比在 60 dB 以上。

输出阻抗：对扬声器所呈现的等效内阻，称作输出阻抗。

了解功放的基本作用和主要参数是能读懂功放原理图的基础。

一、总电路图

从图 2.82 我们可以看出整个功放系统可以分为几个部分，分别是电源模块、低音模块、左右声道放大模块和主控模块。其中电源模块为整个系统提供动力，其输出有 + 15 V 和 + 5 V，其中 + 15 V 为喇叭及卫星箱供电， + 5 V 为功放电路各个模块提供电能。低音模块主要由一个截止频率为 200 Hz 的低通滤波器和一个电压跟随器及两级放大电路组成，其作用是提取声源信号中的低音部分并将其放大提供给喇叭。左右声道放大部分由两个搭建方式相同的两级放大电路组成，其作用是将输入的声音信号放大，提供给卫星箱。主控模块由 51 单片机和一个数字电位器 MAX5486 组成，其作用是提供音量大小控制的接口，完成混音操作等。

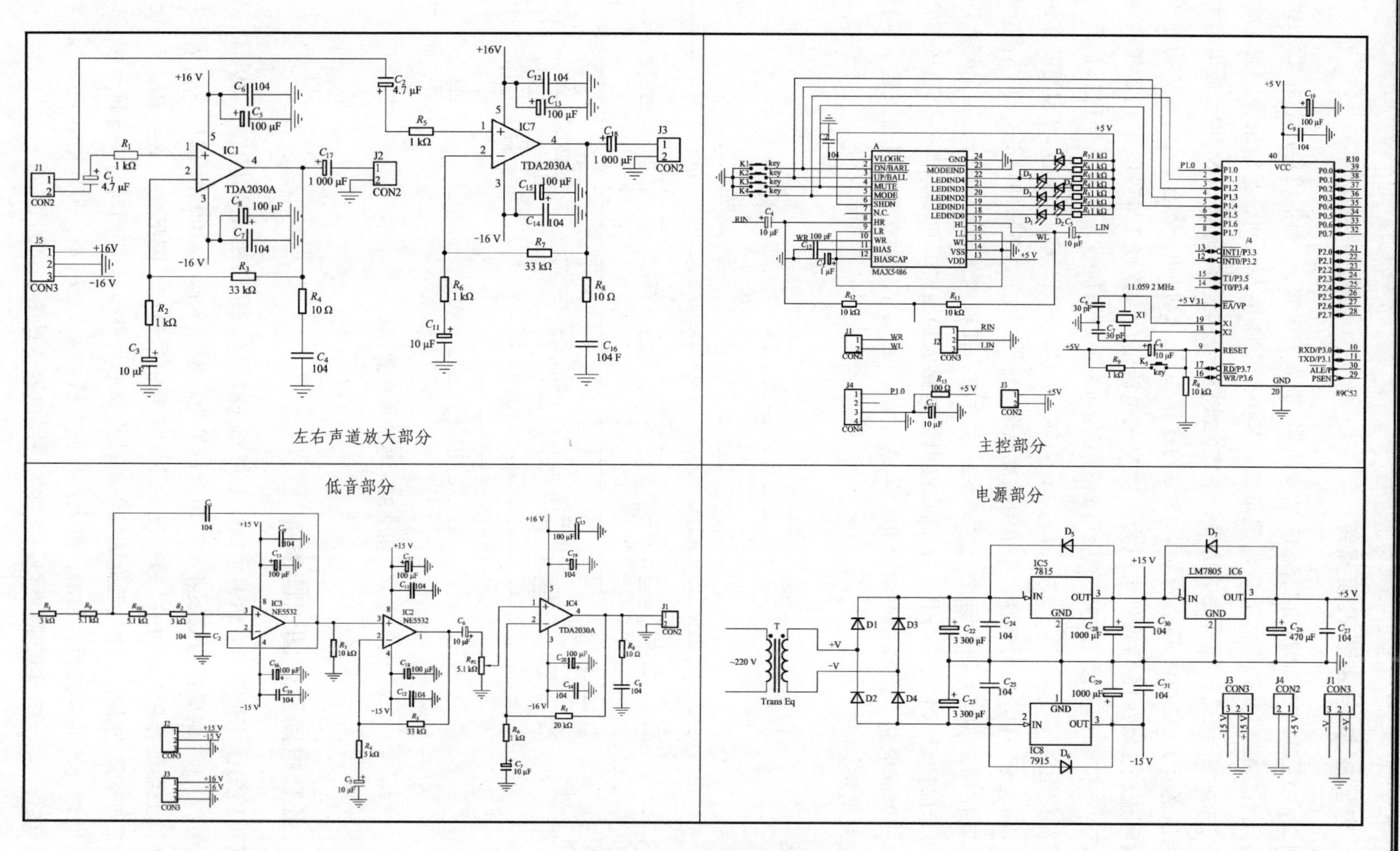

图 2.82　功放电路原理总图

二、电源模块电路图识读演练

由图 2.83 可知，电源电路由交流 17 V 变压器，整流二极管，三端集成稳压芯片 LM1815，LM7915，LM7805 以及若干电容、电阻组成。其中变压器接入电网，其输出为交流 17 V。交流电经过四个整流二极管搭建的桥堆，完成全波整流，变为直流电。LM7815 是输出为 +15 V 的稳压芯片，LM7915 是输出为 – 15 V 的稳压芯片，LM7805 是输出为 + 5 V 的稳压芯片。电信号流经 LM7815 后得到电压为 + 15 V 的电源信号，流经 LM7915 后得到相对电压为 – 15 V 的电信号，流经 LM7805 后得到电压为 + 5 V 的电信号。其中每个稳压芯片之前的两个并联的电容（C_{22}、C_{24}、C_{23}、C_{25}、C_{28}、C_{30}、C_{29}、C_{31}、C_{26}、C_{27}）均起滤波作用。以 C_{22} 和 C_{24} 为例，C_{22} 为大电容，其作用是滤除输入信号中的尖峰脉冲部分，而 C_{24} 相对容量较小，其作用是在 C_{22} 的基础之上再完成一次滤波，使输入信号更加平滑。二极管 D_1、D_5、D_7 均起保护稳压芯片的作用。我们在读电源电路原理图时，可以以每一个稳压芯片为中心，读其外围电路。比如 LM7915 和电容 C_{23}、C_{25}、C_{29}、C_{31} 构成一个组合搭建了 – 15 V 的稳压滤波电路。

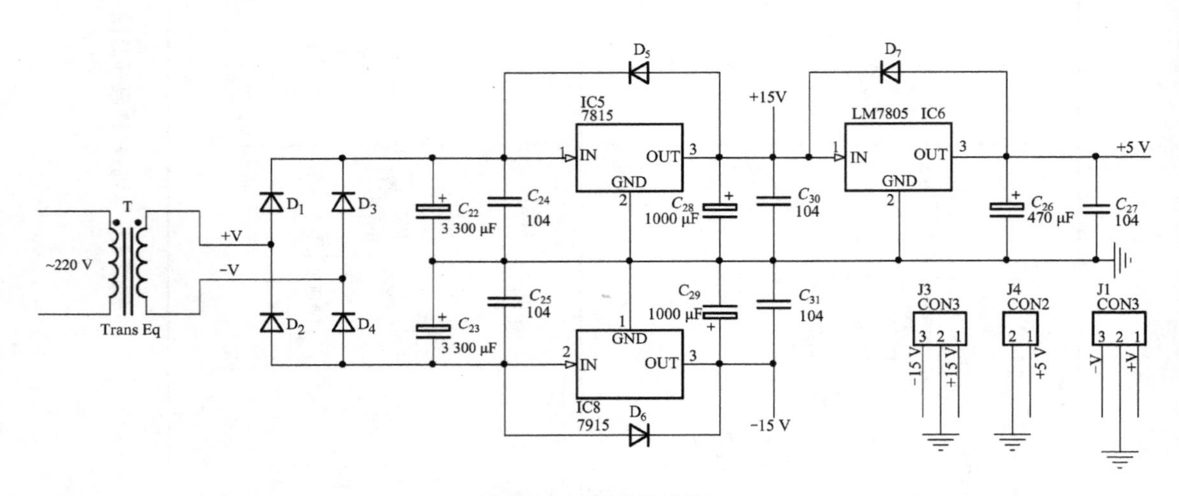

图 2.83 电源电路图

三、低音电路原理图识读演练

低音电路的作用是将声音信号中的低音部分分离，单独进行放大。其中 R_1、R_2、R_5、R_6、C_3、C_{11}，IC_3，IC_1 组成低通滤波器。在声音信号中一般频率低于 200 Hz 的声音，认为是低音。低通滤波器的作用是只允许 200 Hz 以下的低频信号通过。调整 R_1、R_2、R_5、R_6、C_3、C_{11} 都可以调整截止频率。此处低通滤波器的截止频率为 180 Hz。同时，声音信号接入运算放大器的同相端，经放大后再输出，放大器的放大倍数为 $1 + R_3/R_2$。另外电容 C_5、C_6、C_7、C_8、C_{12}、C_{13}、C_{14}、C_{15} 均起隔离作用，称为旁路电容（见图 2.84）。

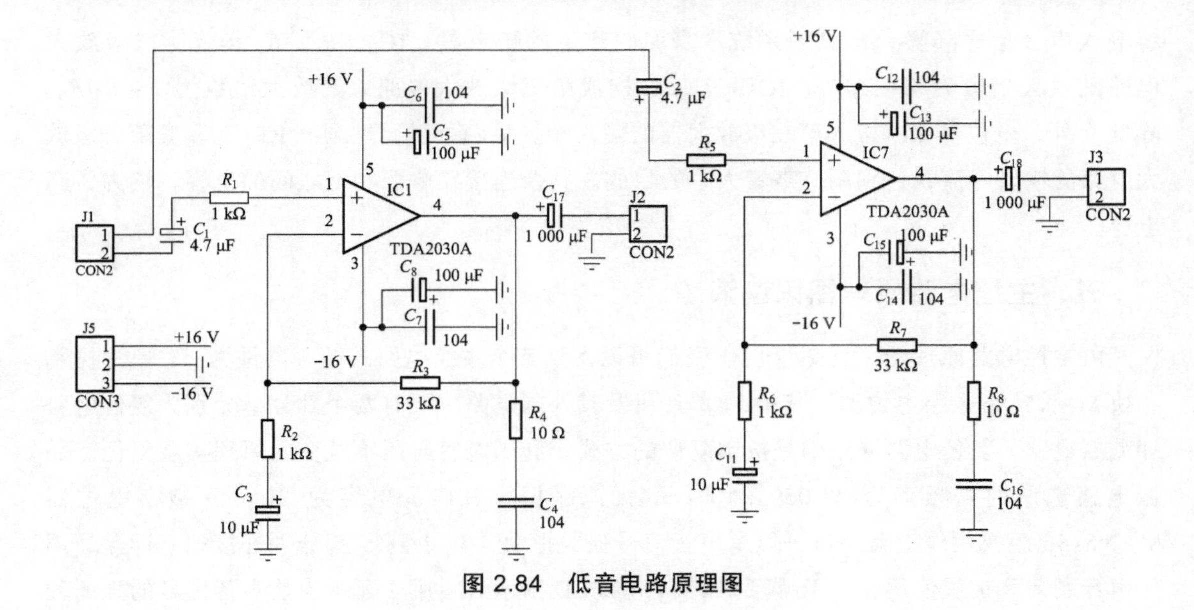

图 2.84　低音电路原理图

四、左右声道放大电路原理图识读演练

左声道和右声道原理完全一致，此处以左声道为例说明。整个功放的发声器件共有三个，分别为两个卫星箱和一个低音炮。前面讲到低音电路，其作用是将声音信号中的低音部分提取出来给低音炮提供驱动信号，而左右声道放大电路的作用就是将全部声音信号放大，提供给卫星箱，是卫星箱的信号来源（见图 2.85）。

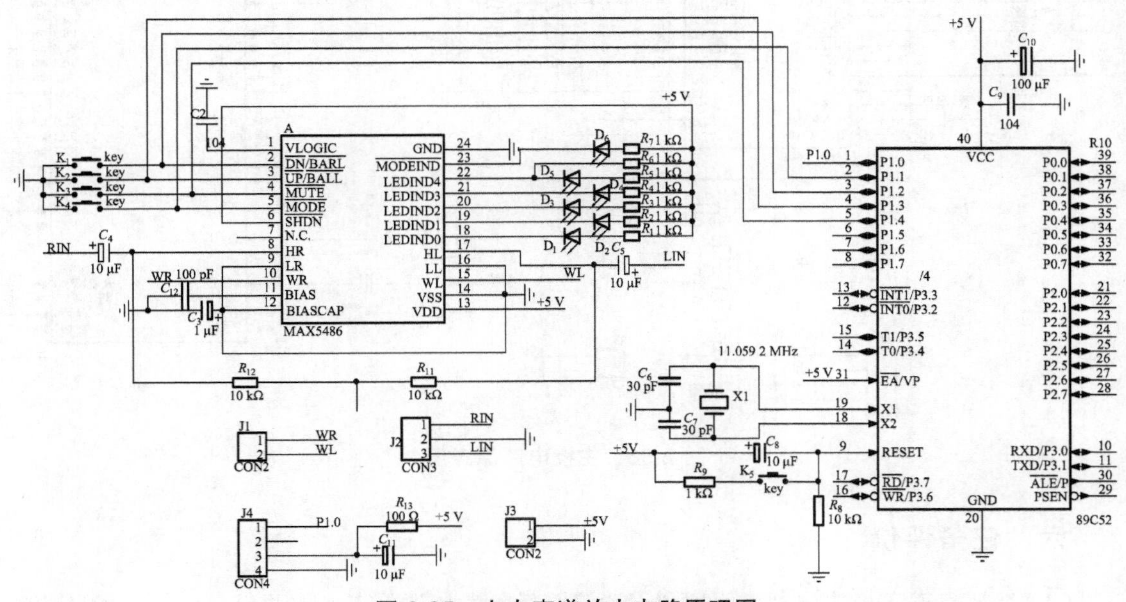

图 2.85　左右声道放大电路原理图

由原理图可以读得，左右声道放大电路有三级放大电路组成，采用的方式均为同相放大。其中第一级放大电路负反馈电阻为 0，所以第一级放大电路是电压跟随器，其作用是

将输入声音信号降噪，消除因系统本身原因产生的噪声等。IC_2，R_4，R_5构成第二级放大电路其放大倍数为$1+R_5/R_4$；IC_3，R_6，R_7构成第三级放大电路，其放大倍数为$1+R_7/R_6$。除此之外，电位器RP_2接入第三级放大器的输入端。我们可以通过调节RP_2来改变第三级放大电路的输入电流，达到调节声音大小的目的。其余连接在电源和地之间的电容，均为旁路电容。

五、主控电路原理图识读演练

由主控电路原理图（见图 2.86）我们可以得到整个主控电路的核心器件为 51 单片机和一块 MAX5486 数字电位器。其中 51 单片机及其外围电路主要有两个部分，分别为复位电路和晶振电路。复位电路采用的是按键复位的方式，利用电容电压不跳变的原理实现复位。晶振电路选用的是频率为 11.059 2 MHz 的无源晶振，其匹配电容为 30 pF。数字电位器 MAX5486 组要用作键盘接口，以及声音信号强弱指示，其 2 到 5 脚分别外接独立键盘，用作声音调节和扩展使用。其 18 脚到 22 脚外接 LED 指示灯，用于显示当前声音信号的强弱程度。另外直接与电源和地相连的电容为旁路电容。

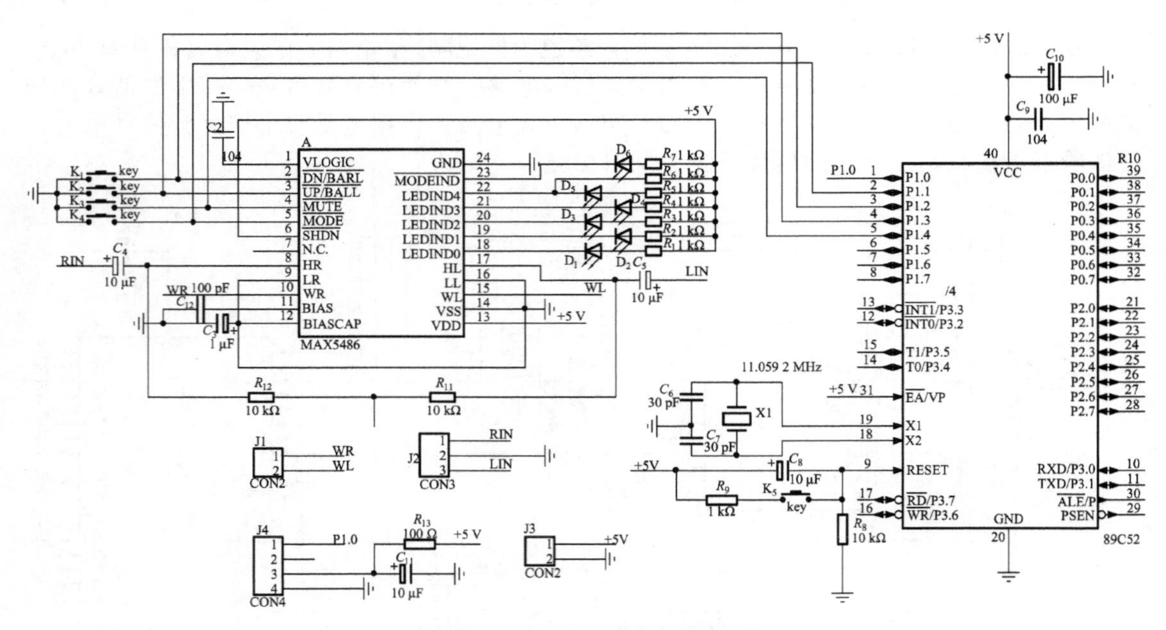

图 2.86　主控电路原理图

六、任务评价

（1）2.1 声道音箱功放电路原理图识读演练任务考核评价表一式两份，一份由指导教师保存，用于这个任务的考核成绩评定，一份由学生保存。

（2）教学任务的考核成绩均为百分制。

任务考核评价表

任务名称：2.1声道音箱功放电路原理图识读演练

<table>
<tr><td colspan="9">班级：　　　　姓名：　　　　学号：　　　　指导教师：</td></tr>
<tr><td rowspan="3">评价项目</td><td rowspan="3">评价标准</td><td rowspan="3">评价依据
（信息、佐证）</td><td colspan="3">评价方式</td><td rowspan="3">权重</td><td rowspan="3">得分小计</td><td rowspan="3">总分</td></tr>
<tr><td>个人自评</td><td>小组自评</td><td>小组间互评</td></tr>
<tr><td>0.1</td><td colspan="2">0.9</td></tr>
<tr><td>职业素质</td><td>1. 遵守企业管理规定、劳动纪律；
2. 按时完成学习及工作任务；
3. 工作积极主动、勤学好问</td><td>1. 遵守纪律；
2. 完成工作任务；
3. 学习积极性</td><td></td><td></td><td></td><td>0.2</td><td></td><td rowspan="3"></td></tr>
<tr><td>专业能力</td><td>1. 了解2.1声道音箱功放的基本原理及特点；
2. 能对此功放原理图进行功能分块；
3. 掌握各个功能模块电路的识读方法</td><td>1. 是否对2.1声道音箱功放的原理及特点了解清楚；
2. 能否熟练划分功放电路的各个功能模块；
3. 能否对功放原理图的各个功能模块准确识读</td><td></td><td></td><td></td><td>0.7</td><td></td></tr>
<tr><td>创新能力</td><td>能够推广、应用国内相关职业的新工艺、新技术、新材料、新设备</td><td>“四新”技术的应用情况</td><td></td><td></td><td></td><td>0.1</td><td></td></tr>
<tr><td>指导教师综合评价</td><td colspan="8">

指导老师签名：　　　　　　　　　　　　日期：</td></tr>
</table>

任务延伸与拓展

广泛深入的了解 2.1 声道音箱功放的特点，并按以下要求学习：

（1）完全掌握类似音箱功放的识读方法；

（2）参照本任务功放的识读方法，试着在书籍或互联网上查找一些其他功能更全面、设计更完善的收音机电路图进行分功能识读，以巩固本次任务所学知识。

学生在教师指导下，利用计算机网络、图书资料查阅相关资料，完成本任务。

项目三　笔记本电脑整机原理与常见故障诊断维修

项目引入

笔记本电脑，又称手提电脑或膝上型电脑，是一种小型、可携带的个人电脑，其发展趋势是体积越来越小，质量越来越轻，而功能却越来越强大。随着技术与市场的发展，笔记本电脑逐渐融入普通消费者的生活，因此也催生了笔记本电脑的维修行业。

项目目标

（1）了解笔记本电脑的组成和基本原理；

（2）熟练使用笔记本电脑拆装工具和拆装笔记本电脑；

（3）了解笔记本电脑常见故障；

（4）掌握笔记本电脑维修原则；

（5）了解笔记本电脑故障常用检测方法及检测工具；

（6）掌握操作系统故障的原因及诊断方法；

（7）掌握电源和电池的故障原因及诊断方法；

（8）掌握内存、硬盘、光驱等的故障原因及诊断方法；

（9）掌握键盘和触摸板的故障原因及诊断方法。

项目分析

近几年来，笔记本电脑的普及率越来越高。同时，由于笔记本电脑的技术复杂，集成度较高，很多用户在日常使用的过程中难免会遇到各种应用、维护及维修方面的问题，因此也催生了笔记本电脑的维修行业。

维修人员在接到待维修的笔记本电脑时，首先要了解故障现象，遵循故障检修“先简单后复杂、先分析后维修、先软件后硬件、先电源后部件”的原则，找到故障产生的可能原因。其次，配合常用的故障检测方法（观察法、拔插法、清洁法、程序测试法、比较法、零部件替换法），查找故障源，制订可行的故障排除方案。若是软件故障，则测试出问题软件，进行故障排除。若是硬件故障，则需按照正确的步骤，使用正确的工具进行修复，或替换问题部件，最终达到维修目的。

项目实施

项目实施地点		电子产品维修学习工作站		
序号	任务名称	学时	权重	备注
任务 1	笔记本电脑组成与拆装	10	20%	
任务 2	常见故障及原因分析	12	25%	
任务 3	笔记本电脑维修工具及检测方法	12	25%	
任务 4	笔记本电脑故障维修案例	20	30%	
合　计		54	100%	

任务 1　笔记本电脑的组成与拆装

任务目标

（1）了解笔记本电脑的组成和基本原理；

（2）熟练使用笔记本电脑拆装工具对笔记本电脑进行拆装。

任务实施

一、笔记本电脑的结构

笔记本电脑分为内部结构和外部结构。从外观上看，笔记本电脑主要包括液晶显示屏和主机两个部分。其中，液晶显示屏是笔记本电脑的主要输出设备，而主机上又包含了键盘、指点杆、触摸板、电池、光驱、软驱以及各种接口。

1. 笔记本电脑的外壳

笔记本电脑外壳的最主要功能是保护笔记本电脑的内部器件。除此之外，外壳还起到散热和美观的作用。目前，较为流行的外壳材料有 ABS 工程塑料、镁铝合金、碳纤维复合材料、聚碳酸酯等。

2. 液晶显示屏

显示屏是笔记本电脑重要的硬件设备。目前，笔记本电脑的液晶显示屏的标准尺寸主要有 12.1 英寸、13.3 英寸、14.1 英寸、15 英寸和 17 英寸（1 英寸 = 2.54 cm）。屏幕长宽比例通常为 16∶9 或 16∶10 等，分辨率通常有 1 366 × 768、1 600 × 900、1 920 × 1 080 等几种。需要注意的是，笔记本电脑液晶显示屏的大小很大程度上决定了其显示分辨率的高低。

3. 处理器

处理器是个人电脑的核心设备。与台式计算机不同，为笔记本电脑专门设计的处理器称为 Mobile CPU，即移动处理器。笔记本的处理器除了速度等性能指标外，还要兼顾功耗和发热量。目前市场上使用的主要是 Intel 处理器和 AMD 处理器。

4. 散热系统

由于笔记本电脑的结构特性，散热是个重要问题。笔记本电脑的散热系统由导热设备和散热设备组成。在笔记本电脑内部，一般采用“散热片 + 液体导管 + 风扇”的组合散热装置，如图 3.1 所示。

图 3.1　组合散热装置

5. 主　板

主板也是笔记本电脑中的核心硬件，主板上组装了 CPU、内存、显示芯片、音频芯片等硬件模块。因此，主板质量的好坏也决定了笔记本电脑的好坏。

笔记本电脑中有一组很重要的芯片，即主板的芯片组。芯片组分为南北桥，北桥芯片起着主导性的作用，负责与 CPU、内存和 AGP 或 PCI-E 接口交流，提供对 CPU 的类型和主频、内存的类型和最大容量、PCI/AGP/PCI-E 插槽、ECC 纠错等的支持；南桥主要管理 I/O 接口，提供对 KBC（键盘控制器）、RTC（实时时钟控制器）、USB（通用串行总线）、ACPI（高级能源管理）等的支持。

目前，笔记本电脑所采用的芯片组主要由 Intel 公司和 AMD 公司设计生产。

6. 内　存

笔记本电脑内存和台式机内存的产品结构及工作原理基本一致，但由于笔记本电脑内存要控制体积和功耗，因此相较于台式机的内存采用了更先进的制造工艺，拥有体积小、容量大、速度快、耗电低、散热好等特性。出于追求体积小巧的考虑，大部分笔记本电脑最多只有两个内存插槽。

笔记本电脑通常使用较小的内存模块以节省空间。笔记本电脑中使用的内存类型包括：紧凑外形双列直插内存模块（SODIMM）、双倍数据传输率同步动态随机存取内存（DDR SDRAM）、单数据传输率同步随机存取内存（SDRAM）（见图 3.2）。

图 3.2 专有技术的内存模块

7. 硬 盘

硬盘的性能对系统整体性能有着至关重要的影响。由于笔记本电脑的特殊要求，相较于台式机硬盘笔记本电脑硬盘具有体积小、质量轻、发热量小的特点。笔记本电脑所使用的硬盘大小一般为 2.5 英寸或 1.8 英寸。硬盘是笔记本电脑中为数不多的通用部件之一，基本上所有笔记本电脑的硬盘都是可以通用的。

目前市场上的硬盘主要分为机械硬盘和固态硬盘两类，如图 3.3 和图 3.4 所示。机械硬盘即是传统普通硬盘，是市场上的主流产品，其特点是功耗大，使用寿命长，适用于数据的大量、长期保存。固态硬盘是新应用的硬盘类型，具有比机械硬盘更优异的 IO 性能，但由于价格、寿命等原因，适用于用作系统盘。

图 3.3 机械硬盘

图 3.4 固态硬盘

8. 声卡和显卡

笔记本电脑上的任何元件都要受到体积和功耗的限制，大部分笔记本电脑上的声卡采用的是板载软声卡。软声卡与硬件声卡最大的区别就在于软声卡缺少数字音频处理单元，数字音频解码工作完全依靠 CPU 类似软件运算的方式完成。

显卡有集成显卡和独立显卡之分。集成显卡是将显示芯片、显存及其相关电路都做在主板上，与主板融为一体。集成显卡的显示芯片有单独的，但现在大部分都集成在主板的北桥芯片中。一些主板集成的显卡也在主板上单独安装了显存，但其容量较小。集成显卡的显示效果与处理性能相对较弱，不能对显卡进行硬件升级。集成显卡的优点是功耗低、发热量小，部分集成显卡的性能已经可以媲美入门级的独立显卡，所以不用花费额外的资金购买显卡（见图 3.5）。

图 3.5　显卡

独立显卡是指以独立板卡形式存在，可在具备显卡接口的主板上自由插拔的显示。独立显卡具备单独的显存，不占用系统内存，而且技术上领先于集成显卡能够提供更好的显示效果和运行功能。

9. 电　池

笔记本电脑在移动办公时，其动力来源于笔记本电脑的电池，如图 3.6 所示。笔记本电脑电池的本质和普通的充电电池差别不大，现在能够见到的电池种类大致有三种。第一种是较为少见的镍镉电池，这种电池具有记忆效应，即每次必须将电池彻底用完后再单独充电，充电也必须一次充满才能使用。如果每次充放电不充分，都会导致电池容量减少。第二种是镍氢电池，这种电池基本上没有记忆效应，充放电比较随意。因此在使用时，可以在将笔记本电脑所配的电源适配器接入交流电的同时使用电脑。以上两种电池的单独供电时间标称一般不会超过 2 个小时，实际使用时间一般在 1 个小时左右。第三种锂电池是目前的主流产品，特点是高电压、低质量、高能量，没有记忆效应，也可以随时充电。在其他条件完全相同的情况下，同样质量的锂离子电池比镍氢电池的供电时间延长 5%，一般在 2 个小时以上，有的甚至能达到 4 个小时，中高档笔记本电脑都配备这种电池。

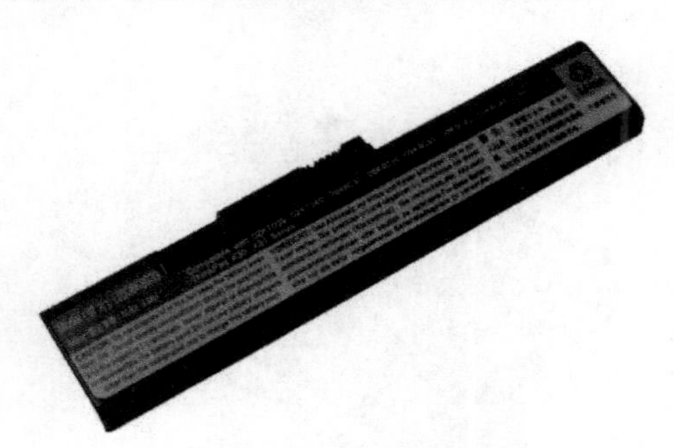

图 3.6　电池

另外一个和电池相关的是电源适配器，具有当电池充满后就自动停止充电而仅向主机供电的功能，可以有效防止电池过分充电，有利于延长电池的寿命。

想一想

笔记本电脑的组成包含哪几部分?

二、拆卸笔记本

要检修笔记本电脑电路故障，就需要拆开笔记本电脑。对维修人员来说，掌握笔记本电脑外壳、电路板的拆装技巧是非常必要的。

1. 拆机工具

在拆卸笔记本电脑前，需要准备好拆装工具。拆卸笔记本电脑最基本的工具是十字螺丝刀与内六角螺丝刀。除螺丝刀外，镊子、塑料撬片与撬棒也是常用的工具。如果有条件，也可以准备一些存放拆下的螺丝钉、小装配件等的物料盒，以防丢失。

2. 拆卸步骤

（1）卸下可换外壳（见图 3.7）。

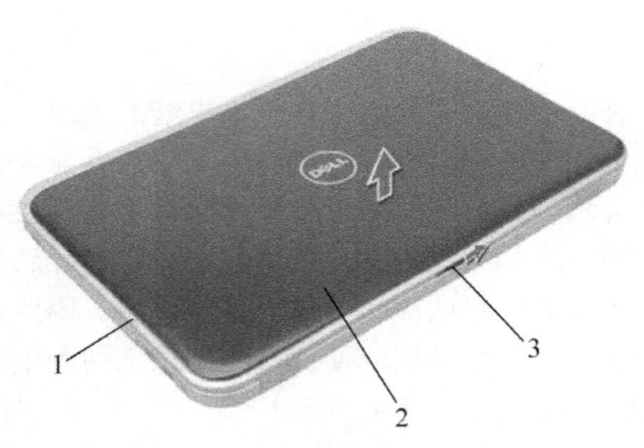

图 3.7 卸下可换外壳

1—显示屏护盖；2—可换外壳；3—可换外壳释放闩锁

（2）取出电池（见图 3.8）。

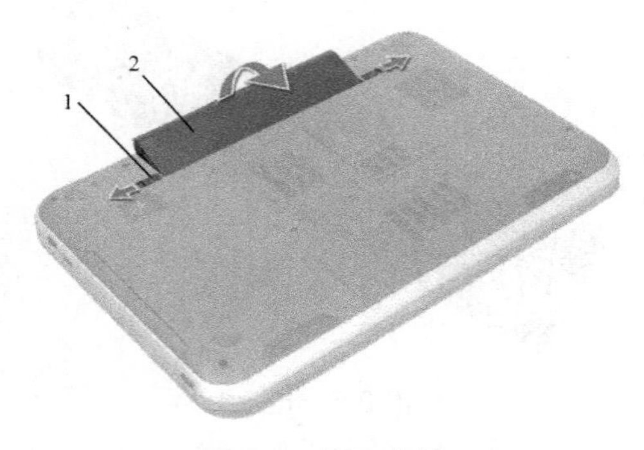

图 3.8 取出电池

1—电池释放闩锁（2 个）；2—电池

（3）卸下键盘（见图 3.9）。

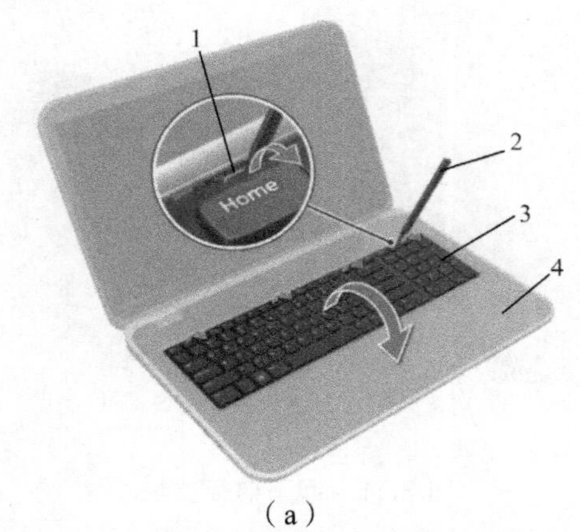

（a）

1—卡舌（4 个）；2—塑料划片；3—键盘；4—掌垫

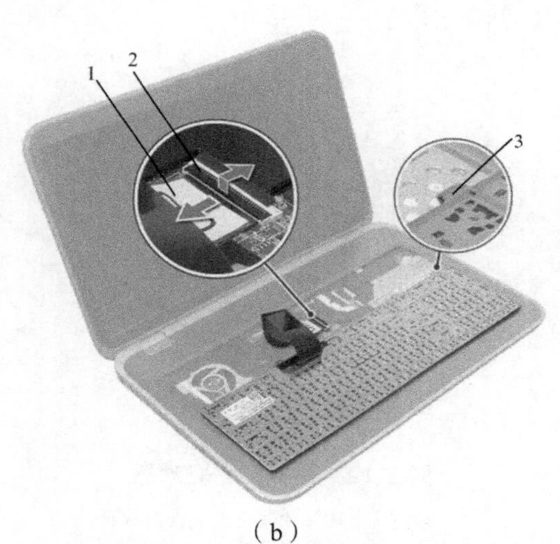

（b）

1—键盘电缆；2—连接器闩锁；3—卡舌（6 个）

图 3.9　卸下键盘

（4）卸下基座盖（见图 3.10）。

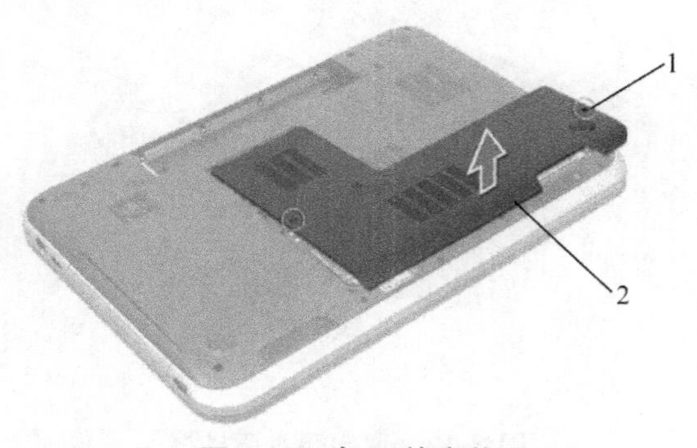

图 3.10　卸下基座盖

1—固定螺钉（2 颗）；2—基座盖

（5）卸下内存模块（见图 3.11）。

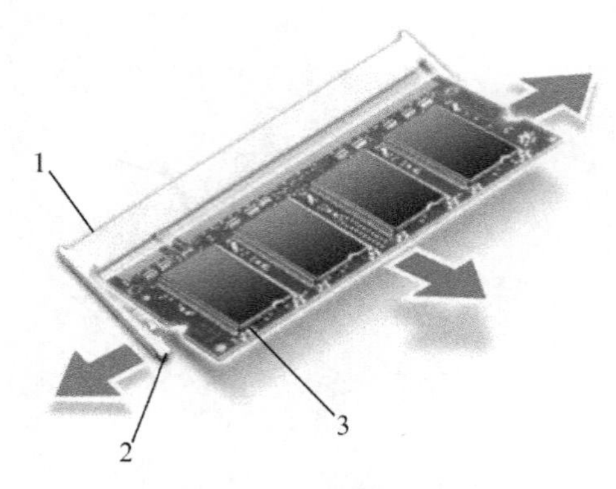

图 3.11 卸下内存模块

1—内存模块连接器；2—固定夹（2 个）；3—内存模块

（6）卸下硬盘驱动器（见图 3.12）。

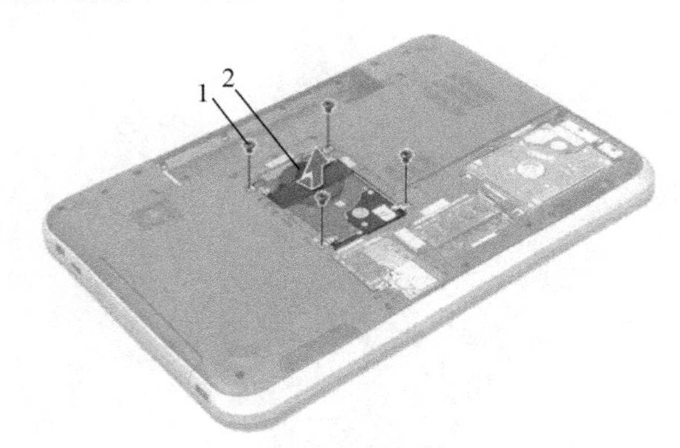

图 3.12 卸下硬盘驱动器

1—螺钉（4 颗）；2—硬盘驱动器部件

（7）取出硬盘驱动器（见图 3.13）。

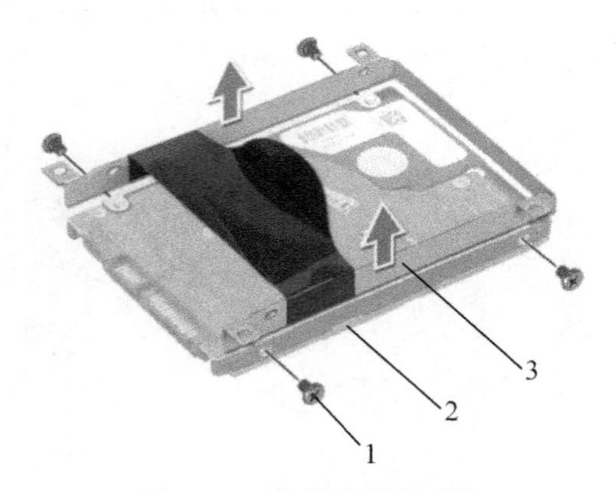

图 3.13 取出硬盘驱动器

1—螺钉（4 颗）；2—硬盘驱动器；3—硬盘驱动器支架

（8）卸下光盘驱动器（见图 3.14）。

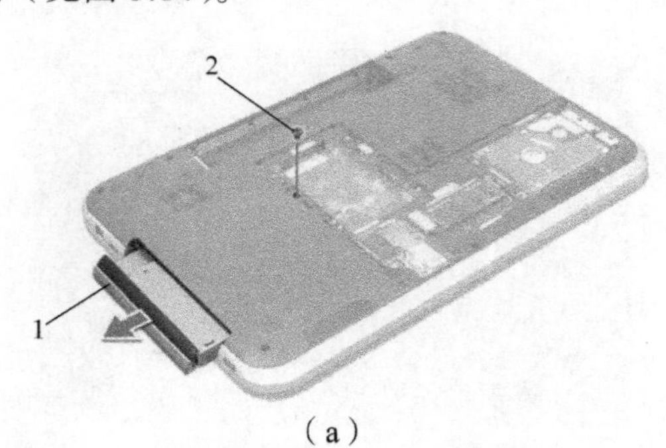

（a）

1—光盘驱动器部件；2—螺钉

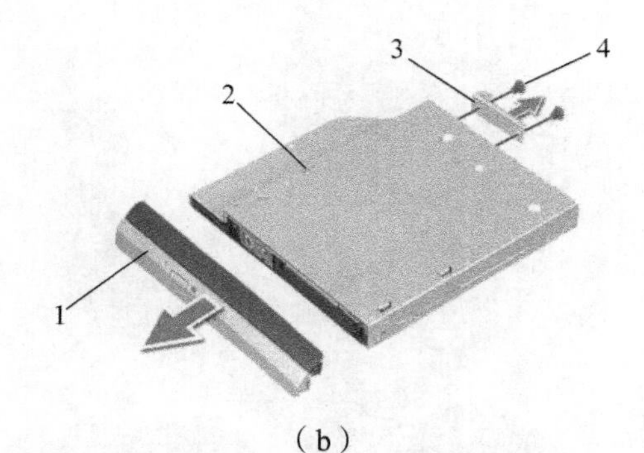

（b）

1—光盘驱动器挡板；2—光盘驱动器；3—光盘驱动器支架；4—螺钉（2 颗）

图 3.14　卸下光盘驱动器

（9）卸下无线小型插卡（见图 3.15）。

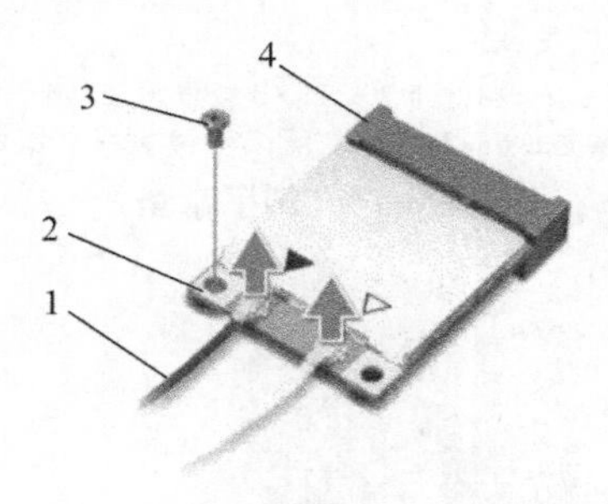

（a）

1—天线电缆（2 根）；2—小型插卡；3—螺钉；4—系统板连接器

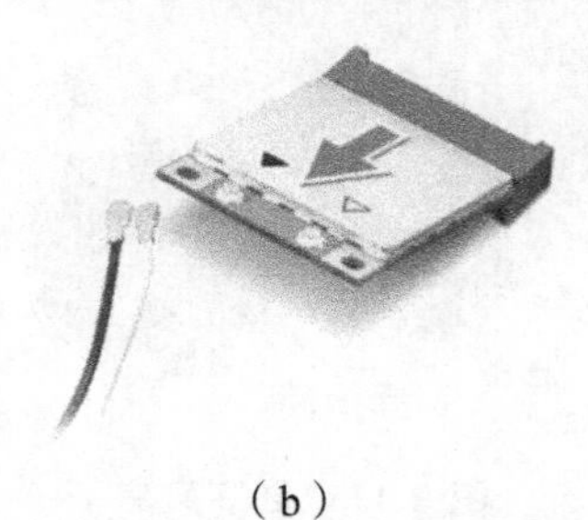

（b）

图 3.15　卸下无线小型插卡

（10）卸下掌垫（见图 3.16）。

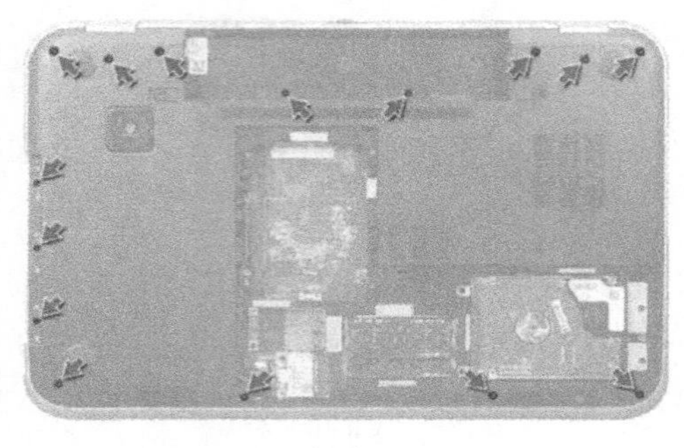

（a）

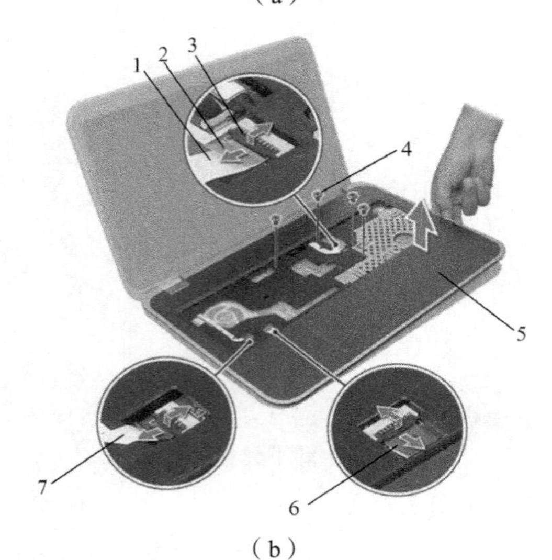

（b）

1—热键板电缆；2—推拉卡舌；2—连接器闩锁；4—螺钉（4 颗）；
5—掌垫；6—触摸板电缆；7—电源按钮板电缆

图 3.16 卸下掌垫

（11）卸下风扇（见图 3.17）。

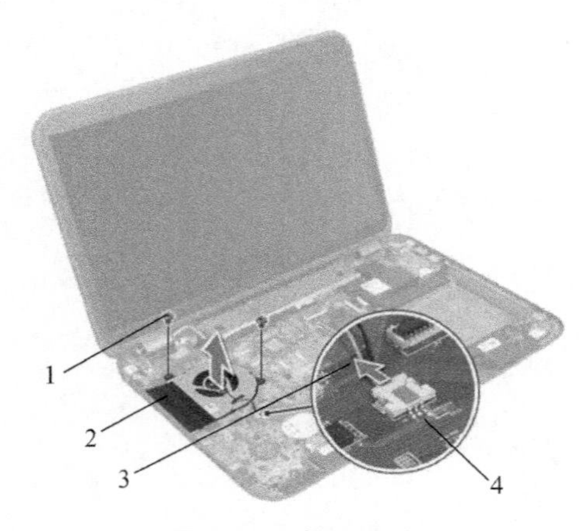

图 3.17 卸下风扇

1—螺钉（2 颗）；2—风扇；3—风扇电缆；4—系统板连接器

（12）卸下 LAN 板（见图 3.18）。

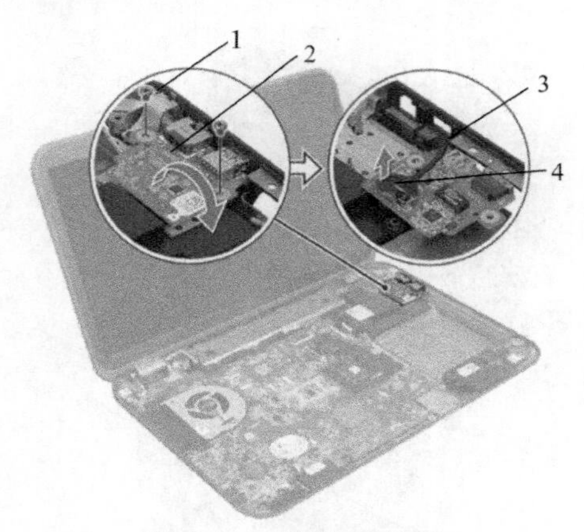

图 3.18　卸下 LAN 板

1—螺钉（2 颗）；2—LAN 板；3—LAN 电缆；4—推拉卡舌

（13）卸下 LAN-USB 电缆（见图 3.19）。

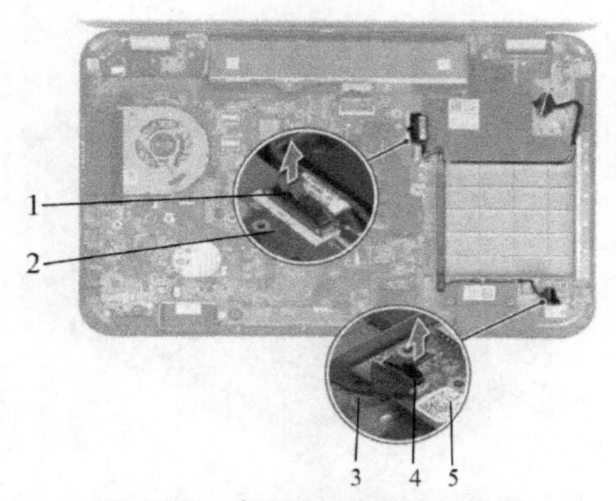

图 3.19　卸下 LAN-USB 电缆

1—LAN-USB 电缆；2—系统板；3—USB 板电缆；4—推拉卡舌；5—USB 板

（14）卸下 USB 板（见图 3.20）。

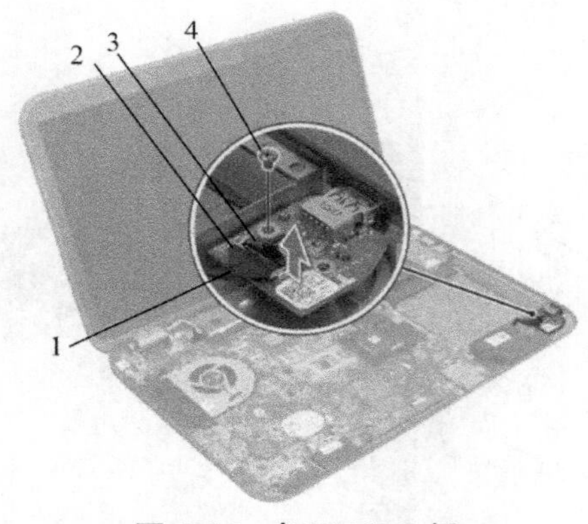

图 3.20　卸下 USB 板

1—USB 板电缆；2—USB 板；3—推拉卡舌；4—螺钉

（15）卸下显示屏部件（见图 3.21）。

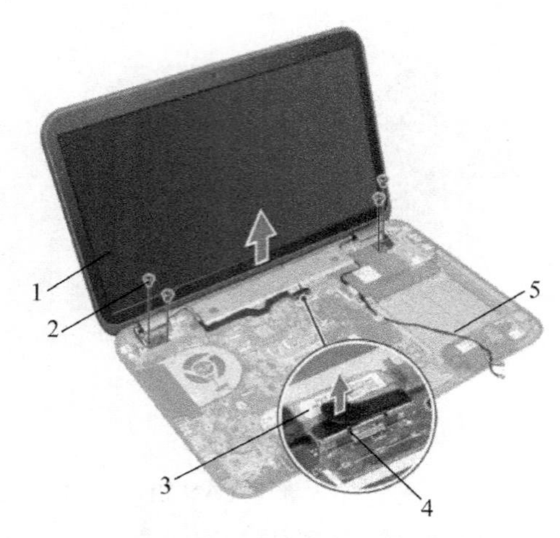

图 3.21 卸下显示屏部件

1—显示屏部件；2—螺钉（4 颗）；3—显示屏电缆；4—推拉卡舌；5—天线电缆（2 根）

（16）卸下显示屏挡板（见图 3.22）。

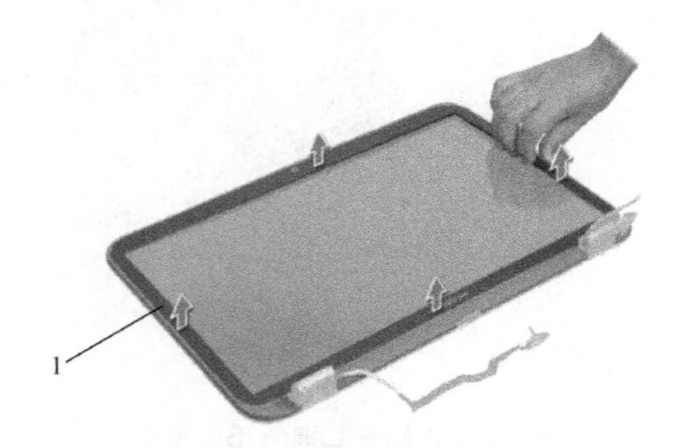

图 3.22 卸下显示屏挡板

1—显示屏挡板

（17）卸下显示屏面板（见图 3.23）。

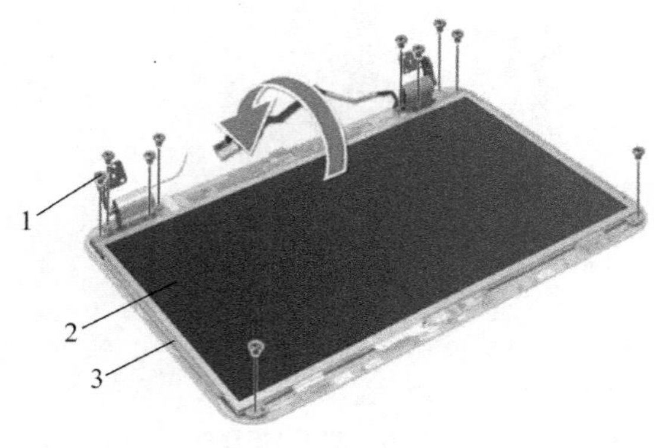

（a）

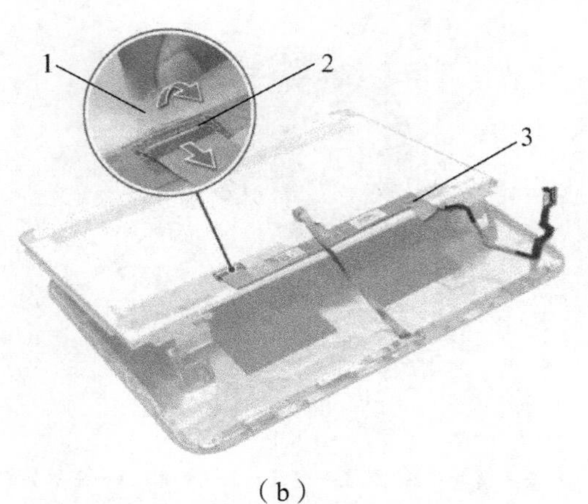

（b）

1—胶带；2—显示屏板连接器；3—显示屏电缆

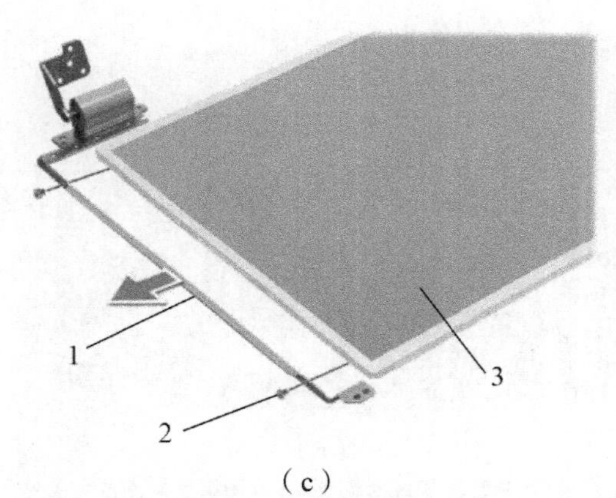

（c）

1—显示屏面板支架（2个）；2—螺钉（4颗）；3—显示屏面板

图 3.23　卸下显示屏面板

（18）卸下摄像头模块（见图 3.24）。

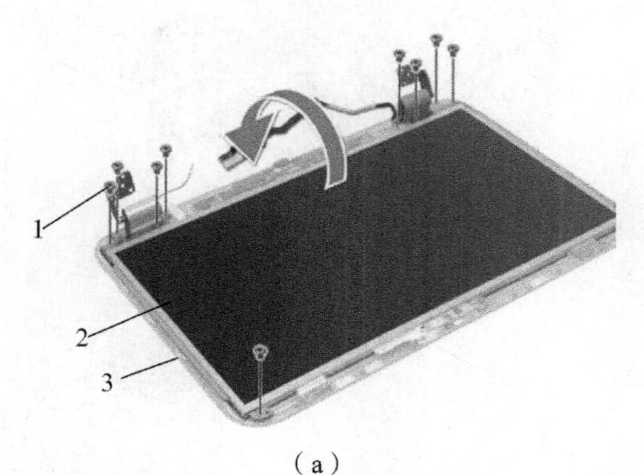

（a）

1—螺钉（10颗）；2—显示屏面板；3—显示屏护盖

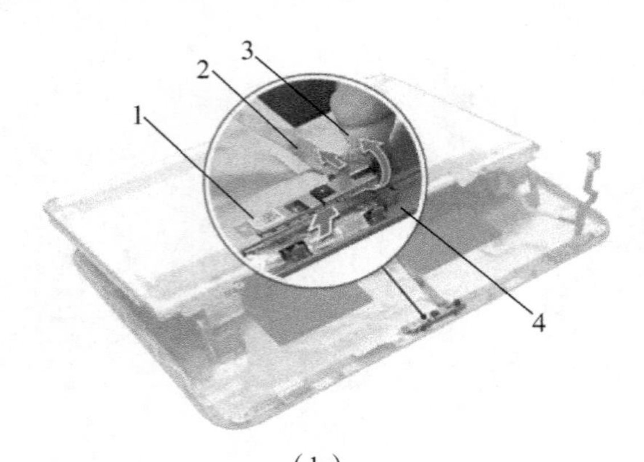

（b）

1—摄像头模块；2—摄像头电缆；3—胶带；4—显示屏护盖

图 3.24　卸下摄像头模块

（19）卸下系统板（见图 3.25）。

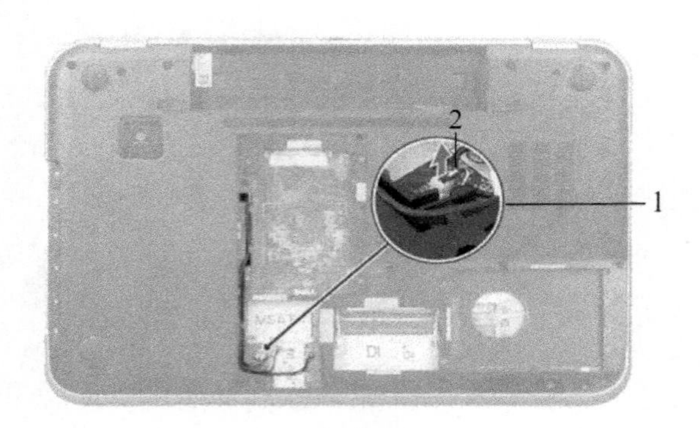

（a）

1—低音扬声器的电缆布线；2—低音扬声器电缆

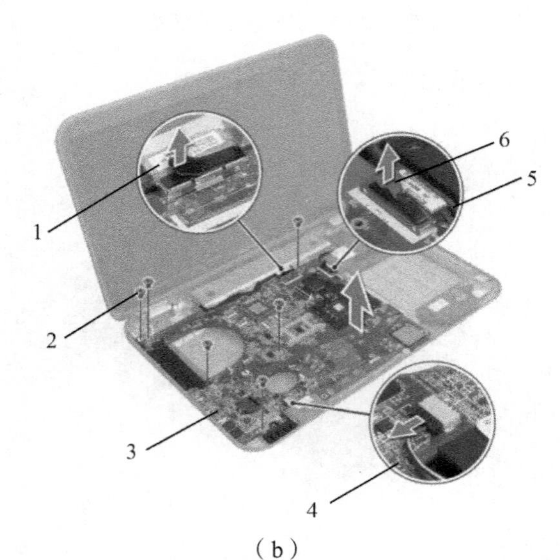

（b）

1—显示屏电缆；2—螺钉（6 颗）；3—系统板部件；4—扬声器电缆；5—LAN-USB 电缆；6—推拉卡舌

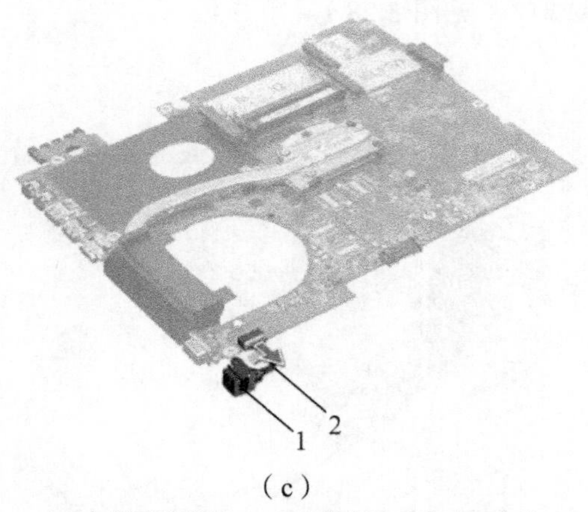

（c）

1—电源适配器端口；2—电源适配器端口电缆

图 3.25　卸下系统板

（20）卸下散热器（见图 3.26）。

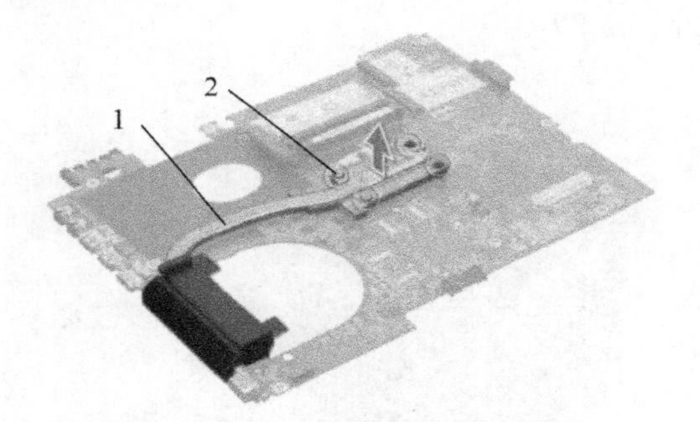

图 3.26　卸下散热器

1—散热器；2—固定螺钉（4 颗）

（21）卸下处理器（见图 3.27）。

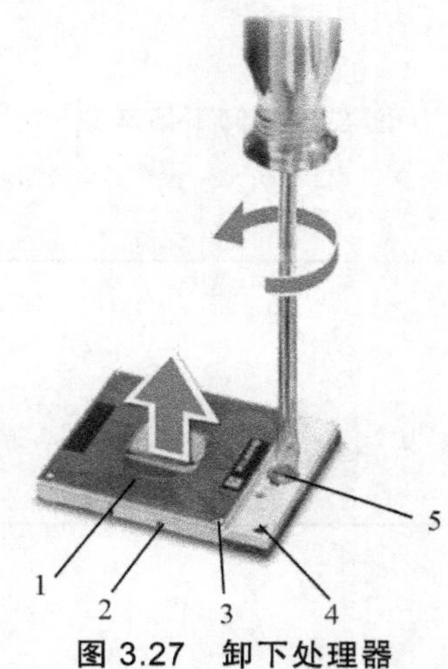

图 3.27　卸下处理器

1—处理器；2—ZIF 插槽；3—处理器的 1 号插针边角；4—ZIF 插槽的 1 号插针边角；5—ZIF 插槽凸轮螺钉

（22）卸下电源适配器端口（见图 3.28）。

图 3.28 卸下电源适配器端口

1—电源适配器端口；2—电源适配器端口电缆

（23）卸下扬声器（见图 3.29）。

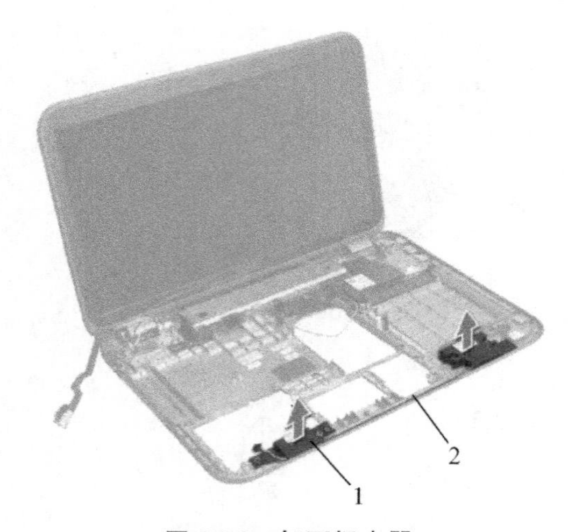

图 3.29 卸下扬声器

1—扬声器（2 个）；2—扬声器电缆布线

做一做

归纳正确的笔记本电脑拆卸步骤，并动手拆装一台。

三、任务评价

填写任务考核评价表。

任务考核评价表

任务名称：笔记本电脑的组成与拆装

<table>
<tr><td colspan="9">班级：　　　　姓名：　　　　学号：　　　　指导教师：</td></tr>
<tr><td rowspan="3">评价项目</td><td rowspan="3">评价标准</td><td rowspan="3">评价依据（信息、佐证）</td><td colspan="3">评价方式</td><td rowspan="3">权重</td><td rowspan="3">得分小计</td><td rowspan="3">总分</td></tr>
<tr><td>小组评价</td><td>学校评价</td><td>企业评价</td></tr>
<tr><td>0.1</td><td>0.8</td><td>0.1</td></tr>
<tr><td>职业素质</td><td>1. 遵守企业管理规定、劳动纪律；
2. 按时完成学习及工作任务；
3. 工作积极主动、勤学好问</td><td>实习表现</td><td></td><td></td><td></td><td>0.2</td><td></td><td rowspan="3"></td></tr>
<tr><td>专业能力</td><td>1. 维修工具的使用；
2. 维修方法的运用；
3. 严格遵守安全生产规范</td><td>1. 书面作业和检修报告；
2. 实训课题完成情况记录</td><td></td><td></td><td></td><td>0.7</td><td></td></tr>
<tr><td>创新能力</td><td>能够推广、应用国内相关职业的新工艺、新技术、新材料、新设备</td><td>“四新”技术的应用情况</td><td></td><td></td><td></td><td>0.1</td><td></td></tr>
<tr><td>指导教师综合评价</td><td colspan="8">指导老师签名：　　　　日期：</td></tr>
</table>

任务延伸与拓展

一、笔记本电脑的选购

在购买一台笔记本电脑前，首先要知道自己的需求是什么。根据我们的需求，针对某种配件做主要参考，其他为辅的原则进行选择。

笔记本电脑选购流程如下：

（1）确定自己的需求，根据用途确定笔记本电脑的显示屏尺寸。

（2）在确定自己需要的笔记本电脑显示屏尺寸后，再根据自己的用途（对性能的要求）来选择笔记本电脑的配置。对性能要求比较高可以选择使用固态硬盘或者使用固态硬盘和机械硬盘的搭配，高性能的独立显卡（或者专业显卡），16 GB 或以上的内存等。如果注重便携以及日常办公可以选择使用一般的处理器搭配集成显卡，4 GB 左右的内存等。

（3）根据自己的预算，将通过性能要求确定的配置再折衷，选出一个适合自己的笔记本电脑的配置。

（4）根据质量和服务等选择笔记本电脑的品牌。

二、笔记本电脑的维护和保养

笔记本电脑属于高科技、高精密产品，要想使用好并且延长其使用寿命及保持良好工作状态，合理的使用方法及正确的维护是非常必要的，下面就介绍一下笔记本电脑使用和维护的正确方法。

（1）避免撞击和挤压。

（2）硬盘在工作时切忌震动，应该尽量避免在硬盘读写时搬动笔记本，不要在颠簸的路段上开机工作。

（3）注意保持干燥清洁的使用环境。

（4）不要将笔记本电脑靠近强磁场，不要将笔记本电脑放置在温度过高或者过低的环境中。

（5）不要把笔记本电脑放置于散热不佳的物体上工作。

（6）如果笔记本电脑进水，应该立即关机，取下电池，取出外部模块，然后用干布将电脑上的水轻轻擦掉，再用电吹风将电脑吹干，并立即送到专业维修站进行处理。

查一查

高、中、低端笔记本电脑配置。

任务2　常见故障及原因分析

任务目标

（1）了解笔记本电脑的常见故障；

（2）了解笔记本电脑故障产生的原因。

任务实施

由于笔记本电脑中的配件非常多，因此产生故障的原因也非常复杂。下面首先分析笔记本电脑常见故障及其原因。

一、笔记本电脑常见故障

笔记本电脑在运行过程中，有时会因为某些硬件故障或软件故障而无法正常运行，严重影响笔记本电脑的正常使用。根据造成笔记本电脑故障的原因，将笔记本电脑故障分为硬件故障和软件故障。

1. 硬件故障

硬件故障是指笔记本电脑中的硬件设备及外部设备使用不当或硬件物理损坏所造成的故障。硬件故障又可分为真故障和假故障两种。“真”故障主要是由于外界环境、用户操作不当、硬件自然老化或产品质量低劣等原因造成的。“假”故障一般与硬件安装、设置不当、外界环境或用户错误操作等因素有关。

2. 软件故障

软件故障是由于软件不兼容、软件本身有问题、操作使用不当、感染病毒或系统配置不当等因素导致电脑不能正常工作的故障。通常会导致系统无法正常启动、软件无法正常运行、死机、蓝屏等故障现象出现。

二、引起笔记本电脑故障的原因

1. 系统过热

笔记本电脑空间狭小、散热不好，各元器件散发的热量容易积蓄，最后造成电脑工作不正常，甚至将机器烧毁。在使用过程中，一是要避免在高温的环境中长时间使用；二是要将笔记本电脑放在一个通风良好的硬平面上使用，同时要经常清理电脑通风口，保证系统散热良好。

2. 电源故障

引起电源故障的原因是外接电源/电池供电电压不足、电源功率较低或不供电。电源故障通常会造成笔记本电脑无法开机、不断重启等现象，修复此类故障通常需要更换电源。

3. 内存故障

如果内存出现问题，系统将无法启动。根据使用的BIOS的不同，有不同的报警声，多数为连续不断的长“嘀”声，或者是连续不断的短“嘀”声。解决内存故障的方法是更换内存。

4. 兼容性故障

兼容性故障一般分为两类。一是应用软件与操作系统不兼容。这类故障将造成应用软件或系统无法正常运行，只需将不兼容的软件卸载即可。二是硬件不兼容，即笔记本电脑中两个或两个以上部件间不能配合工作，一般会造成电脑无法启动、死机或蓝屏等，修复此类故障通常需要更换部件。

5. 连接线故障

连线与接插件接触不良通常会造成笔记本电脑无法开机或设备无法正常工作，如硬盘接口与 SATA 接口接触不良造成硬盘不工作、无法启动系统等。修复此类故障通常将硬盘接插件重新连接好即可。

查一查

（1）不同的故障类型所产生的故障现象有什么特点？

（2）如何区分软件故障和硬件故障？

三、任务评价

任务考核评价表

任务名称：常见故障及原因分析

<table>
<tr><td colspan="2">班级：</td><td>姓名：</td><td colspan="2">学号：</td><td colspan="4">指导教师：</td></tr>
<tr><td rowspan="3">评价项目</td><td rowspan="3">评价标准</td><td rowspan="3">评价依据
（信息、佐证）</td><td colspan="3">评价方式</td><td rowspan="3">权重</td><td rowspan="3">得分小计</td><td rowspan="3">总分</td></tr>
<tr><td>小组评价</td><td>学校评价</td><td>企业评价</td></tr>
<tr><td>0.1</td><td>0.8</td><td>0.1</td></tr>
<tr><td>职业素质</td><td>1. 遵守企业管理规定、劳动纪律；
2. 按时完成学习及工作任务；
3. 工作积极主动、勤学好问</td><td>实习表现</td><td></td><td></td><td></td><td>0.2</td><td></td><td rowspan="3"></td></tr>
<tr><td>专业能力</td><td>1. 故障的正确判断；
2. 故障原因的准确分析；
3. 严格遵守安全生产规范</td><td>1. 书面作业和检修报告；
2. 实训课题完成情况记录</td><td></td><td></td><td></td><td>0.7</td><td></td></tr>
<tr><td>创新能力</td><td>能够推广、应用国内相关职业的新工艺、新技术、新材料、新设备</td><td>“四新”技术的应用情况</td><td></td><td></td><td></td><td>0.1</td><td></td></tr>
<tr><td>指导教师综合评价</td><td colspan="8">

指导老师签名： 日期：</td></tr>
</table>

任务延伸与拓展

一、笔记本电脑故障维修基本原则

笔记本电脑故障比较复杂，涉及的部件较多，维修难度也较大，因此在维修时为了能更快地找到故障原因，需要遵循基本的维修原则。

1. 先简单后复杂

在排除故障时，要先排除那些简单而容易的故障，再去排除那些困难的不好解决的故障。从简单的事情做起，有利于集中精力，有利于进行故障的判断与定位。

2. 先分析后维修

根据故障现象，分析应怎么做、从何处入手，再实际动手。对于所观察到的现象，尽可能地先查阅相关资料，看看有无相应的技术要求、使用特点等，然后根据自己已有的知识、经验来进行分析判断，再着手维修。

3. 先软件后硬件

当电脑发生故障时，应该先从软件和操作系统上来分析原因，排除软件方面的原因后，再开始检查硬件的故障。

4. 先电源后部件

电源是否正常工作是决定故障是否全局性故障的关键。因此，首先要检查电源部分，然后再检查各个负载部件。

二、笔记本电脑故障维修流程

当笔记本电脑出现故障后，要逐步分析并检测故障的原因，然后将它排除。维修时，应遵循以下步骤：

1. 了解情况

了解故障发生前后的情况，进行初步的判断。了解工作状态主要包括掌握笔记本电脑操作系统运行的情况，笔记本电脑的硬件配置和软件配置，用户是否在发生电脑故障之前进行过违规操作或软件设置等。如果能了解到故障发生前后详细的情况，将使维修效率及判断的准确性得到提高。

2. 判断、分析故障类型

对所见的故障现象进行判断、定位，进一步分析故障是属于软件故障还是硬件故障。如果是系统配置或软件安装、设置、卸载过程中发生的故障，通常多为软件故障；如果是机器在突然断电或没有任何征兆的情况下发生的故障，则不排除有硬件故障的可能。

3. 查找故障线索

根据分析思路查找故障线索。首先开机，看笔记本电脑供电是否正常，能否开机。如果可以在显示屏上看到有字符显示，至少证明显示屏及电源供电正常。然后再进一步根据提示和笔记本电脑发出的声响寻找故障点。

如果笔记本电脑在开机时发出报警提示声或在屏幕上显示硬件错误提示信息，则通常为与主板相连的部件存在故障。

如果机器不能进入系统，则在检查硬件的同时还要注意系统的设置是否正常，软件和硬件是否匹配。

如果机器在一开始就不能启动，则需要重点检查笔记本电脑的供电。这也是笔记本电脑极易出现的故障点。

值得注意的是，在进行故障查找时，要尽量注意数据的安全保护。如果有可能，将保存有重要数据的硬盘用其他硬盘来替换，然后进行故障排查。因为在故障排查过程中，频繁地开关机很容易对硬盘造成损坏。

讨论

（1）如何快速判断产生故障的性质？

（2）在维修过程中应当注意什么？

任务3　笔记本电脑维修工具及检测方法

任务目标

（1）学会常用工具的使用方法；

（2）理会维修的注意事项。

任务实施

一、清洁工具

笔记本电脑使用时间长了会堆积大量的灰尘，而灰尘会影响笔记本的散热效果，甚至腐蚀电路板，因此需要定期清洁灰尘。

1. 防静电毛刷

毛刷可用于清理出风口的灰尘，避免出风口灰尘积累过多，导致笔记本内部温度过高。另外，毛刷还用于清除主板等电路板上的灰尘。

2. 吹气囊（或小型吸尘器）

清扫时吹走灰尘需要用到吹气囊（或小型吸尘器），而不能图方便直接用嘴吹。因为人呼出的气体中带有肉眼看不到的水滴，极易引起笔记本电脑短路。

3. 清洁剂

显示屏幕很容易出现手指印记和难以清理的污渍，需要使用专门的清洁剂进行清洁。

4. 橡　皮

橡皮经常用来清洁内存、显卡等部件的“金手指”上的污垢。

二、防静电工具

（1）防静电地线：静电释放通路。

（2）静电手套：减少静电的产生、积累。

（3）防静电环：工程师积累静电释放工具，与防静电地线连接，构成释放通路。

（4）防静电桌布：维修设备积累静电释放工具，与防静电地线连接，构成释放通路。

（5）维修工作台：工作台面的布局原则是各部分相互隔离，规范、整洁，便于维修操作和维修思路清晰，不至于造成故障进一步扩大。子工作台上安装铺有防静电桌布、防静电手环，并有良好的接地线，电源插座也应有良好的接地线。如果是在用户现场进行维修，则也应尽可能满足以上要求，实在不能满足，也应保证自身的防静电（如防静电手套等）的处理。

想一想

（1）说说你对静电的理解。

（2）电子产品中最容易受到静电损坏的是什么？

三、焊接工具

笔记本电脑维修工作中，常用的焊接工具有电烙铁、热风枪。除此之外，还需要镊子、焊锡、助焊剂、小刀、吸锡器、小刷子、棉签、无水酒精等。

1. 电烙铁

电烙铁主要用来拆卸和焊接 3 个引脚以下的元器件。另外，电烙铁还有一大用处——修复电路板上的断线。

电烙铁有外热式和内热式两种，最好两种各准备一把。笔记本电脑维修工作中，采用 30 W 的外热式电烙铁即可满足需要。这种电烙铁的头部比较尖，适合焊接小面积的焊点或者多引脚元器件。内热式电烙铁的选择余地很大，笔记本电脑维修工作中，采用功率为 35 W 的就可以满足需要。这种电烙铁的烙铁头较大，适合用来焊接大面积的焊点。

2. 热风枪

热风枪又称热风焊台，热风枪主要由气泵、加热器、外壳、手柄、温度/风速调节电路、风枪等部件组成。在使用热风枪时，一般情况下将风力旋钮调节到比较小的位置，将温度控制在 250～330 °C。当热风枪的温度达到一定程度时，把热风枪放在需焊下的元件上方大约 2 cm 的位置，并且沿所焊接的元件周围移动，同时用镊子或热风枪配备的专用工具将所加热的器件轻轻用力提起（见图 3.30）。

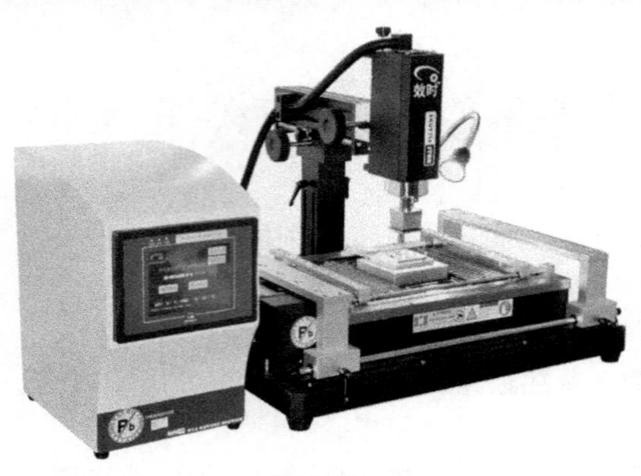

图 3.30

3. 焊接注意事项

在进行焊接时，要注意以下几点：

（1）若拆装笔记本电脑主机板上备用电池旁的元器件，先将备用电池取下，以免备用电池发生爆裂。

（2）拆装二极管、电容、集成电路等有方向的元器件时，一定要注意元器件的方位，以免在重装或更换新的器件时出现焊接错误。

（3）热风枪的手柄应垂直，使风口垂直对准要拆装的元器件，注意风量，以免吹掉周围的元器件。

（4）待需拆装元器件的引脚焊锡熔化后，用刀片将元器件轻轻撬起，或用镊子轻轻提起。切忌强行用力，破坏 PCB 上的铜箔。

（5）更换扁平封装的集成电路时，先吹平原来的焊点，或用吸锡器清除原来的焊锡。对齐集成电路的方位与脚位，用烙铁固定集成电路的一个对角引脚后，再用热风枪对集成电路的引脚处加热，并用镊子轻轻钳住，以免集成电路走位。焊接好后，先冷却，再移动 PCB，否则可能导致集成电路位移。

（6）焊接 BGA 芯片时所用的植锡板最好选用激光加工的，这种植锡板的孔规则、光滑，焊接时成功率高。

（7）为防止焊接 BGA 芯片时 PCB 受高温损坏，在焊接元件的反面垫几片金属散热板（纸），在所需焊接芯片周围的一些插座上贴上金属散热纸。

四、硬件测试工具

（1）SIO LOOPACK：即串口回路环，是利用程序测试 SIO 功能时所使用的工具。此程序可以确定 SIO 回路功能是否正常，从而判断问题所在。

（2）PIO LOOPBACK：即并口回路环，是利用程序测试 PIO 功能时所使用的工具。此程序可以确定 PIO 回路功能是否正常，从而判断问题所在。

（3）网络回路卡：即在使用应用程序测试网络回路时所使用的工具。

（4）USB 软驱：在笔记本电脑功能测试项目中 USB 软驱主要有两大功能。一是作为测试的一部分，即测试软驱功能；二是作为测试 USB 接口功能的工具，通过 USB 软驱对软盘的读写来判断 USB 接口功能是否正常。

（5）PS2 鼠标：在测试 PS2 接口功能时，通过测试 PS2 接口所连接的 PS2 鼠标功能是否正常来确定 PS2 接口功能是否正常。

（6）启动软盘或启动 U 盘：笔记本电脑功能测试项目中对大部分功能的测试都是在 DOS 下进行，因此需要使用启动盘将机器启动在 DOS 模式下。

（7）显示器：在测试 VGA 接口功能是否正常时，需要外接显示器来进行测试判断 VGA 接口功能是否正常。

（8）万用表：测试电源适配器等设备是否正常。

五、软件测试项目

（1）时间测试：在不必进入 BIOS 的情况下查看系统时间是否正确，如果不正确可以在当前的状态下做出相应的修改。

（2）键盘测试：测试键盘功能是否正常。

（3）光驱测试：测试光驱是否可以正常读光盘，速度是否正确。

（4）鼠标测试：测试内置触控板以及串口鼠标功能是否正常。

（5）风扇测试：测试风扇的功能是否正常。

（6）FIR 测试：测试红外功能（Ir、Sir、Fir）是否正常。

（7）快捷按键测试：测试快捷按键功能是否正常。

（8）网卡测试：测试网卡网络连接功能是否正常。

（9）音频测试：测试音频各接口功能、声音解码芯片功能是否正常。

（10）LCD 显示测试：测试 LCD 液晶屏是否正常。

做一做

对软、硬件进行测试。

六、维修拆装工具

（1）标准螺丝刀。

规格：Φ4.5 × 75 mm 十字螺丝刀 1 只；

Φ3 × 100 mm 十字螺丝刀 1 只；

Φ3 × 75 mm 一字螺丝刀 1 只。

用途：用于拆卸小器件，如电池等。

（2）钟表螺丝刀。

规格：包含#1、#0、#00 十字螺丝刀各 1 只；

1.4、1.8、2.3 一字螺丝刀各 1 只。

用途：用来拆装部件，拆装固定螺钉。

（3）内六楞螺丝刀。

规格：包含 T05x40、T06x40、T08x40、T09x40、T10x40、T15x40 各 1 只。

用途：用来拆装部件，拆装固定六楞螺钉。

（4）外六楞套筒。

规格：Φ4.5 × 90 mm 套筒 1 只；

Φ3 × 100 mm 套筒 1 只。

用途：由于笔记本电脑结构的小巧，其中很多螺钉除基本的稳固作用外，还需要用于可以多种用途，如支撑、稳固其他部件，实现多个螺钉的嵌套，这种螺钉一般需要套筒，如 VGA、LPT 接口螺钉。

（5）镊子。

由于笔记本电脑结构紧凑，部件之间的空隙很小，对一些较小的连线，接口就需要镊子帮助。

（6）清助焊工具。

清助焊工具与镊子配合使用，会提高拆装效率，板卡清洁。

（7）CPU 起拔器。

由于笔记本型 CPU 结构的特殊性，其与主板的连接方法也多种多样，如 UPGA 封装的 CPU，就需要 CPU 起拔器帮助才行。

（8）尖嘴钳。

规格：6 英寸钳。

用途：用于处理变形挡片。

（9）加消磁工具。

加消磁工具是一级维修所用的工具，最好具有磁性。因为，在电脑内部，各个部件的安排比较紧凑，且螺钉较小，使用具有磁性的工具，操作起来就比较方便。

（10）零件盒。

零件盒是具有多个格子，用于盛放螺钉的托盘。由于笔记本电脑结构的特殊性，其部件所使用的螺钉也是五花八门、各式各样，而且一般数目都很多。另外笔记本电脑当中还有一些起辅助作用的弹簧、垫片、其他小部件，维修过程当中，上错或少上部件是常见的问题，因此而不得不返工，所以把螺钉、小部件分门别类放置，对维修有很大的帮助。

想一想

（1）在检测及维修过程中，需要使用到哪些工具？

（2）这些工具的使用场合有哪些？

七、维修前的准备工作

1. 拔去电源和电池

在维修前，如果没有特别要求，一般需要先拔去电源线，并卸下电池，这样可以防止带电操作，造成短路烧坏笔记本电脑中的部件（由于在关机的状态下，笔记本电脑中的电源仍然提供 5 V 待机电压，为一些部件供电）。另外，如果不小心也可能导致触电，特别是在维修电源时，有可能接触到 220 V 电压。因此为了保险起见，在维修笔记本电脑时，要拔去电源线，卸下电池。

2. 准备工具

在维修前，应准备好可能用到的维修工具（如螺丝刀、工具盘等），防止维修过程中由于缺少工具而无法排除故障。

3. 准备好另一台笔记本电脑

一般在维修过程中，可能会将故障笔记本电脑中的可疑部件拿到另一台笔记本电脑中检测。如果条件允许，可以准备另一台笔记本电脑，这样可以方便判断故障笔记本电脑中的部件是否正常。

4. 去除静电

去除静电是维修笔记本电脑时需要特别注意的一个问题。因为静电是笔记本电脑的主要“杀手”，一般在维修笔记本电脑前用洗手或接触金属物等方法去除静电。

5. 准备小空盒

小空盒主要用来将拆下的螺丝钉和小物件分类存放，防止在维修过程中弄丢。特别是维修结构较复杂的设备，维修时最好将螺丝钉分类存放，同时做好标注。

八、任务评价

任务考核评价表

任务名称：维修工具及检测方法

班级：	姓名：	学号：	指导教师：					
评价项目	评价标准	评价依据（信息、佐证）	评价方式			权重	得分小计	总分
			小组评价	学校评价	企业评价			
			0.1	0.8	0.1			
职业素质	1. 遵守企业管理规定、劳动纪律； 2. 按时完成学习及工作任务； 3. 工作积极主动、勤学好问	实习表现				0.2		
专业能力	1. 认识各种操作工具； 2. 工具的正确使用； 3. 严格遵守安全生产规范	1. 书面作业和检修报告； 2. 实训课题完成情况记录				0.7		
创新能力	能够推广、应用国内相关职业的新工艺、新技术、新材料、新设备	“四新”技术的应用情况				0.1		
指导教师综合评价	指导老师签名：　　　　日期：							

注：将各任务考核得分按照各任务课时所占本教学项目课时的比重折算到教学项目过程考核评价表中。

任务4 笔记本电脑故障维修案例

任务目标

（1）学会系统故障诊断与排除；
（2）学会开机和启动故障诊断与排除；
（3）学会电源和电池故障诊断与排除；
（4）学会内存、硬盘及光驱故障诊断与排除。

任务实施

一、笔记本电脑开机故障

案例分析：笔记本电脑开机不通电

1. 故障现象

一台笔记本电脑，按下电源开关后，显示屏没有显示，电源指示灯不亮，无法启动。

2. 故障原因

笔记本电脑开机不通电故障一般由硬件故障引起，主要是电源、电池、主板、开机键等故障。

此类故障属于不开机故障，其原因有以下几个方面：

（1）电源插头未完全插入电源插座；
（2）电源线或插线板可能存在问题；
（3）笔记本电脑电源电路可能存在问题；
（4）主板可能存在问题（开机电路等有问题）；
（5）笔记本电脑开关按键可能存在问题。

3. 解决方法

在检查此类故障时应先检查电源及电池问题，再检查其他问题，具体步骤如下：

（1）检查电源插线板，发现电源插线板正常。

（2）拔下电源适配器的电源线，然后用一块充满电的电池开机，发现依旧无法开机，说明不是电源适配器的问题。

（3）检查电源开关，发现电源开关有些松动，怀疑电源开关有问题，拆下笔记本电脑外壳，检查开关按键，发现按键接触不良。更换按键后，开机测试，故障排除。

1. 常见故障现象

（1）按下开机键后，黑屏，且电源指示灯不亮。

（2）按下开机键后，黑屏，且电源指示灯亮。

（3）开机后，无法正常启动。

2. 造成故障的原因

（1）笔记本电脑电源适配器或电池不供电。

（2）笔记本电脑主板开机电路损坏。

（3）开机键损坏。

（4）笔记本电脑的 LCD、CPU、内存、硬盘、光驱、显卡等出现故障。

（5）升级笔记本电脑的 BIOS 失败。

（6）CPU、显卡等超频。

（7）笔记本电脑感染病毒。

（8）笔记本电脑的系统损坏。

3. 不加电（电源指示灯不亮）——按电源开关无反应

笔记本电脑按下开机键后，电源指示灯不亮，黑屏故障，一般是由于电源适配器或电池故障、主板电源管理芯片故障、主板开机电路故障等造成的。针对这种故障主要是先排除电源适配器或电池的供电故障，然后排除电源管理芯片的故障，最后排除主板开机电路故障。

此类故障的检修步骤如下：

（1）用替换法检测电源适配器或电池的故障（包括接触不良或损坏等）。

（2）如果不是电源适配器或电池的故障，应该由主板中的故障造成，接着检测主板中的电源管理芯片及此芯片到电源接口或电池借口的线路故障。如果有故障，更换损坏的元器件。

（3）如果主板电源管理芯片正常，接着检测主板的开机电路，并维修开机电路故障。

4. 开机不亮——开机后指示灯亮，显示屏无反应

当笔记本电脑按下开机键后，电脑没反应，同时电源指示灯亮。笔记本电脑的指示灯亮表明电源适配器、电池和主板的开机电路正常，即电源已经开始给主板供电。此时不开机的原因一般由 CPU、内存、光驱、硬盘、LCD、显卡、主板等故障造成。

此故障的解决方法如下：

（1）确定排除笔记本电脑是否超频或升级 BIOS 程序，如果经过升级 BIOS 程序失败，请重新刷新 BIOS 程序即可。如果将笔记本电脑的 CPU 或显卡等超频后，导致无法开机，只要将超频的设备恢复即可。

（2）如果没有超频或升级 BIOS 程序，将笔记本电脑通过 VGA 接口连接外接显示器开机，查看是否能显示。如果能显示，则是 LCD 的问题。接着打开笔记本电脑外壳检查 LCD 的数据线接触是否正常，如接触不正常，重新连接 LCD 的数据线；如果接触正常，检查 LCD 的故障。

（3）如果外接显示屏不能显示，接着打开笔记本电脑，插上主板诊断卡，开机检测看诊断卡的代码显示，然后根据诊断卡的显示代码检查故障。通过诊断卡主要检测主板有无复位信号、时钟信号、片选信号、各种电压等，如果没有某一种信号，诊断卡将提示故障代码，接着检测主板相应的模块电路，并排除故障。

（4）主板各种信号检测完后，接着诊断卡将检测 CPU、内存等设备的工作情况，如果工

作不正常，诊断卡同样会用代码显示出来，再根据显示的代码检查相应的设备故障。

（5）如果主板、CPU 工作正常，接着用替换法检测 LCD、内存、显卡等设备是否正常（有的笔记本电脑的显卡是集成的，不能替换）。如果某一设备工作不正常，维修或更换故障设备即可。

（6）如果检测的设备工作正常，接着逐渐添加或减少软驱、硬盘、光驱等设备，以检测故障设备。如果减少某一设备后，电脑工作正常，说明故障由此设备引起，重点检查此设备排除故障。

二、笔记本电脑电源和电池故障

案例分析：用电源适配器开机正常，而单独用电池供电开机时无电源

1. 故障现象

一台惠普笔记本电脑，用电源适配器开机正常，而且可以对电池进行充电，但单独用电池供电开机时，无电源。

2. 故障原因

因为电源适配器使用正常，所以电源适配器到电源管理模块、产生各主电压及其他电压的过程都正常，故障应该在电池到电源管理模块之间。

3. 故障排除

首先用观察法检查电池与系统是否接触良好。经过检查后，若发现无接触不良现象，再用替换法更换一个好的电池进行测试。若发现笔记本电脑仍然不能开机。最后，用一块好的主板替换原来的主板，再开机测试。若发现故障消失，则是主板问题导致此故障。更换主板，排除故障。

1. 常见故障现象

笔记本电脑电源和电池常见故障现象主要有以下几个：

（1）笔记本电脑不开机；

（2）接外接电源适配器无法开机，接电池能开机；

（3）接电池无法开机，接外接电源适配器能开机；

（4）电池充电后的使用时间很短；

（5）电池不充电。

2. 造成故障的原因

造成笔记本电脑电源和电池故障的原因主要有以下几个：

（1）电源适配器或电池与笔记本电脑接触不良；

（2）笔记本电脑的电源板与主板接触不良；

（3）电源适配器损坏；

（4）电池损坏；

（5）笔记本电脑的电源板损坏；

（6）笔记本电脑的主板损坏。

3. 电源系统故障排除

笔记本电脑电源系统出现故障后，一般会造成电脑不能开机，电源指示灯不亮的故障现象。造成笔记本电脑电源系统出现故障的原因较多。当电源系统出现故障后，需要进一步检测各个故障点，直到找到故障原因。

笔记本电脑电源系统故障检修步骤如下：

（1）检查电源适配器或电池是否接触正常（可以轻摇电源适配器的接头或电池判断是否是接触故障）。如不正常，重新安装电源适配器或看电池是否正常。如果接触仍不正常，检查笔记本电脑中外接电源接头是否变形或检查电池的触点弹性是否下降。

（2）如果不是电源适配器和电池接触不良故障，接着用万用表测量电源适配器或电池的输出电压是否正常。如果不正常，更换损坏的电源适配器或电池。

（3）如果电源适配器和电池正常，则故障在笔记本电脑的电源板或主板。接着打开笔记本电脑外壳，检查电源板与主板是否接触良好。如果接触不良，重新安装电源板。

（4）如果电源板与主板接触良好，则用替换法检查电源板是否正常。如果不正常，更换电源板或排除电源板的故障。

（5）如果电源板正常，则可能是笔记本电脑的主板损坏（开机电路故障），维修或更换主板即可。

4. 笔记本电脑电池供电时，开机无电源故障排除

笔记本电脑电池供电开机无电源，但外接电源适配器可以正常使用，说明笔记本电脑的主板正常，主板中的电源管理模块正常。该故障应该是由于电池与笔记本电脑接触不良、电池本身损坏或笔记本电脑电池接口到电源管理模块之间的电路故障等造成的。

此故障解决方法如下：

（1）检测笔记本电脑和电池有无接触不良。如果有接触不良故障，则检查并调整电池的输出触点和笔记本电脑中的电池弹簧触点。

（2）如果无接触不良故障，则用一块好的电池安装在笔记本电脑中看是否正常。如果正常，说明是电池的故障，可以再将原先的电池安装到其他电脑中验证一下电池的好坏。如果确实是电池损坏，维修电池或更换电池即可。

（3）如果用替换法测试电池正常，则检测主板上电池接口到电源管理模块之间的电路故障。如果无法排除故障，则需维修或更换主板（主板开机电路故障等）。

5. 接电源适配器笔记本电脑不开机，但接电池开机故障排除

笔记本电脑电源适配器供电开机无电源，但接电池可以正常使用，说明笔记本电脑的主板正常，主板中的电源管理模块正常。该故障应该是由于电源适配器与笔记本电脑电源接头接触不良、电源适配器损坏或笔记本电脑外接电源接口到电源管理模块之间的电路故障等造成的。

此故障的解决方法如下：

（1）检测电源适配器的接头盒笔记本电脑电源接口有无接触不良。如果有接触不良故障，检查并调整电源适配器和笔记本电脑电池接口。

（2）如果无接触不良故障，则用一块好的电源适配器安装在笔记本电脑中看是否正常。如果正常，说明是电源适配器的故障，维修电源适配器或更换电源适配器即可。

（3）如果用替换法测试电源适配器正常，则检测主板上外接电源接口到电源管理模块之间的电路故障。如果无法排除故障，则需维修或更换主板（主板开机电路故障）。

三、笔记本电脑内存故障

案例分析：更换了一个 1 GB 的内存条后，自检时只显示 512 MB 的容量

1. 故障现象

一台戴尔笔记本电脑，原先的内存为 256 MB，使用一直正常，但将内存更换为 1 GB 后，自检时只能检测到 512 MB 的容量。

2. 故障原因

此故障应该是内存或主板兼容性问题引起的。造成此故障的原因主要有以下几个：

（1）内存损坏；

（2）内存不兼容；

（3）主板有问题；

（4）主板 BIOS 有问题。

3. 解决方法

此类故障一般通过修改注册表中的键值来修复。此故障的解决方法如下：

（1）用替换法检测内存，发现 1 GB 的内存正常，在另一台笔记本电脑中可以显示 1 GB 的容量。

（2）检查笔记本电脑主板，发现此型号的主板支持的最大内存为 512 MB，看来是主板不支持引起的容量问题。

（3）升级主板 BIOS 程序后进行测试，发现内存显示正常，故障排除。

1. 故障分析

当内存出现故障时，常出现如下现象：

（1）内存容量减少；

（2）Windows 经常自动进入安全模式；

（3）Windows 系统运行不稳定，经常产生非法错误；

（4）Windows 注册表经常无故损坏，提示要求用户恢复；

（5）启动 Windows 时系统多次自动重新启动；

（6）出现内存不足的提示；

（7）随机性死机；

（8）开机无显示报警。

2. 造成故障的原因

造成内存故障的原因较多，常见故障原因主要有以下几个：

（1）CMOS 中内存设置不正确引起的故障。CMOS 中内存参数设置不正确，电脑将不能正常运行、死机或重启等。

（2）内存条与内存插槽接触不良。内存“金手指”氧化，条形插座上蓄积尘土过多，或插座内掉入异物，安装时松动、不牢固，条形插座中簧片变形失效等引起内存接触不良，造成电脑死机、无法开机、开机报警等现象。

（3）内存与主板不兼容引起的故障。内存与主板不兼容，将造成电脑死机、容量减少、无法启动、开机报警等故障现象。

（4）内存芯片质量不佳引起的故障。内存芯片质量不佳将导致电脑经常进入安全模式或死机。

（5）内存损坏等引起的故障。

3. 常见故障诊断方法

内存出现故障时，通常出现无法开机、突然重启、死机、蓝屏、出现“内存不足”错误提示、内存容量减少等故障。

当怀疑是内存问题引起的故障时，可以按照下面的步骤进行检修：

（1）将 BIOS 恢复到出厂默认设置，然后开机测试。

（2）如果故障依旧存在，则将内存卸下，然后清洁内存及主板内存插槽上的灰尘，再次查看故障是否排除。

（3）如果故障依旧存在，则用橡皮擦拭内存的“金手指”。擦拭后，安装好，开机测试。

（4）如果故障依旧存在，则将内存安装到另一插槽中，然后开机测试。如果故障消失，重新检查原内存插槽的弹簧片是否变形。如果有，调整好即可。

（5）如果更换内存插槽后，故障依旧存在，则用替换法检测内存。当用一条好的内存安装到主板后，故障消失，则可能是原内存的故障；如果故障依旧存在，则是主板内存插槽问题。同时将故障内存条安装到另一块好的主板上测试，如果可以正常使用，则内存条与主板不兼容；如果在另一块主板上出现相同的故障，则是内存条质量差或损坏。

4. 内存设置故障诊断与排除

内存设置故障是指由于 BIOS 中内存设置不正确引起的内存故障。如果电脑 BIOS 中内存参数设置不正确，电脑将不能正常运行，出现无法开机、死机或无故重启等故障现象。

当电脑出现内存设置故障时，可以按照如下的方法进行检修：

（1）开机，然后进入 BIOS 设置程序，接着使用 Load BIOS Defaults 选项将 BIOS 恢复到出厂默认设置即可。

（2）如果电脑无法开机，则打开电脑主机，然后利用 CMOS 跳线将主板放电，接着再开机重新设置即可。

5. 内存接触不良故障诊断与排除

内存接触不良故障是指内存条与内存插槽接触不良引起的故障。内存条与内存插槽接触不良通常会造成电脑死机、无法开机、开机报警等现象。而引起内存条与内存插槽接触不良的原因主要包括“金手指”被氧化、主板内存插槽上蓄积尘土过多、内存插槽内掉入异物、内存安装时松动不牢固、内存插槽中簧片变形失效等。

当电脑出现内存接触不良故障时，可以按照如下方法进行检修：

（1）将内存卸下，清洁内存条和主板内存插槽中的灰尘。然后重新将内存安装好，并开机测试，看故障是否消失。

（2）如果故障依旧存在，则用橡皮擦拭内存条的“金手指”，清除内存条“金手指”上被氧化的氧化层，然后安装好开机测试。

（3）如果故障依旧存在，则将内存安装在另一个内存插槽中，开机测试。如果故障消失，则是内存插槽中簧片变形失效引起的故障。将内存卸下，仔细观察内存插槽中的弹簧片，找到变形的弹簧片，用钩针等工具进行调整即可。

6. 内存兼容性故障诊断与排除

内存兼容性故障是指内存与主板不兼容引起的故障。内存与主板不兼容通常会造成电脑死机、内存容量减少、电脑无法正常启动、无法开机等故障现象。

当出现内存兼容性故障时，可以按照如下方法进行检修：

（1）卸下内存条，清洁内存条和主板内存插槽中的灰尘，清洁后重新安装好内存，查看故障是否排除。如果是灰尘导致的兼容性故障，即可排除。

（2）如果故障依旧存在，则用替换法检测内存。一般与主板不兼容的内存条在安装到其他电脑后可以正常使用，同时其他内存条安装到故障电脑主板中也可以正常使用。如果是内存与主板不兼容，则更换内存条。

7. 内存质量不佳或损坏故障诊断与排除

内存质量不佳或损坏故障是指内存芯片质量不佳引起的故障或内存损坏引起的故障。内存芯片质量不佳将导致电脑经常进入安全模式或死机；而内存损坏通常会造成电脑无法开机或开机后有报警的故障。

对于内存芯片质量不佳或损坏引起的故障需要用替换法来检测。一般芯片质量不佳的内存条在安装到其他电脑时也出现同样的故障现象。测试后，如果确定是内存质量不佳引起的故障，更换内存条即可。

四、笔记本电脑硬盘故障

案例分析：笔记本电脑硬盘发出“嗞……嗞……”的响声，无法启动电脑

1. 故障现象

一台笔记本电脑启动时发出“嗞……嗞……”的响声，无法启动电脑。

2. 故障原因

根据故障现象分析，此故障应该是硬盘盘体损坏引起的。一般硬盘的磁头损坏或盘片损坏都会造成硬盘启动时发出“嗞……嗞……”的响声。造成此故障的原因主要有以下几个：

（1）磁头损坏；

（2）盘片损坏；

（3）硬盘固件损坏。

3. 解决方法

此类故障应首先检查固件方面的原因，然后再检查其他方面的原因。此故障的解决方法如下：

（1）用 PC3000 检测硬盘，接着用相同型号的固件，重新刷新硬盘的固件。刷新后，测试硬盘，查看硬盘故障是否存在。

（2）如果硬盘中有重要的数据文件，可以在超净环境中开盘检查硬盘的磁头和盘片。如果磁头损坏，更换磁头即可；如果盘片损坏，可以考虑从未损坏的盘片中恢复需要的数据。

1. 常见故障现象

硬盘常见故障现象主要有以下几种：

（1）启动电脑时，屏幕提示 Device Error 或 Non-system Disk Or Error，Replace And Strike Any Key When Ready，不能启动；

（2）启动电脑时，屏幕提示 No ROM Basic System Halted，死机；

（3）启动电脑时，屏幕提示 Invalid Partition Table，不能启动；

（4）启动电脑时，系统提示停留很长的时间，最后提示 HDD Controller Failure；

（5）异常死机；

（6）正常使用计算机时频繁无故出现蓝屏等；

（7）计算机无法识别硬盘。

2. 造成故障的原因

造成硬盘故障的原因主要有以下几种：

（1）硬盘坏道。硬盘由于经常非法关机或使用不当而造成坏道，导致电脑系统文件损坏或丢失，电脑无法启动或死机。

（2）硬盘供电问题。硬盘的供电电路如果出现问题，会直接导致硬盘不能工作，造成硬盘不通电、硬盘检测不到、盘片不转、磁头不寻道等故障。供电电路常出问题的部位有插座的接线柱、滤波电容、二极管、三极管、场效应管、电感、保险电阻等。

（3）分区表丢失。由于病毒破坏造成硬盘分区表损坏或丢失，将导致系统无法启动。

（4）接口电路问题。接口是硬盘与计算机之间传输数据的通路，接口电路如出现故障可能会导致检测不到硬盘、乱码、参数误认等现象。接口电路常出故障的部位是接口芯片或与其匹配的晶振损坏，接口插针断/虚焊或脏污、接口排阻损坏等。

（5）磁头芯片损坏。贴装在磁头组件上，用于放大磁头信号、磁头逻辑分配、处理音圈电机反馈信号等，该芯片出现问题可能会出现磁头不能正确寻道、数据不能写入盘片、不能识别硬盘、异响等故障现象。

（6）电机驱动芯片损坏。电机驱动芯片用于驱动硬盘主轴电机和音圈电机。现在的硬盘由于转速太高导致该芯片发热量太大而损坏。据不完全统计，70%左右的硬盘电路故障是由该芯片损坏引起的。

（7）其他部件损坏。主轴电机、磁头、音圈电机、定位卡子等的损坏，会导致硬盘无法正常工作。

3. 硬盘软故障维修

硬盘软故障包括磁道伺服信息出错、系统信息区出错和扇区逻辑错误（一般又被称为逻辑坏道）等引起的故障。

硬盘软故障维修方法如下：

（1）进行磁盘扫描。用 Windows 启动盘启动电脑，然后运行 Scandisk X（X 为 C 或 D 等）命令来扫描硬盘，硬盘如有坏道将用字母“B”进行标注。

（2）如果没有坏道或没有办法扫描磁盘，且在电脑启动时，屏幕出现 Invalid Partition Table（无效的分区表）的错误提示，则故障可能是由病毒引起的。这时先用杀毒软件进行杀毒，然后重启电脑；若还不能启动，则可能是病毒破坏了硬盘分区表，可以用以前备份的硬盘分区表进行恢复，随后重新启动电脑。

（3）如硬盘的分区表被病毒破坏，又没有备份硬盘分区表，可用 FDISK 分区软件将硬盘重新分区并格式化来排除故障。如硬盘中有重要的数据，可用数据恢复软件先进行恢复。

（4）分区完成后，再重新安装操作系统及应用软件。

4. 硬盘硬故障维修

硬盘硬故障包括硬件冲突、连接故障、磁头组件损坏、控制电路损坏、综合性损坏和扇区物理性损坏（一般称之为物理坏道）等引起的故障。

硬盘硬故障维修方法如下：

（1）进入 CMOS 中，查看是否能检测出硬盘信息。

（2）如能检测到硬盘信息，则检查是否存在硬件冲突、不支持大容量等问题。

（3）检查硬盘连接是否正常，硬盘及主板硬盘端口是否正常（可用“替换法”检测）。

（4）检查磁头组件或控制电路是否损坏。

5. 无法检测到硬盘的故障维修

无法检测到硬盘的故障原因主要有硬盘与主板接触不良、主板硬盘接口出现虚焊情况、硬盘容量太大、硬盘硬件损坏等。

该故障维修方法是逐一排查，找到故障源头，如无法修复将更换设备。

6. HDD Controller Failure 故障维修

此类故障一般是由于硬盘与主板接触不良所致。维修方法是先将硬盘重新安装好，开机检验是否正常。如果还不正常，检查主板上硬盘接口是否出现虚焊等故障。

7. 频繁的无故蓝屏故障维修

硬盘由于非法关机、使用不当等原因造成磁盘坏道，会使电脑系统无法启动或出现蓝屏，读取某个文件或运行某个软件时经常出错，或者要经过很长时间才能操作成功，其间硬盘不断读盘并发出刺耳的杂音，这种现象意味着硬盘上载有数据的某些扇区已坏。

维修方法是将磁盘完全扫描，或用硬盘工具软件修复。

8. 硬盘坏道故障维修

硬盘由于老化或使用不当会造成坏道。坏道如果不解决，将影响系统运行和数据的安全，下面介绍几种处理坏道的方法：

（1）用 Windows 系统中的磁盘扫描工具，对硬盘进行完全扫描。对于硬盘的坏簇，程序将以黑底红字的“B”标出。

（2）避开坏道，对于坏道比较多且比较集中的，分区时可以将坏道划分到一个区内，以后不要在此区内存取文件即可。

（3）将坏道分区隐藏，用 Partition Magic 分区软件将坏道分区隐藏，运行 Partition Magic 分区软件后，单击 Operations→Check 进行标注坏簇，然后单击 Operations→Advanced/bad Sector Retest 把坏簇分成一个或多个分区，再用 Hide Partition 将坏簇分区隐藏。最后再单击 Tools→Drive Mapper 收集快捷方式和注册表内的相关信息，更新程序中的驱动盘符参数，可以确保程序的正常运行。

五、笔记本电脑按键故障

案例分析：笔记本电脑按键失灵

1. 故障现象

一台华硕笔记本电脑，键盘按键有些不好使，近期有些按键更是完全失灵。

2. 故障原因

出现这种现象一般均是因为在线路板或导电塑料胶上有污垢，从而使得两者之间无法正常接通。同时，也会有其他原因，例如键盘插头损坏、线路有问题等，但这些并非主要原因。只要清除了线路板上的污垢即可。

3. 解决方法

此故障的解决方法如下。

（1）打开键盘，切忌将键盘朝下，否则每个按键上的导电塑胶会纷纷脱落，给维修带来不便。

（2）翻开线路板用高浓度的酒精棉球在线路板上轻轻地擦几遍，尤其是失灵部分的线路，需要多擦拭几遍。

（3）查看按键失灵部分的导电塑胶，如果上面有污垢，同样需要用酒精擦洗。

（4）待酒精挥发干后将键盘装好，维修完成。

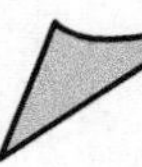

1. 键盘键帽脱落故障维修

当笔记本电脑键盘键帽脱落后，首先要仔细观察其他按键的内部结构和布局，将上面的塑料支架和弹垫部件按照其他键上的结构进行重新排列，将键帽对准按键即可。如果还是不能与支架很好地接触，就反复多试几次，找到其中诀窍，切不可用力过猛，以免将按键内部结构损坏。

2. 键盘按键失灵故障维修

故障原因：使用频繁造成的按键下方积累了太多污物、导电塑料发生物理损坏，或是有虚焊现象。

解决方法：如果是单纯的按键下方积累油污造成的按键失灵，可用95%以上的高浓度酒精擦拭。如果是由于导电塑料物理损坏造成的，可以换同一型号的导电塑料。如果有虚焊或脱焊（用万用表检测），可以用导电银漆加以补焊。

3. 键盘进水故障维修

故障现象：笔记本电脑键盘进水后采取紧急风干，起初问题不大，但过一段时间后键盘开始反应迟钝甚至出现无反应故障。

解决方法：这种故障主要是因为键盘内部残留的水渍氧化线路板所造成的，可以使用高浓度的酒精棉球擦拭氧化层，然后开机检测是否能够正常启动。若不能，则可能是某处发生短路造成的，用万用表进行检测，找出短路部分，并进行维修。

讨论

（1）自己在使用电脑的过程中遇到过哪些问题？

（2）应该如何防范和应对？

六、任务评价

任务考核评价表

任务名称：维修案例

<table>
<tr><td colspan="2">班级：</td><td colspan="2">姓名：</td><td colspan="2">学号：</td><td colspan="3">指导教师：</td></tr>
<tr><td rowspan="3">评价项目</td><td rowspan="3">评价标准</td><td rowspan="3">评价依据
（信息、佐证）</td><td colspan="3">评价方式</td><td rowspan="3">权重</td><td rowspan="3">得分小计</td><td rowspan="3">总分</td></tr>
<tr><td>小组评价</td><td>学校评价</td><td>企业评价</td></tr>
<tr><td>0.1</td><td>0.8</td><td>0.1</td></tr>
<tr><td>职业素质</td><td>1. 遵守企业管理规定、劳动纪律；
2. 按时完成学习及工作任务；
3. 工作积极主动、勤学好问</td><td>实习表现</td><td></td><td></td><td></td><td>0.2</td><td></td><td rowspan="3"></td></tr>
<tr><td>专业能力</td><td>1. 维修工具的使用；
2. 维修方法的运用；
3. 严格遵守安全生产规范</td><td>1. 书面作业和检修报告；
2. 实训课题完成情况记录</td><td></td><td></td><td></td><td>0.7</td><td></td></tr>
<tr><td>创新能力</td><td>能够推广、应用国内相关职业的新工艺、新技术、新材料、新设备</td><td>“四新”技术的应用情况</td><td></td><td></td><td></td><td>0.1</td><td></td></tr>
<tr><td>指导教师综合评价</td><td colspan="8">

指导老师签名：　　　　　　　　日期：</td></tr>
</table>

注：将各任务考核得分按照各任务课时所占本教学项目课时的比重折算到教学项目过程考核评价表中。

任务延伸与拓展

一、系统故障诊断与排除

1. 死机故障诊断与排除

（1）开机过程中发生死机故障的诊断与排除。

在启动计算机时，只听到硬盘自检声而看不到屏幕显示或开机自检时发出报警声，且计算机不工作或在开机自检时出现错误提示灯。此时出现死机的原因主要有以下几个：

① BIOS 设置不当；

② 笔记本电脑移动时设备遭受震动；

③ 灰尘腐蚀电路及接口；

④ 内存条故障；

⑤ 硬件设备质量问题；

⑥ BIOS 升级失败等。

开机过程中发生死机的解决方法如下。

① 如果笔记本电脑是在移动后发生死机，可以判断死机故障由移动过程中受到很大震动引起的。因为移动会造成笔记本电脑内部器件松动，从而导致接触不良。这时打开机箱，把内存、显卡等设备重新紧固即可。

② 如果笔记本电脑是在设置 BIOS 后发生死机，将 BIOS 设置改回来。如忘记了先前的设置项，可以选择 BIOS 中的“载入标准预设值”恢复。

③ 如果笔记本电脑是在 CPU 超频后死机，可以判断故障由超频引起的。因为超频加剧了在内存或虚拟内存中找不到所需数据的矛盾，易造成死机。此时，将 CPU 频率恢复即可。

④ 如屏幕提示“无效的启动盘”，则是由于系统文件丢失、损坏或硬盘分区表损坏引起的。所以修复系统文件或恢复分区表即可。

⑤ 如果不是上述问题，接着检查机箱内是否干净，设备连接有无松动。因为灰尘腐蚀电路及接口会造成设备间接触不良，引起死机。此时清理灰尘及设备接口，擦净设备，故障即可排除。

⑥ 如果故障依旧存在，最后用替换法排除硬件兼容性问题和设备质量问题。

（2）启动操作系统时发生死机故障诊断与排除。

在笔记本电脑通过自检，开始装入操作系统或刚刚启动到桌面时，计算机出现死机。此时死机的原因主要有以下几个：

① 系统文件丢失或损坏；

② 感染病毒；

③ 初始化文件遭破坏；

④ 非正常关闭计算机；

⑤ 硬盘有坏道等。

启动操作系统时发生死机的解决方法如下：

① 如启动时提示“系统文件找不到”，则可能是系统文件丢失或损坏。此时，从其他相

同操作系统的电脑中复制丢失的文件到故障笔记本电脑中即可。

② 如启动时出现蓝屏，提示“系统无法找到指定文件”，则为硬盘坏道导致系统文件无法读取所致。用启动盘启动笔记本电脑，运行 Scan Disk 磁盘扫描程序，检测并修复硬盘坏道即可。

③ 如没有上述故障，用杀毒软件查杀病毒，再重新启动笔记本电脑，看笔记本电脑是否正常。

④ 如仍旧死机，则用“安全模式”启动，然后再重新启动，看是否还死机。

⑤ 如依然死机，接着恢复 Windows 注册表（如系统不能启动，则用启动盘启动）。

⑥ 如还死机，打开“开始→运行”对话框，输入“sfc”并按 Enter 键，启动“系统文件检查器”，开始检查。如查出错误，屏幕会提示具体损坏文件的名称和路径，接着插入系统光盘，选“还原文件”，被损坏或丢失的文件就会还原。

⑦ 最后如依然死机，重新安装操作系统。

（3）应用程序使用过程中发生死机的故障诊断与排除。

计算机一直都运行良好，只在执行某些应用程序或游戏时出现死机。此时死机的原因主要有以下几个：

① 病毒感染；

② 动态链接文件（.DLL）丢失；

③ 硬盘剩余空间太少或碎片太多；

④ 软件升级不当；

⑤ 非法卸载软件或误操作；

⑥ 启动程序太多；

⑦ 硬件资源冲突；

⑧ CPU 等设备散热不良；

⑨ 电压不稳等。

使用一些应用程序过程中发生死机的解决方法如下。

① 用杀毒软件查杀病毒，再重新启动笔记本电脑。

② 看是否打开的程序太多，关闭暂时不用的程序。

③ 是否升级了软件。如是，将软件卸载，再重新安装即可。

④ 是否非法卸载软件或误操作。如是，恢复 Windows 注册表尝试恢复损坏的共享文件。

⑤ 查看硬盘空间是否太少。如是，删掉不用的文件，并进行磁盘碎片整理。

⑥ 查看死机有无规律。如笔记本电脑总是在运行一段时间后死机或运行大的游戏软件时死机，则可能是 CPU 等设备散热不良引起的。打开主机查看 CPU 的风扇是否转，风力如何。如风力不足则及时更换风扇，改善散热环境。

⑦ 用硬件测试工具软件测试笔记本电脑，检查是否由于硬件的品质和质量不好造成死机。如是，更换硬件设备。

⑧ 打开“控制面板→系统→硬件→设备管理器”，查看硬件设备有无冲突（冲突设备一般用黄色的“!”标出）。如有，将其删除，重新启动计算机即可。

⑨ 查看所用市电是否稳定。如不稳定，配置稳压器即可。

（4）关机时弧线死机故障的诊断与排除。

Windows 的关机过程为：先完成所有磁盘写操作，清除磁盘缓存，接着执行关闭窗口程序，关闭所有当前运行的程序，将所有保护模式的驱动程序转换成实模式；最后推出系统，关闭电源。此时死机的原因有以下几个：

① 没有在实模式下为视频卡分配一个 IRQ；

② 某一个程序或 TSR 程序可能没有正确地关闭；

③ 加载了一个不兼容的、损坏的或冲突的设备驱动程序；

④ 选择退出 Windows 时的声音文件损坏；

⑤ 不正确配置硬件或硬件损坏；

⑥ BIOS 程序设置有问题；

⑦ BIOS 中“高级电源管理”或“高级配置和电源接口”的设置不正确；

⑧ 注册表中快速关机的键值设置成了 Enable。

关机时出现死机的解决方法如下。

① 确定“退出 Windows”声音文件是否已毁坏，单击“开始→设置→控制面板”，然后双击“声音和音频设备”图标。在“声音”选项卡中的“程序事件”列表框中，单击“退出 Windows”选项。在“声音”列表框中，单击“(无)”，然后单击“确定”按钮，接着关闭计算机。如果 Windows 正常关闭，则问题是由退出声音文件所引起的。

② 在 CMOS 设置程序中，重点检查 CPU 外观、电源管理、病毒检测、IRQ 中断开闭、磁盘启动顺序等选项设置是否正确。具体设置方法可参看主板说明书，上面有很详细的设置说明。如果对其设置实在是不太懂，建议可将 CMOS 恢复到出厂默认设置。

③ 如故障仍然存在，则检查硬件不兼容问题或安装的驱动不兼容问题。

2. 笔记本电脑蓝屏故障诊断与排除

（1）故障诊断与排除。

当出现蓝屏故障时，如不知道故障原因，首先重启笔记本电脑，接着按下面的步骤进行维修。

① 用杀毒软件查杀病毒，排除病毒造成的蓝屏故障。

② 在 Windows 系统中，打开“控制面板→管理工具→事件查看器”，如图 3.31 所示。在这里根据日期和事件重点检查“系统”和“应用程序”中的类型标志为“错误”。

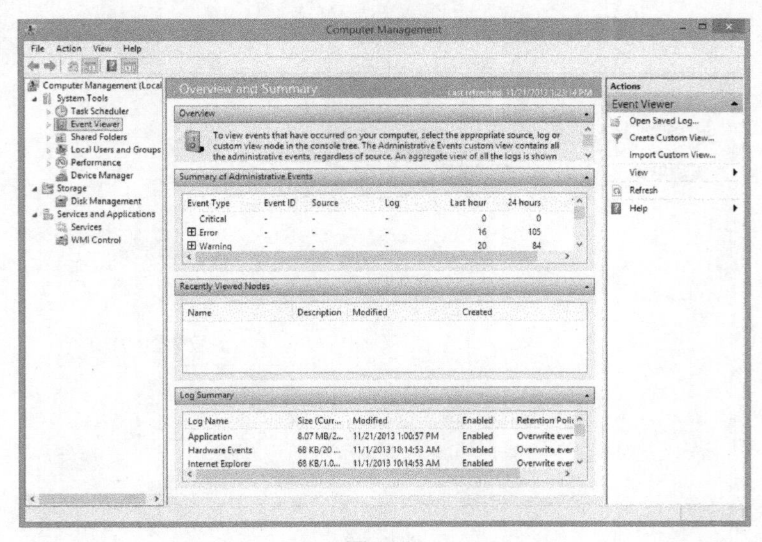

图 3.31

③ 双击事件类型，打开错误事件的“事件”属性对话框，查找错误原因，再进行针对性的修复。

④ 用“安全模式”启动，或恢复 Windows 注册表（恢复至最后一次正确的配置），修复蓝屏故障。

⑤ 查询出错代码，错误代码中“***Stop:”至“******wdmaud.sys”之间的这段内容是所谓的错误信息。如“0x0000001E”，由出错代码、自定义参数、错误符号三部分组成。

（2）虚拟内存不足造成蓝屏故障的诊断与排除。

如果蓝屏故障时由虚拟内存不足造成的，可以按照如下的方法进行解决。

① 删除一些系统产生的临时文件、交换文件、释放磁盘空间。

② 手动配置虚拟内存，把虚拟内存的默认地址，转到其他的逻辑盘下。

虚拟内存不是造成蓝屏的具体解决方法如下。

① 单击“开始→控制面板→系统”，打开“系统属性”对话框，接着单击切换到“高级”选项卡，如图 3.32 所示。

图 3.32

② 单击对话框中“性能”组的“设置”按钮，打开“性能选项”对话框，并在此对话框中单击切换到“高级”选项卡，如图 3.33 所示。

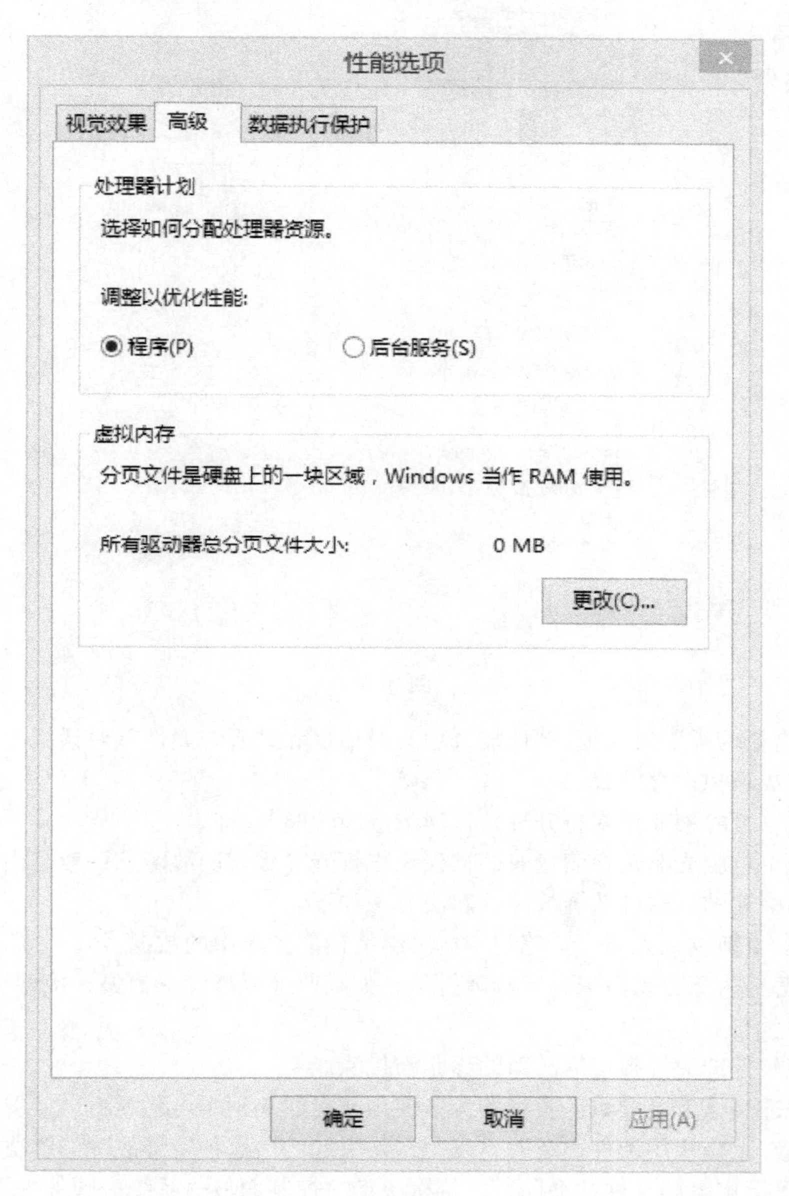

图 3.33

③ 在“性能选项”对话框中单击“更改”按钮，打开“虚拟内存”对话框，如图 3.34 所示。

④ 在此对话框中单击“驱动器”列表框中的“D:”，然后选中“自定义大小”按钮。

⑤ 分别在“初始大小”和“最大值”栏中输入“虚拟内存”的初始值和最大值，单击“设置”按钮。

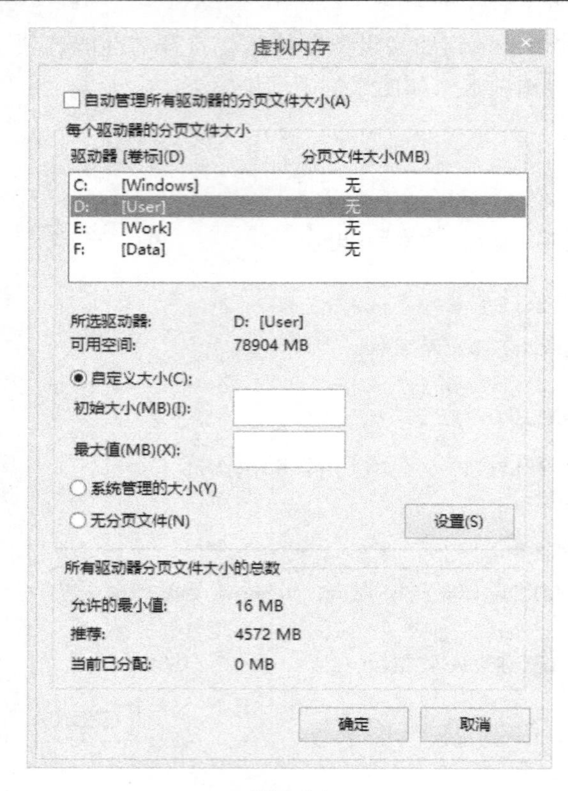

图 3.34

⑥ 在“虚拟内存”对话框、“性能选项”对话框和“系统属性”对话框中分别单击“确定”按钮，完成虚拟内存设置。

（3）光驱读盘时被非正常打开导致蓝屏的故障诊断与排除。

如果笔记本电脑光驱正在读盘时，被误操作打开导致蓝屏故障，一般是由于笔记本电脑读取数据出错引起的。这种蓝屏故障的解决方法如下。

① 将光盘重新放入光驱，让笔记本电脑继续读取光盘中的数据。

② 如果蓝屏故障自动消失，则故障排除；如果蓝屏故障没有消失，接着按 ESC 键即可消除蓝屏故障。

（4）系统硬件冲突导致蓝屏故障的诊断与排除。

系统硬件冲突通常会导致冲突设备无法使用或引起笔记本电脑死机、蓝屏故障。这是由于笔记本电脑在工作调用硬件设备时，发生错误引起的。这种蓝屏故障的解决方法如下。

① 排除笔记本电脑硬件冲突问题，依次单击“控制面板→系统→硬件→设备管理”，打开“设备管理器”窗口，接着检查是否存在带有黄色问号或感叹号的设备。

② 如有带黄色感叹号的设备，先将其删除，并重新启动笔记本电脑，然后由 Windows 自动调整，一般可以解决问题。

③ 如果 Windows 自动调整后还是不行，接着可手动进行调整或升级相应的驱动程序。

（5）注册表问题导致蓝屏故障的诊断与排除。

注册表保存着 Windows 的硬件配置、应用程序设置和用户资料等重要数据，如果注册表出现错误或被损坏，通常会导致蓝屏故障发生。这种蓝屏故障的解决方法如下。

① 用安全模式启动笔记本电脑，再重新启动到正常模式，一般故障会解决。

② 如果故障依旧存在，接着用备份的正确注册表文件恢复系统的注册表即可解决蓝屏故障。

③ 如果还是不行，接着重新安装操作系统。

（6）各种蓝屏错误代码及其诊断与排除。

蓝屏故障出现时，通常会出现相应的出错代码，错误代码中“***Stop：”至“******wdmaud.sys”之间的这段内容是所谓的错误信息，如“***.Stop：0x0000001E（0x80000004，0x8046555F；0x81B369D8，0xB4DC0D0C）KMODE_EXCEPtion_NOT_HANDLED”蓝屏错误提示信息中的0x0000001E即为错误代码。通常每个错误代码都有相应的错误信息，只要根据错误代码对应的错误信息一般可找到蓝屏故障的原因。

如表3.1所示列出了蓝屏故障的部分错误信息代码和含义。

表3.1　错误代码表

序号	错误代码	含义
1	0x00000001	不正确的函数
2	0x00000002	系统找不到指定的档案
3	0x00000003	系统找不到指定的路径
4	0x00000004	系统无法开启档案
5	0x00000005	拒绝存取
6	0x00000006	无效的代码
7	0x00000007	储存体控制区块已毁
8	0x00000008	储存体空间不足，无法处理这个指令
9	0x00000009	储存体控制区块地址无效
10	0x0000000A	环境不正确
11	0x0000000B	尝试加载一个格式错误的程序
12	0x0000000C	存取码错误
13	0x0000000D	资料错误
14	0x0000000E	储存体空间不够，无法完成这项作业
15	0x0000000F	系统找不到指定的磁盘驱动器
16	0x00000010	无法移除目录
17	0x00000011	系统无法将档案移到其他的磁盘驱动器
18	0x00000012	没有任何档案
19	0x00000013	储存媒体为写保护状态

续表 3.1

序号	错误代码	含　义
20	0x00000014	系统找不到指定的装置
21	0x00000015	装置尚未就绪
22	0x00000016	装置无法识别指令
23	0x00000017	资料错误（CRC 错误）
24	0x00000018	程序发出一个长度错误的指令
25	0x00000019	磁盘驱动器在磁盘找不到指定的扇区或磁道
26	0x0000001A	指定的磁盘或磁盘无法存取
27	0x0000001B	磁盘驱动器找不到要求的扇区
28	0x0000001C	打印机没有纸
29	0x0000001D	系统无法将资料写入指定的磁盘驱动器
30	0x0000001E	系统无法读取指定的装置
31	0x0000001F	连接到系统的某个装置没有作用
32	0x00000020	进程无法访问文件，因为文件被其他进程占用
33	0x00000021	档案的一部分被锁定，现在无法存取
34	0x00000022	磁盘驱动器的磁盘不正确
36	0x00000024	开启的分享档案数量太多
38	0x00000026	到达档案结尾
39	0x00000027	磁盘已满
50	0x00000032	不支持这种网络要求
51	0x00000033	远程计算机无法使用
52	0x00000034	网络名称重复
53	0x00000035	网络路径找不到
54	0x00000036	网络忙碌中
55	0x00000037	指定的网络资源或设备不可再使用
56	0x00000038	网络 BIOS 命令已经达到极限
58	0x0000003A	指定的服务器无法执行要求的作业
59	0x0000003B	网络发生意外错误
60	0x0000003C	远程配接卡不兼容
61	0x0000003D	打印机队列已满
62	0x0000003E	服务器的空间无法储存等候打印的档案
63	0x0000003F	等候打印的档案已经删除
64	0x00000040	指定的网络名称无法使用
65	0x00000041	拒绝存取网络
66	0x00000042	网络资源类型错误
67	0x00000043	网络名称找不到

续表 3.1

序号	错误代码	含 义
68	0x00000044	超过区域计算机网络配接卡的名称限制
69	0x00000045	超过网络 BIOS 作业阶段的限制
70	0x00000046	远程服务器已经暂停或者正在起始中
71	0x00000047	由于联机数目已达上限，此时无法再联机到这台远程计算机
72	0x00000048	指定的打印机或磁盘装置已经暂停作用
80	0x00000050	档案已经存在
82	0x00000052	无法建立目录或档案
83	0x00000053	INT24（24 号中断）失败
84	0x00000054	处理这项要求的储存体无法使用
85	0x00000055	近端装置名称已经在使用中
86	0x00000056	指定的网络密码错误
87	0x00000057	参数错误
88	0x00000058	网络发生资料写入错误
89	0x00000059	此时系统无法执行其他行程

3. 系统错误提示概述

Windows 操作系统错误提示是指在笔记本电脑的操作系统出现故障时，系统会弹出一个对话框，提示程序遇到问题等。Windows 操作系统中常见的错误提示主要包括“非法操作”错误提示、“内存不足”错误提示等。

其中，当操作系统发生“非法操作”错误提示时，系统会弹出一个对话框，提示程序遇到问题，需要关闭，然后单击“不发送”按钮，程序关闭。一般遇到“非法操作”后，正在运行的程序会关闭，还没有完成的工作文件会被强行关闭，导致没有保存的文件丢失，同时使正在进行的工作无法进行。

当出现“内存不足”错误提示时，会弹出“系统虚拟内存太低……一些应用程序的内存请求会被拒绝……”对话框，如图 3.35 所示。当此错误提示时会使正在运行的程序无法运行，使正在进行的工作无法正常进行。

图 3.35

4. 系统提示“非法操作”故障诊断与排除

在我们应用 Windows 时，有时会出现莫名其妙的“非法操作”而终止程序的运行。引起非法操作故障的原因有硬件方面原因和软件方面原因。

（1）硬件方面原因。

① 内存条质量不佳。

内存条质量不佳是引起“非法操作”故障较常见的一种硬件方面原因。如果是此原因引起的“非法操作”故障，可以先清理内存条及内存插槽上的灰尘，然后用橡皮擦拭内存条的“金手指”，如果问题没有解决，可以提高内存的延迟时间。

② CPU 工作温度过高。

如果风扇不转或散热片接触不良，导致 CPU 温度过高，“非法操作”就会频繁出现。这时要先检查 CPU 散热片是否与 CPU 接触良好，还要检查 CPU 风扇是否正常。

③ 其他硬件设备兼容问题。

其他硬件设备也有可能导致“非法操作”，但应首先质疑驱动程序问题。如不是驱动程序问题，则可能是硬件不兼容。

（2）软件方面的原因。

① 系统感染病毒。

系统感染病毒后，如果病毒破坏了系统文件，将导致系统问题，从而可能出现“非法操作”故障。

② 系统文件被更改或损坏。

系统文件被更改或损坏引起的“非法操作”故障，在打开一些系统自带的程序时，会出现“非法操作”的提示（如打开控制面板时）。一般此原因引起的“非法操作”故障通常需要重新安装操作系统。

③ 使用了非 Windows 的应用程序或与 Windows 兼容性不好的应用程序。

如果在 Windows 操作系统中使用了非 Windows 的应用程序或与 Windows 兼容性不好的应用程序，将会造成运行此程序时出现错误，提示“非法操作”。对于此原因引起的“非法操作”故障需要将使用的应用程序卸载。

④ 软件之间不兼容。

笔记本电脑中使用的软件之间如果不兼容，将导致笔记本电脑经常出现“非法操作”故障，此原因引起的“非法操作”故障通常采用升级不兼容软件，或删除不兼容软件的方法来解决。

⑤ 使用未经测试的程序。

一些商业软件的初期版本、试用版以及盗版软件或一些网上下载的软件在制作过程中都存在许多“Bug”，运行这些程序有可能造成“非法操作”故障。

⑥ 驱动程序未正确安装。

如果硬件设备的驱动程序未被正确安装，在使用此硬件设备，特别是在打开一些游戏程序时，一般均会出现“非法操作”的提示。解决此原因引起的故障需要将有问题的驱动程序卸载，然后重新安装或升级原先的驱动程序。

（3）故障排除。

当操作系统出现“非法操作”故障时，可以按照如下的方法进行维修。

① 排除软件方面的原因。首先排除应用软件原因引起的故障，将出现“非法操作”提示的应用软件卸载，看是否还出现“非法操作”故障。如依旧出现故障，则不是软件引起的故障。

② 排除软件引起的故障后，接着排除操作系统。重新安装操作系统，在不装其他应用软件的情况下，查看系统是否还出现“非法操作”故障。

③ 如重新安装操作系统后，不出现“非法操作”故障，则是由于操作系统引起的。重新安装操作系统后，故障即可排除。

④ 如重新安装操作系统后，还出现“非法操作”故障，则可能是硬件原因引起的故障。

⑤ 用替换法等方法，逐一检查硬件引起的故障（如硬件接触不良、老化、质量问题等），直到找到故障点，修复故障。

5. 系统提示“内存不足”故障诊断与排除

（1）故障分析。

“内存不足”故障的原因主要包括如下几个：

① 同时运行的应用程序太多；

② 硬盘剩余空间太少；

③ 系统中的“虚拟内存”设置太少；

④ 运行的程序太大；

⑤ 笔记本感染了病毒。

（2）故障排除。

系统出现“内存不足”故障后，可以按照如下方法解决。

① 关闭不需要的应用软件。

② 删除剪贴板中的内容。删除方法是打开“开始→所有程序→附件→剪贴板查看器”，接着在“剪贴板查看器”窗口中用鼠标单击“编辑”菜单，选择“删除剪贴板内容”命令即可。

③ 如果删除剪贴板查看器重的内容后故障依旧存在，可以释放“系统资源”。“系统资源”是一些小内存区，Windows 用它们来存储已打开的窗口、对话框和桌面配置（如“墙纸”）等的位置和大小。如果你的“系统资源”用完了，即使笔记本电脑中仍有几兆的内存，Windows 依然会显示“内存不足”的信息。这时可以让系统自动关闭失去响应的程序和卸载内存中没用的 DLL 文件。设置方法是首先在“运行”对话框中输入“regedit”，然后单击“确定”按钮，打开“注册表编辑器”，接着在注册表编辑器中单击左边的 HKEY_LOCAL_MACHINE\SOFWARE\Microsoft\Windows\CurrentVersion\Explorer，在右侧的窗格中新建一个字符串值 AlwaysUnloadDLL，将其设置为“1”，然后关闭注册表编辑器，重启计算机即可生效。此后系统会自动关闭失去响应的程序和卸载内存中没用的 DLL 文件，释放内存。

④ 增加系统的虚拟内存。如果系统中的虚拟内存太少，在系统运行的程序较多时，就会出现“内存不足”的错误提示。

⑤ 重新启动笔记本电脑系统就会释放以前占用的内存，通常会解决“内存不足”的故障。

二、开机和启动故障诊断与排除

笔记本电脑开机与启动故障是指笔记本电脑按下电源开关后，不开机、没有电源、不开机电源指示灯亮、开机后无法正常启动等故障（见图 3.36）。

图 3.36

三、电源和电池故障诊断与排除

笔记本电脑的电源系统包括充电电池和通过外接电源适配器转变的主电压。其中电池是在无外接电源或外接电源突然中断时才进行供电，当连接上外接电源后，电池就处于充电状态。当笔记本电脑的电源系统出现故障后，笔记本电脑将会瘫痪，所以笔记本电脑的电源系统对整个笔记本电脑来说，是非常重要的。笔记本电脑出现故障后，可按如图 3.37 所示的流程进行检修。

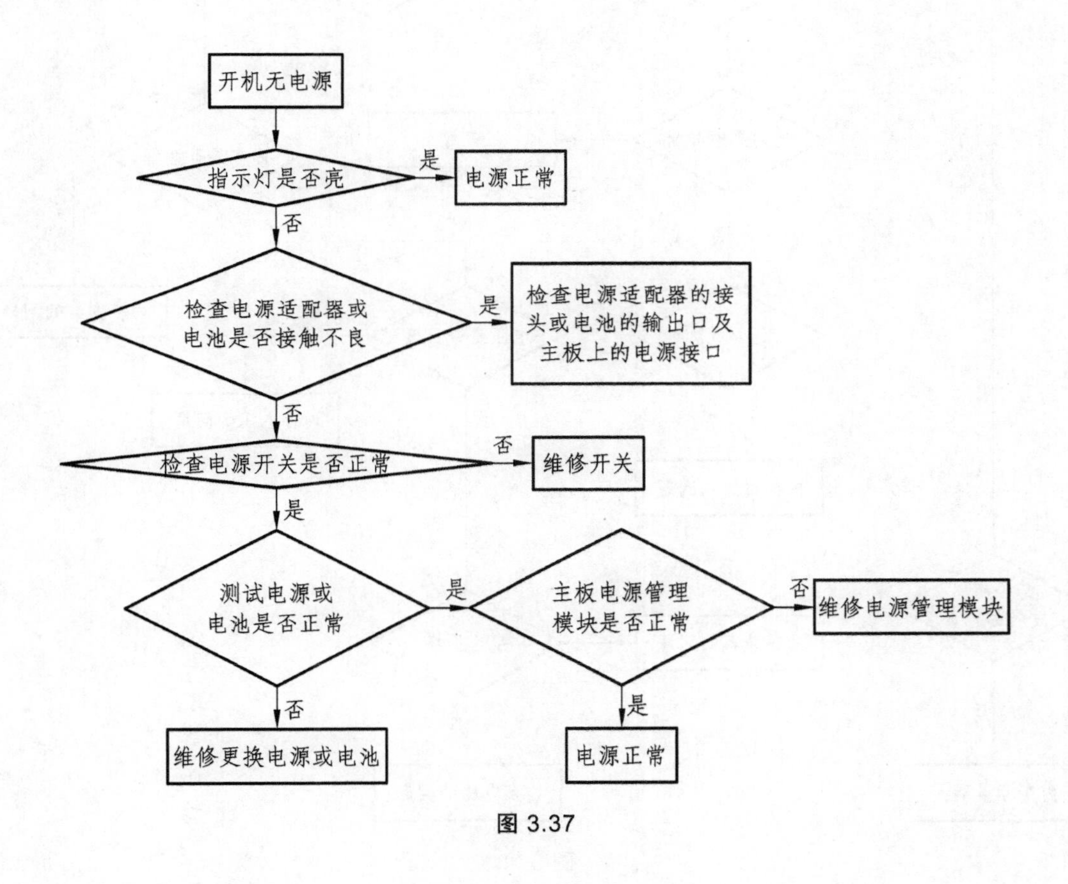

图 3.37

四、内存、硬盘及光驱故障诊断与排除

1. 笔记本电脑内存故障维修

内存是笔记本电脑中的一个重要部件，负责电脑运行过程中数据的读取和存储，当内存条发生故障时，电脑通常无法启动或死机。当内存出现故障时，需要一一排除，如图 3.38 给出了内存故障维修流程图。

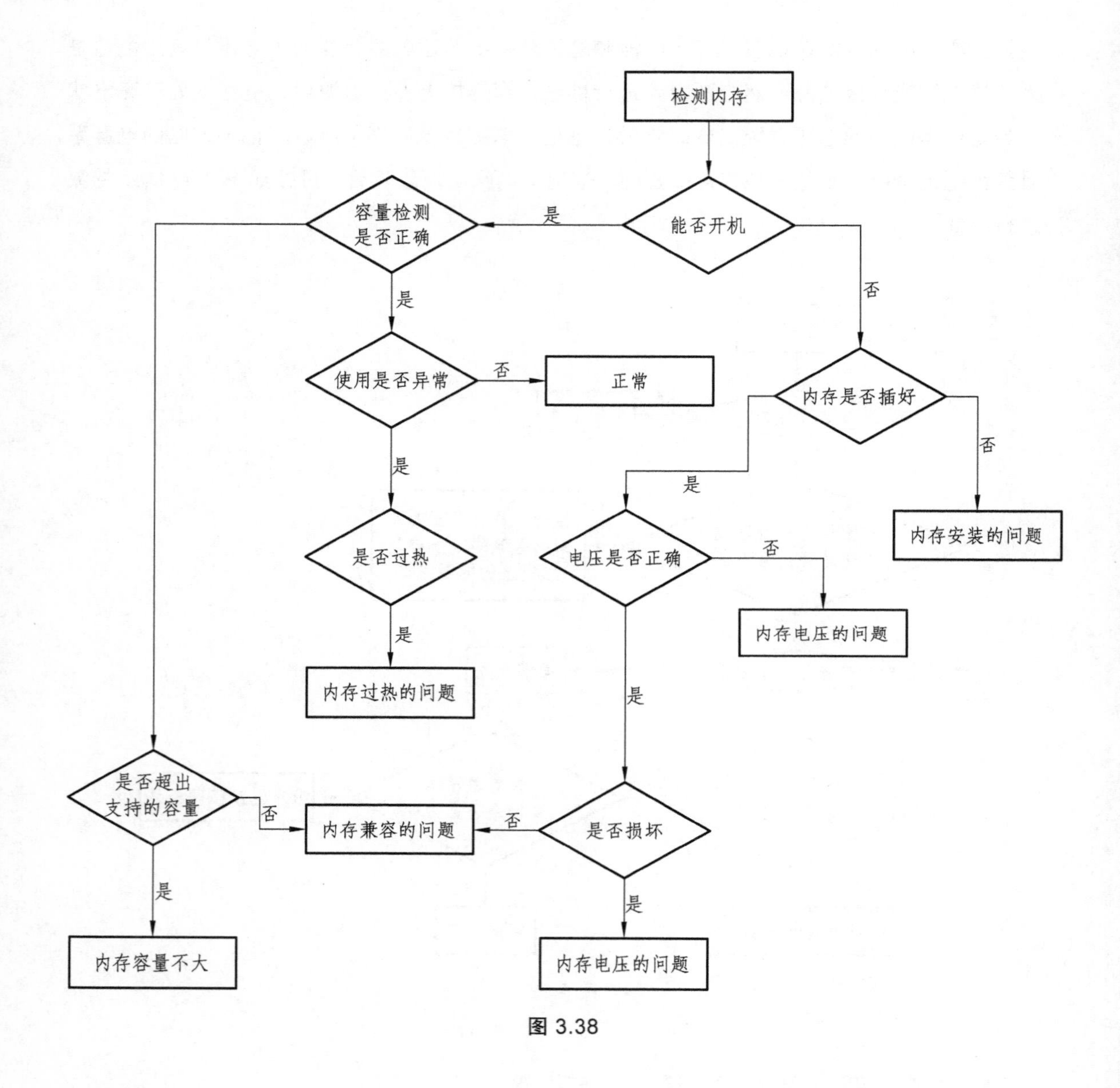

图 3.38

2. 硬盘故障维修

硬盘在计算机的存储设备中使用率最高，并担负着与内存交换信息的任务。硬盘质量的好坏和功能强弱直接影响着计算机系统的快慢和执行软件的能力。同时，计算机硬盘又是一位娇嫩的“千金”，与电脑其他部件相比显得十分“脆弱”，很容易出现问题，硬盘故障可以按照如图 3.39 所示的流程图进行检修。

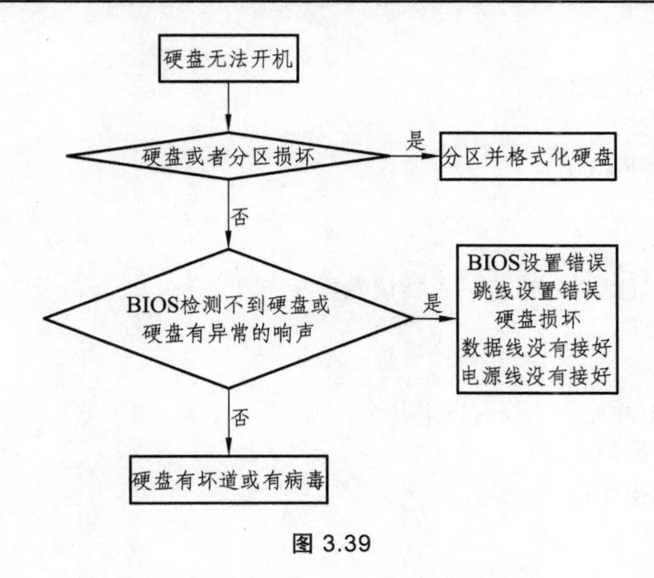

图 3.39

3. 笔记本电脑光驱故障诊断与排除

（1）故障维修流程图。

光驱是用来接收视频、音频和文本信息的设备，主要包括 CD-ROM 和 DVD-ROM 两种。刻录机也是电脑的一个重要设备，外形和光驱相似。一旦两者出现故障，将对用户的工作和生活造成很多不便，光驱的故障原因较多，如发生故障可以按图 3.40 所示的故障维修流程图进行检修。

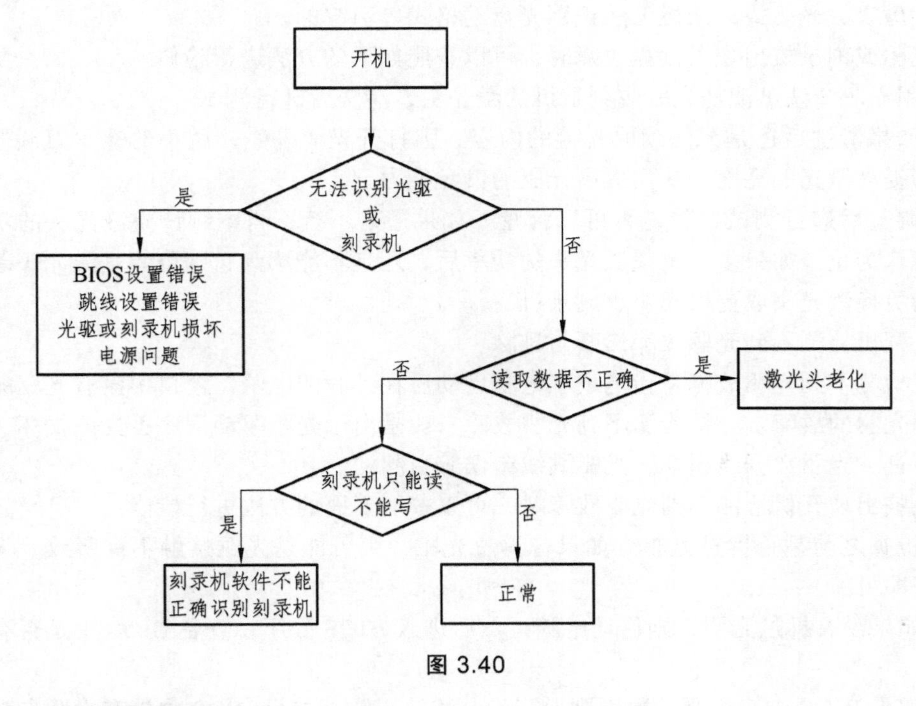

图 3.40

（2）光驱的故障现象。

笔记本电脑光驱的故障现象主要有以下几个：

① 光驱挑盘；

② 系统中找不到光驱盘符；

③ 光驱打不开舱门；

④ 无法复制游戏 CD；

⑤ 光驱指示灯不亮，没有反应；

⑥ 光驱不读盘；

⑦ DVD 光驱只能读 DVD 盘，不能读数据盘；

⑧ 检测不到光驱。

（3）故障原因。

光驱和刻录机故障原因主要有以下几个：

① 光驱与主板接触不良；

② 驱动丢失或损坏；

③ 激光头脏了；

④ 激光头老化；

⑤ 进给电机插针接触不良或者是电机烧毁；

⑥ 进出盒机械结构中的传动带松动打滑；

⑦ 跳线设置不正确。

（4）不读盘故障诊断与排除。

光驱、刻录机不读盘故障是指在光驱或刻录机中放入光盘，光盘的内容无法被读出的故障。光驱不读盘故障是电脑中常见的故障之一，该故障一般是由于光驱激光头脏或老化、光盘划的太厉害、光驱或刻录机无法识别光盘的格式等引起的。

当光驱或刻录机出现不读盘故障时，可以按照如下的方法进行检修。

① 用光驱清洗盘清洗光驱或刻录机的激光头，清洗后进行测试。

② 如果清洗后还是无法读取光盘的内容，则打开光驱外壳，用小的螺丝刀调整激光头的功率，提高激光的亮度，从而提高光驱的读盘能力。

③ 调整后进行测试，看是否可以读盘。如果还是不行，再继续调整激光头的功率，直到可以读取为止。如果多次调整激光头的功率后，还是不能读盘，则可能是激光头老化或损坏，只能更换激光头或更换光驱、刻录机。

（5）开机检测不到光驱故障诊断与排除。

开机检测不到光驱故障是指笔记本电脑启动后在“我的电脑”窗口中没有光驱的图标，无法使用光驱的故障。开机检测不到光驱故障一般是由于光驱驱动程序丢失或损坏、光驱接口接触不良、光驱数据线损坏、光驱跳线错误等引起的。

当电脑出现开机检测不到光驱故障时，可以按照下面的方法进行检修。

① 检查之前是否拆过光驱。如果曾拆过光驱，则可能是光驱接触不良所致，将光驱重新连接好即可。

② 如果没有拆过光驱，则启动电脑，然后进入 BIOS 程序，查看 BIOS 中是否有光驱的参数。

③ 如果 BIOS 中有光驱参数，则说明光驱连接正常；如果 BIOS 中没有光驱参数，则说明光驱接触不良或损坏。接着将光驱拆下，然后重新再安装一遍。如果故障依旧，则需拆开

笔记本电脑外壳检查主板光驱接口等，最后用替换法检测光驱。

④ 如果 BIOS 中可以检测到光驱的参数，则用安全模式启动电脑，之后又重启到正常模式，看故障是否消失。一般死机或非法关机等容易造成光驱驱动程序损坏或丢失，用安全模式启动后可以修复损坏的程序。

⑤ 如果用安全模式启动后，故障依旧存在，则可能是注册表中光驱的程序损坏比较严重，应利用恢复注册表来恢复光驱驱动程序。

⑥ 如果故障依旧存在，最后重新安装操作系统即可解决故障。

（6）刻录软件故障诊断与排除。

刻录软件故障是指由于电脑安装的刻录软件运行不正常，无法完成刻录工作，或刻录软件无法识别刻录机的故障。刻录软件故障一般是由于刻录软件与刻录机不兼容、刻录软件版本太低、刻录软件损坏、刻录机驱动程序有问题等引起的。

当电脑发生刻录软件故障时，可以按照下面的解决方法进行检修。

① 将刻录软件卸载，然后重新安装刻录软件，看故障是否消失。如果故障消失，则是刻录软件在安装过程中由于系统等方面的原因,在检测硬件时没有检测到相应的刻录机信息，发生意外错误。

② 如果重新安装后，故障依旧存在，则升级刻录软件的版本。因为目前光盘刻录机硬件的发展速度非常快，往往导致刻录软件不能跟上硬件的更新速度。如果升级刻录软件的版本后故障消失，则是刻录软件版本的问题。

③ 如果升级后故障依旧，可以安装其他的刻录软件进行测试。如果故障还是无法排除，则可能是刻录机驱动程序不全，导致找不到刻录机，或刻录不稳定报错。根据使用的操作系统下载相应版本的 ASPI 驱动程序进行安装即可。

（7）光驱、刻录机激光头故障诊断与排除。

光驱、刻录机激光头是光驱、刻录机中最重要的部件之一。如果激光头被污染，将导致光驱读盘能力下降，刻录机刻盘成功率下降；如果激光头老化，将导致光驱挑盘或无法读盘，刻录机无法刻盘；如果激光头损坏，光驱、刻录机基本上没有使用价值。

当光驱、刻录机开始挑盘或读盘、刻盘能力下降后，可以按照下面的方法进行检修。

① 用光驱、刻录机清洗盘，清洗光驱、刻录机，然后检查读盘、刻盘能力是否增强。如果故障消失，则说明光驱、刻录机激光头被污染。

② 如果故障依旧存在，则可能是激光头老化，需要调整激光头的功率。

五、笔记本电脑键盘和触摸板故障诊断与排除

1. 触摸板失灵故障维修

故障现象：对触摸板进行操作无任何反映。

解决方法：遇到这种状况，首先要检查一下是不是触摸板的驱动造成的问题。如果是驱动问题，可以重装一个驱动再进行检测。如果故障不在于此，则下一步检查触摸板的数据线是不是发生脱落。如果数据线脱落，则将数据线插好。如果不是上述两种情况，那么很可能是主板或触摸板上的某个元件损坏了，这时应对主板进行彻底检查。如果故障发生在触摸板本身，就只能更换新品了（见表 3.2）。

表 3.2 键盘和触摸板故障现象及原因

键盘		触摸板	
故障现象	故障原因	故障现象	故障原因
1. 键帽脱落 2. 键盘支架断裂 3. 按键失灵 4. 键盘进水	1. 键盘与主板的接线口损坏 2. 键盘电缆的接触不良 3. 电缆内部断线 4. 键盘的内部电路产生故障	1. 触摸板不灵 2. 触摸板不能使用 3. 反应过快或过慢 4. 感应能力很弱 5. 左、右键不能使用	1. 触摸板灵敏度不好 2. 主板上的控制芯片不良 3. 因汗水造成的短路

2. 触摸板左、右键失灵故障维修

故障现象：左、右键失灵，不能正常进行单/双击操作。

解决方法：触摸板的左、右键失灵通常是由于水银线路被氧化或者下方线路断裂引起的。用螺丝刀将键盘和掌托对应的螺丝全部卸掉，将触摸板取出。掌托卸下来之后，将触摸板与左、右键全部打开，用万用表检测到底是哪一根线路出现断裂。发现后用适量银漆均匀地涂抹到无法导通的线路上，将其重新连接起来。若是因进水或者潮湿导致的水银线路被氧化，线路中会有明显异常或黑点，先用高浓度酒精将其擦拭干净，再用银漆将其修补好。修补完以后用万用表检测，确保无误后将各部件重新装好即可。

做一做

对存在故障的笔记本电脑进行维修。

项目四 LCD平板电视整机原理与常见故障诊断维修

项目引入

随着我国科学技术的发展和人民生活水平的迅速提高，各种各样的现代家用电器已经普及到千家万户。与此同时，人们对家电的维修问题也提出了更高的要求。在短短几年时间内，液晶彩电已经迅速占领了彩色电视机市场的大半江山，LCD液晶彩电是目前市场上非常热门的彩电品种，也是以后彩电的发展趋势。

项目目标

（1）了解平板电视的组成及工作原理；

（2）了解液晶面板使用的注意事项；

（3）掌握液晶电视维修原则及流程；

（4）了解平板电视的常见故障；

（5）了解平板电视故障常用检测方法及检测工具；

（6）熟练使用维修工具。

项目分析

近几年来液晶电视的普及率越来越高，同时由于液晶电视的技术复杂，集成度较高，很多用户在日常使用的过程中难免会遇到各种应用、维护及维修方面的问题，因此也催生了液晶电视的维修行业。

维修人员在接到待维修的液晶电视时，首先要了解故障现象，找到故障产生的可能原因。其次，配合常用的故障检测方法，查找故障源，制订可行的故障排除方案，最终达到维修目的。

工作任务完成后，需按照操作规范，清理设备、清理工程垃圾，检查并关闭设备，整理好各项工具后，方可离开工作现场。

项目实施

项目实施地点		电子产品维修学习工作站		
序号	任务名称	学时	权重	备注
任务 1	液晶电视整机组成及结构	10	20%	
任务 2	电源故障分析与维修	12	25%	
任务 3	液晶面板故障分析与检修	12	25%	
任务 4	典型故障及维修	20	30%	
合　计		54	100%	

任务 1　液晶电视的整机组成及结构

任务目标

（1）了解液晶电视的组成；

（2）了解液晶电视的工作过程。

任务分析

一、液晶电视的基本电路组成

图 4.1 所示为液晶彩电的基本组成框图。图中上半部分的电路属于模拟电视信号处理电路，这部分电路与常规 CRT 彩电中的小信号处理电路基本相同，在很多液晶彩电中将这一部分电路做成一块单独的电路板，常称为模拟信号电路板。图中中部虚线框所围的电路属于液晶彩电中的数字信号处理电路，这部分电路是在常规 CRT 彩电中没有的，其主要作用是将视频信号进行数字化处理，以适应在液晶屏上显示，在很多液晶彩电中将这一部分电路做成一块单独的电路板，常称为液晶彩电数字信号电路板。下面简要介绍液晶彩电各基本电源电路的作用。

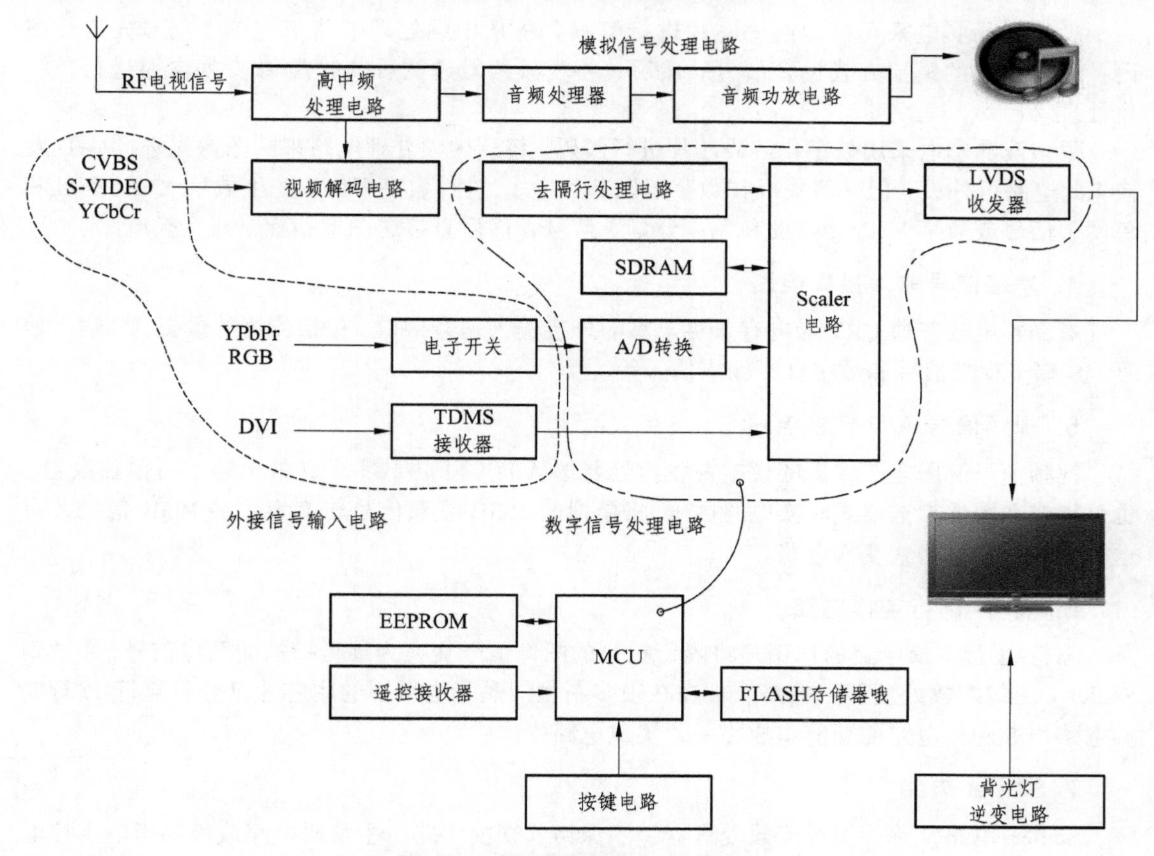

图 4.1　液晶电视的基本电路组成

1. 高中频处理电路

液晶彩电中，高频头的作用是将接收的 RF 电视信号转换成中频信号，送到中频信号处理电路，经中频信号处理电路解调后，输出视频信号和第二伴音中频信号 SIF，或者直接输出视频信号和音频信号 AUDIO。

现在很多新型液晶彩电中，也常使用高频电路＋中频处理一体化的高频头，它将常规高频头与中频解调电路集成在一起，直接输出解调后的视频信号 CVBS 和第二伴音中频信号 SIF，简化了电路结构。

2. 伴音（音频）处理电路

伴音处理电路主要由音频处理电路和音频功放电路组成，其作用是将接收到的第二伴音中频信号进行解调、音效处理、功率放大，推动扬声器发出声音。

在液晶彩电中，伴音处理电路常使用多制式、多功能电路，集成了伴音解调及音效处理功能。在很多液晶彩电中都使用新型的数字功放电路。

3. 视频信号解码电路

视频解码电路的作用是将接收到的视频全电视信号进行解码，解调出亮度/色度信号 Y/C、亮度/色差信号 YUV 或 RGB 信号。视频解码可分为模拟解码和数字解码两种类型。

少数液晶彩电采用模拟解码芯片进行解码。将从中频处理电路来的图像信号先进行解码，得到常规的模拟方式视频信号。然后，将视频信号送往后续的模/数变换电路进行数字化处理。

很多液晶彩电采用数字化解码芯片进行解码。将从中频处理电路来的图像先进行 A/D 转换（此电路可外设，但一般集成在数字解码芯片中），进行数字解码，产生数字 Y/C（亮度和色度）信号或数字 YUV（亮度和色差分量）信号，然后直接送图像扫描格式变换电路。

4. 外接信号输入接口电路

液晶彩电较普通 CRT 彩电有着更丰富的外接输入信号接口，包括传统的模拟 AV 输入信号、S 端子视频信号和数字视频输入信号等。

5. 视频信号 A/D 转换电路

视频信号解码电路输出的模拟视频信号要送 A/D（模拟/数字）转换电路（可单独设置，也可集成在图像扫描格式转换电路内），将模拟的 RGB 视频信号转换为数字 RGB 信号，再送往后面的扫描格式变换电路。

6. 隔行-逐行变换电路

隔行-逐行变换电路的作用是将隔行扫描的图像信号变换为逐行扫描的图像信号，并送到 Scaler（图像缩放处理器）电路。现在在很多新型液晶彩电采用的主芯片已经将隔行-逐行变换电路与 Scaler 电路的功能集成在一片集成电路中。

7. Scaler 电路

Scaler 电路常称为图像缩放处理器、图像格式变换电路、主解码电路或液晶彩电主控电路。一般由一块大规模集成电路组成，用以对图像扫描格式变换电路输出的数字图像信号进行缩放处理、画质增强处理等，再经输出接口电路送至液晶面板。

由于一个液晶面板的像素位置与分辨率在制造完成后就已经固定，但是电视信号和外部输入的图像信号格式却是多元的，当液晶面板接收不同分辨率的图像信号时，就要经过缩放处理将分辨率转换成液晶面板的固有分辨率才能在液晶面板上正常显示。所以输入的图像信号需要经过 Scaler 电路进行缩放处理，才能在液晶面板上显示出正确的图像。

随着技术的发展，超大规模集成电路的广泛使用，在液晶彩电中有时也将视频信号 A/D 转换电路、隔行-逐行变换电路、Scaler 电路功能集成在两片甚至一片集成电路内，组成液晶彩电单片电路或超级单片电路。

8. 液晶面板接口电路

经液晶彩电主控电路处理后的供液晶屏使用的数字化视频信号一般需要通过接口电路送到液晶面板，液晶显示面板与液晶彩电电路主板之间的接口有 TTL、LVDS、RSDS、TMDS 和 TCON 五种类型，其中 TTL 和 LVDS 接口最为常用。

TTL 接口是一种并行总线接口，它将 Scaler 电路输出的 TTL 电平数字视频信号使用并行的方式送往液晶板。根据不同的液晶面板分辨率，TTL 接口又分为 48 位或 24 位并行数字显示信号。

LVDS 是一串行总线接口，Scaler 电路输出的并行 TTL 电平数字视频信号经过 LVDS 发送电路转换成低电平 LVDS 格式的串行信号，送往液晶面板。与 TTL 接口相比，串行接口有更高的传输率（可达 GB/s），更低的电磁辐射和电磁干扰，并且需要的数据传输线也比并行接口少很多，所以 LVDS 接口应用十分广泛。

9. 逆变电路（背光灯高压电路）

逆变电路也称为逆变器，其作用是将开关电源输出的低压直流电压转变为液晶面板背光电路所需的高压交流电，点亮液晶面板中的 CCFL 或 EEFL 背光灯。在 LED 液晶彩电中，逆变电路板（或称 LED 驱动电路）的任务是产生背光 LED 驱动信号，点亮 LED 背光灯。

10. 液晶面板部分

液晶面板也称液晶显示模块，是液晶彩电的核心部件，主要包含液晶屏、LVDS 接收器、驱动 IC 电路（包含数据驱动 IC 与栅极驱动 IC）、时序控制 IC（Timing Controller，TCON）和背光源等。

驱动 IC 和时序控制 IC（TCON）是附加于液晶面板上的电路。TCON 负责决定像素显现的顺序与时机，并将信号传输给驱动 IC。其中纵向的驱动 IC（源极驱动 Source Driver IC）负责视频信号的写入，横向的驱动 IC（栅极驱动 Gate Driver IC）控制液晶屏上 TFT 晶体管的开/关，配合其他组件的动作，即可在液晶屏上显示出影像。

11. 微控制器电路

微控制器电路主要包括 MCU（微控制器）、存储器等，是整机的指挥中心。其中，MCU 用来接收按键信号、遥控信号，然后再对相关电路进行控制，以完成指定的功能操作。EEPROM 存储器用于存储频道设置、亮度、对比度、音量等用户数据，FLASH 存储器用于存储液晶彩电的设备数据及运行程序。

12. 电源电路

液晶彩电的电源电路分为开关电源和 DC/DC 变换器两部分，其中开关电源用于将市电交流 220 V 转换为 12 V 直流电源（有些机型位 14 V、18 V、24 V 或 28 V）；DC/DC 直流交换器用以将开关电源产生的直流电压（如 12 V）转换成 5 V、3.3 V、2.5 V 等电压，供给整机小信号处理电路使用。

二、液晶彩电基本工作过程

由高频头输出的中频信号 IF 加到中频处理电路，解调得到彩色全电视信号 CVBS 和第二伴音音频信号 SIF（或音频信号 AUDIO）。解调得到的第二伴音信号 SIF（或音频信号 AUDIO）送至音频处理电路，经解调和音效处理后，加到音频功放电路，驱动扬声器发出声音。解调得到的彩色全电视信号 CVBS 送到视频解码电路，视频解码分模拟解码和数字解码两种形式。

对于采用模拟解码芯片的液晶彩电，从中频处理电路来的 CVBS 图像信号，送到模拟视频解码芯片后先进行模拟解码，产生模拟的 RGB 信号，送到外部 A/D（模拟/数字）转换电路（可外设，也可集成在去隔行处理电路中）。

对于采用数字解码芯片的液晶彩电，从中频处理电路来的 CVBS 图像信号，经数字视频解码芯片内部 A/D 转换电路后，将模拟的视频信号变换为数字视频信号，然后进行数字解码，产生数字 Y/C（亮度和色度）信号或数字 YUV（亮度和色差分量）信号，直接送到去隔行处理电路。

送到去隔行处理电路的视频信号，在帧存储器的配合下，经隔行-逐行变换，变换为逐行扫描的信号，加到 Scaler 电路，经图像缩放处理，由液晶面板接口电路输出到液晶面板，驱动面板显示出图像。

想一想

（1）电视机是如何实现彩色显示的？

（2）CRT 电视机和 LCD 电视最大的不同在哪里？

三、输入信号通路

如图 4.2 所示，在液晶彩电的背面，有许多的输入信号端口，我们需要对这些端口进行认识。

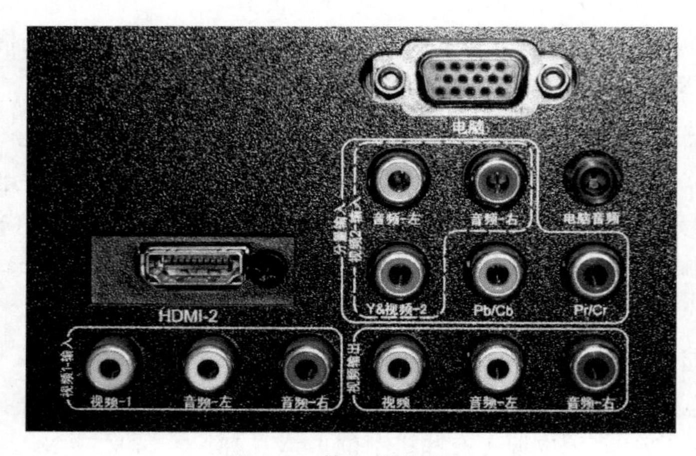

图 4.2　输入信号端口

1. AV 输入接口

AV 接口也是所有类型彩电必备的输入端口之一，如图 4.3 所示。AV 接口可以算是 TV 的改进型接口，在外观方面有很大的不同，分为了 3 条线，即左右音频接口（白色与红色线，组成左右声道）和视频接口（黄色）。AV 接口实现了音频和视频的分离传输，这就避免了因为音/视频混合干扰而导致图像质量下降的现象。但由于 AV 接口传输的仍然是一种亮度/色度（Y/C）混合的视频信号，仍然需要显示设备对其进行亮/色分离和色度解码才能成像，这种先混合再分离的过程必然会造成色彩信号的损失，色度信号和亮度信号也会有很大的机会相互干扰从而影响最终输出的图像质量。

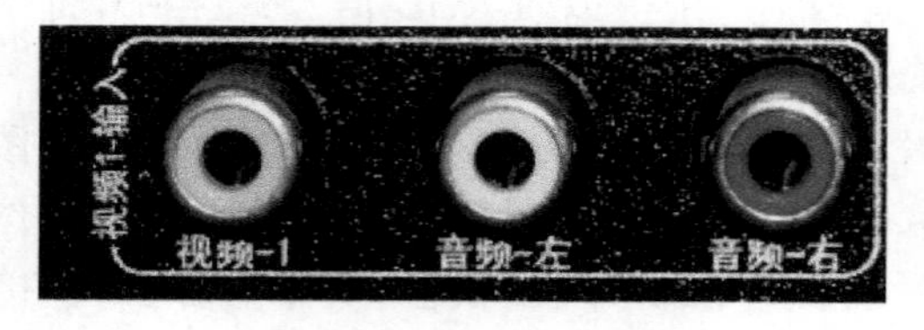

图 4.3　AV 输入接口

2. 色差分量端口

红、绿、蓝是色彩显示原理中的三种原色，称为三基色。色差分量端口（见图 4.4）输入的信号为亮度信号 Y、红色差信号 R-Y、蓝色差信号 B-Y。接口的标识常用 YPbPr、YCbPr、YUV、Y/B-Y/B-Y 等表示。在 3 条线的接头处分别用绿、蓝、红色进行区别，这 3 条线如果相互之间插错了，可能会显示不出画面，或者显示出奇怪的色彩来。色差连接还需要独立的 2 条音频线，类似于 AV 中的红线和白线，负责左右声道。色差分量接口是模拟接口，支持传送 480i/480p/720p/1080i/1080p 等格式的视频信号，用于连接 DV 机、摄像机、PS2、XBOX、NGC 游戏机及一些专业级视频设备。

图 4.4　色差分量端口

色差分为逐行和隔行显示，一般来说分量接口上面都会有几个字母来表示逐行和隔行的，用 YCbCr 表示的是隔行，用 YPbPr 表示则是逐行。如果电视只有 YCbCr 分量端子的话，则说明电视不能支持逐行分量；而用 YPbPr 分量端子的话，便说明支持逐行和隔行两种分量了。一般来说，档次好一些的电视拥有二组甚至三组分量接口，稍差一些的电视可能只有一组隔行。

3. VGA 输入接口

VGA 接口就是计算机显卡上输出模拟视频信号的接口，也叫 D-Sub 接口，属于计算机显示器的标准接口，如图 4.5 所示。VGA 接口是一种 D 型接口，上面共有 15 针脚，分成 3 排，每排 5 个，用以传输模拟信号，通过 VGA 接口，可以将计算机输出的模拟信号加到液晶彩电中。

图 4.5　VGA 输入接口

4. HDMI 接口

HDMI（High-Definition Multimedia Interface）又被称为高清晰度多媒体接口，如图 4.6 所示。它是首个支持在单线缆上传输，不经过压缩的全数字高清晰度、多声道音频和智能格式与控制命令数据的数字接口。

作为最新一代的数字接口，HDMI 最大的好处在于只需要一条线缆，便可以同时传送视频与音频信号，而不像此前那样需要多条电缆线来完成连接。另外，HDMI 也是完全数字化的传输方式，无须进行数/模或模/数转换，能取得更高的音频和视频传输质量。

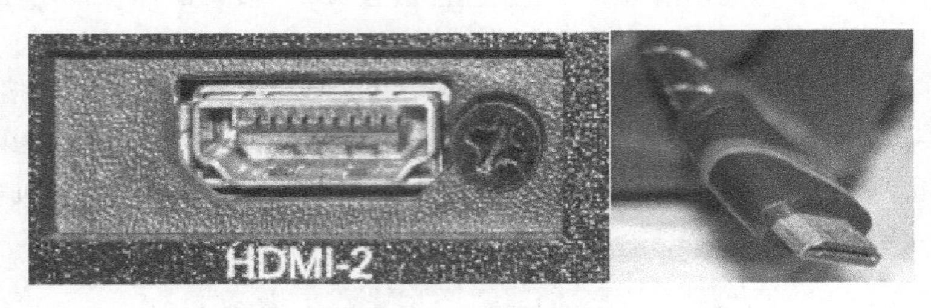

图 4.6　HDMI 接口

任务评价

任务考核评价表

任务名称：平板电视的整机组成及结构

<table>
<tr><td colspan="10">班级：　　　　姓名：　　　　学号：　　　　指导教师：</td></tr>
<tr><td rowspan="3">评价项目</td><td rowspan="3">评价标准</td><td rowspan="3">评价依据
（信息、佐证）</td><td colspan="3">评价方式</td><td rowspan="3">权重</td><td rowspan="3">得分小计</td><td rowspan="3">总分</td></tr>
<tr><td>小组评价</td><td>学校评价</td><td>企业评价</td></tr>
<tr><td>0.1</td><td>0.8</td><td>0.1</td></tr>
<tr><td>职业素质</td><td>1. 遵守企业管理规定、劳动纪律；
2. 按时完成学习及工作任务；
3. 工作积极主动、勤学好问</td><td>实习表现</td><td></td><td></td><td></td><td>0.2</td><td></td><td rowspan="3"></td></tr>
<tr><td>专业能力</td><td>1. 拆装工具的使用；
2. 典型故障的判断与维修；
3. 严格遵守安全生产规范</td><td>1. 书面作业和检修报告；
2. 实训课题完成情况记录</td><td></td><td></td><td></td><td>0.7</td><td></td></tr>
<tr><td>创新能力</td><td>能够推广、应用国内相关职业的新工艺、新技术、新材料、新设备</td><td>“四新”技术的应用情况</td><td></td><td></td><td></td><td>0.1</td><td></td></tr>
<tr><td>指导教师综合评价</td><td colspan="9">

指导老师签名：　　　　　　　　　　日期：</td></tr>
</table>

注：将各任务考核得分按照各任务课时所占本教学项目课时的比重折算到教学项目过程考核评价表中。

任务延伸与拓展

TCL L32V10 一体机拆装流程

1. 拆出后盖螺丝（见图 4.7）

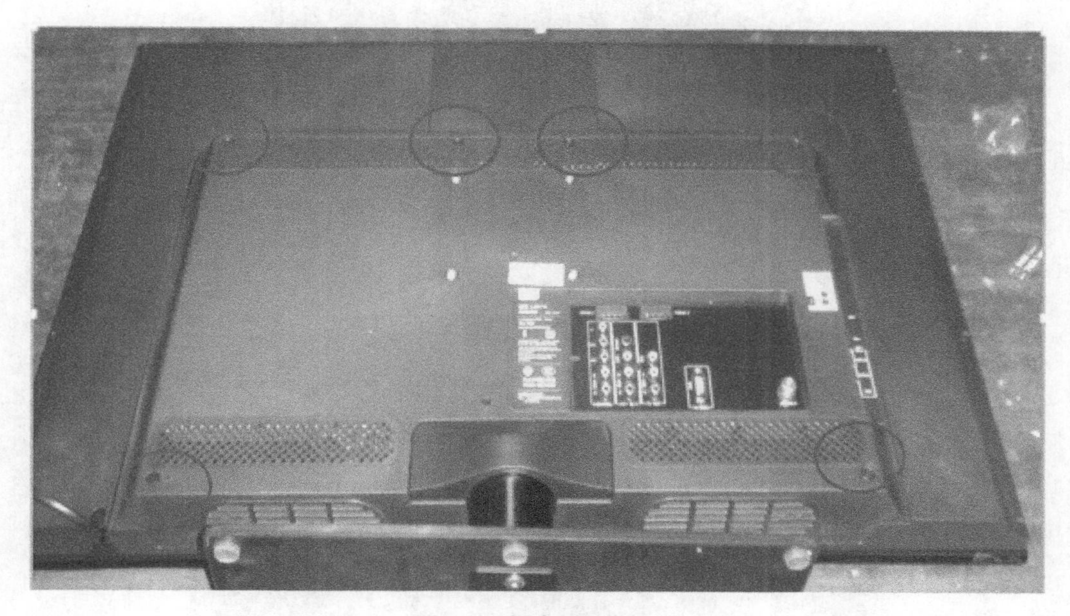

图 4.7　拆出后盖螺丝

2. 打开后盖面板（见图 4.8）

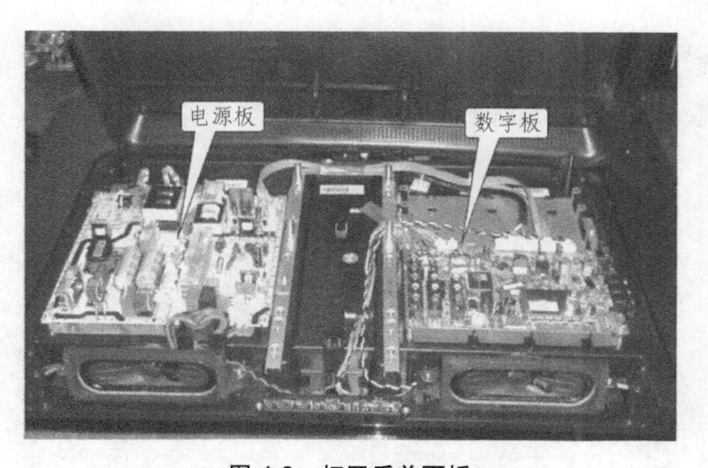

图 4.8　打开后盖面板

3. 拆出 T–CON 盖板（见图 4.9）

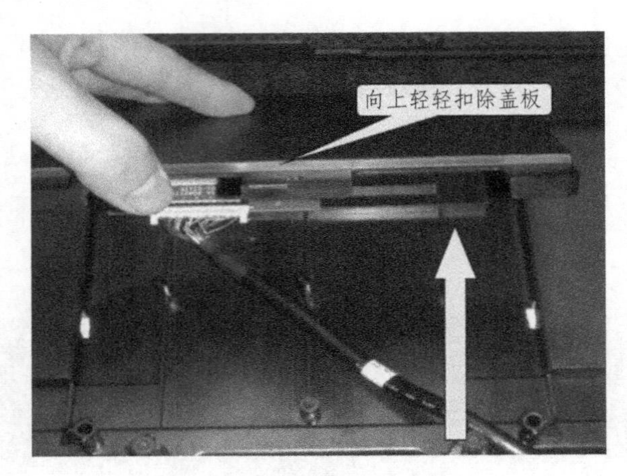

图 4.9 拆出 T-CON 盖板

4. 拆出面板（见图 4.10）

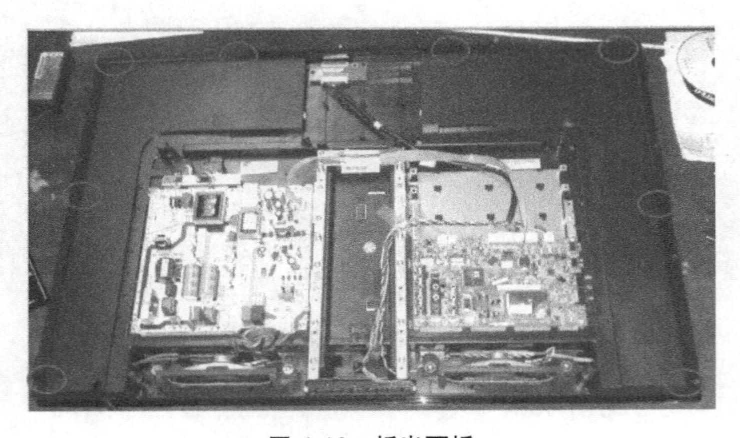

图 4.10 拆出面板

5. 取出面壳（见图 4.11）

翻转机器，取出面壳，注意取出屏的四周固定螺丝。

图 4.11 取出面壳

6. 取出 T–CON 板（见图 4.12）

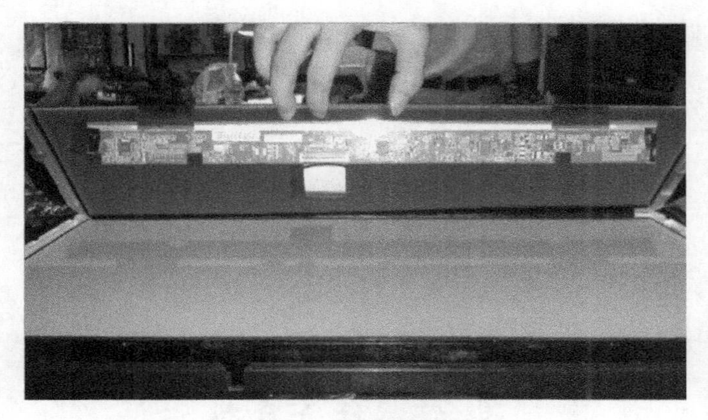

图 4.12　取出 T-CON 板

7. 分别打开液晶屏（见图 4.13）

图 4.13　分别打开液晶屏

8. 安装（见图 4.14）

在装回屏时，注意定位，使用手动螺丝刀，防止损坏液晶屏。

图 4.14　安装示意图

做一做

按照正确的步骤对电视机进行拆装。

任务2 电源故障分析与维修

任务目标

（1）了解电源电路的结构及工作原理；

（2）了解电源电路故障原因；

（3）掌握电源电路维修方法。

任务分析

开关电源打破了传统的稳压模式，它通过调整元器件工作在开关状态，即通过调整开关元器件的开关时间来实现稳压。开关电源具有体积小、质量轻、功耗小、稳压范围宽等特点，被广泛应用在液晶彩电电源中。在液晶彩电中，开关电源电路（见图4.15）属高电压、大电流电路，因此比较容易出现故障，可以说是液晶彩电故障率最高的电路之一。

图4.15 开关电源电路示意图

一、电源电路概述

在液晶彩电中涉及电源电路的部分可以分为三大块，如图 4.16 所示。而这三大块电路又分别位于三块独立的电路板中。

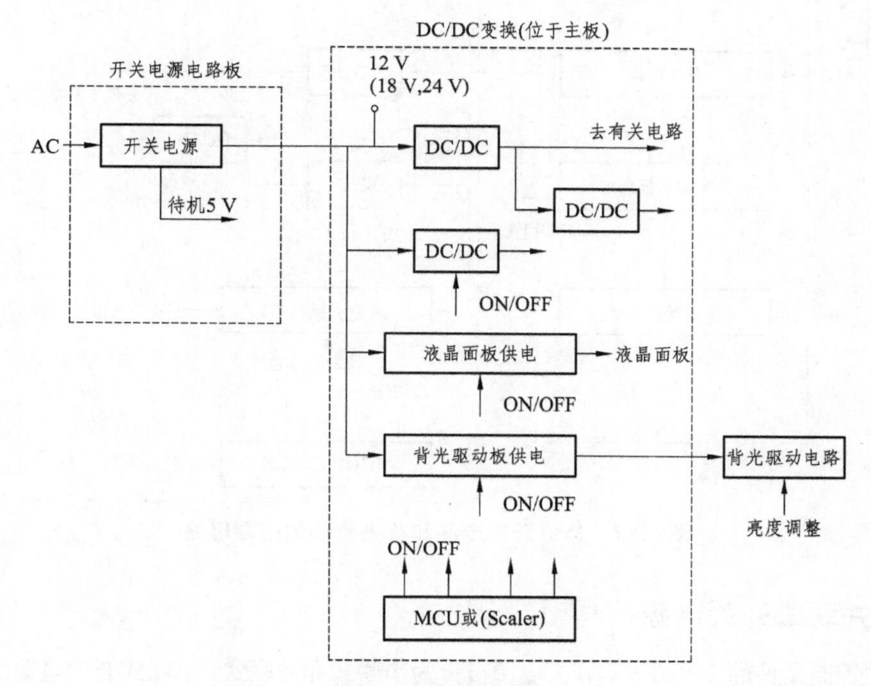

图 4.16　电源电路

第一块是常规的开关电源部分，它的作用主要是将交流市电转换成直流电压。与 CRT 彩电不同，在液晶彩电中开关电源输出的是低压直流电压，且输出电压的组数较少。很多液晶彩电的开关电源只输出一组直流电压，电压以 12 V 居多（也有的为 18 V、24 V）。液晶彩电开关电源输出的直流电压为低电压，故液晶彩电高频头上使用的 30 V 调谐电压常使用倍压电路产生，而不是像 CRT 彩电使用稳压管由高电压降压产生。

第二块是 DC/DC 变换电路，位于液晶彩电的主板中。在液晶彩电中常常设置很多组 DC/DC 变换电路（这是与常规 CRT 彩电的不同之处，在常规的 CRT 彩电中 DC/DC 变换器使用的较少）。通过 DC/DC 变换电路，将开关电源输出的单一电压转换成不同单元电路所需要的电压值，常见的有 5 V、3.3 V、1.8 V 等。之所以需要这么多组低压直流电源，是因为液晶彩电中大量使用大规模数字电路的需要。例如，液晶彩电中的图像缩放电路 Scaler 就可能使用到 5 V、3.3 V、1.8 V 等几种不同的电压来进行供电。有的 DC/DC 变换器的输出电压还受微处理器或图像缩放电路 Scaler 的控制。DC/DC 变换电路的输入电压来自开关电源，输出电压送往各单元电路。

第三块是为驱动液晶屏背光而设置的背光驱动电路，在采用 CCFL、EEFL 作为背光源的液晶彩电中也称高压板、逆变器、高压逆变器。逆变器的电源来自开关电源，输出电压用来点亮背光灯

另外，也有很多液晶彩电将开关电源和背光驱动电路集成在一块电源电路板上，如图 4.17 所示。

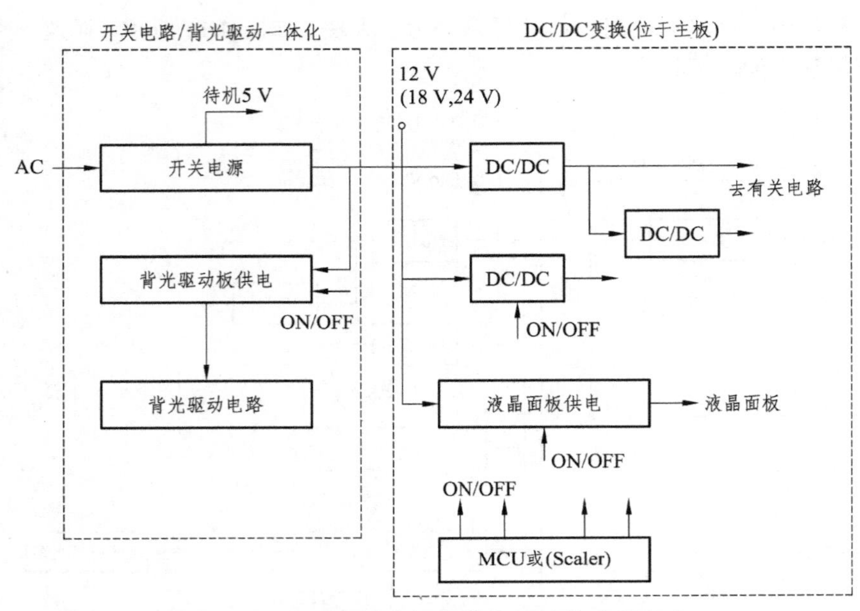

图 4.17 集成开关电源和背光驱动的电源电路

二、并联式开关电源

按开关控制器件的连接方式，开关电源可分为串联式和并联式。串联式开关电源的开关控制器件和脉冲变压器串联在输入电路和负载之间，这样会导致开关电源的底板带电，不方便安装接口电路。因此，液晶彩电全部采用并联式开关电源。并联式开关电源结构示意图如图 4.18 所示。

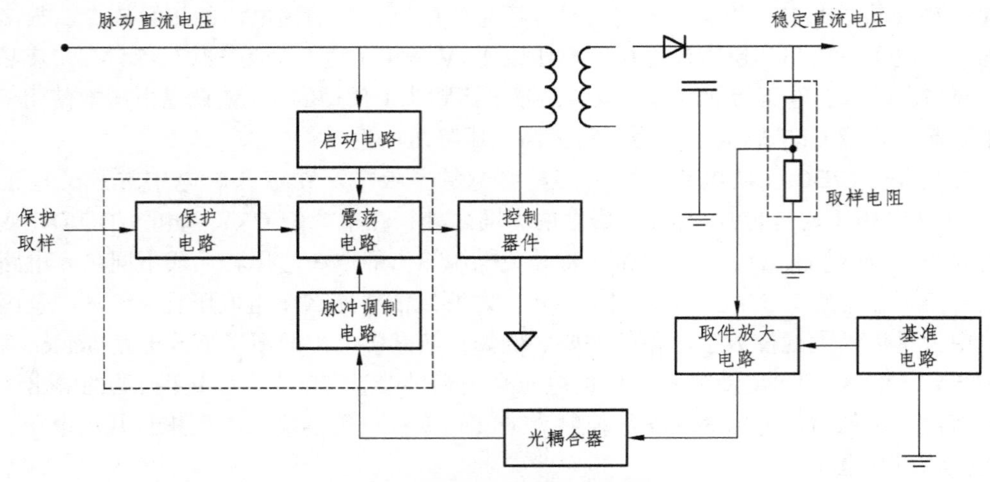

图 4.18 并联式开关电源结构示意图

并联式开关电源的开关器件与输入电压和输出电压并联，通过不同的脉冲变压器二次侧绕组抽头，产生几组不同的直流电压输出，以满足不同的电压要求。图 4.2.4 中的光耦合器有的电路采用，有的电路不采用。

并联式开关电源具有如下优点：

（1）开关变压器的一次侧、二次侧是完全隔离的，二次电路与一次电路不共地。这不但提高了安全性，而且方便安装接口电路。

（2）稳压范围宽，只要略微改变一下开关脉冲的占空比，便能达到输出电压的稳定。

但是，并联式开关电源也存在不少缺点：

（1）开关管截止时，其开关管 c 极承受的最高峰值电压为 $U_i + U_o$；开关饱和时，二次侧整流管承受的最高峰值电压也为 $U_i + U_o$。所以对电源开关管及开关变压器二次侧所接的整流管的耐压要求较高。

（2）负载发生短路时，开关变压器各绕组呈低阻，这有可能导致开关管因开启损耗大而损坏。

（3）开关管饱和时开关变压器储存能量，开关管截止时开关变压器向负载开关变压器向负载释放能量，所以要求开关变压器的电感量要足够大，才能满足负载在一个周期内所需要的能量。

（4）在开关管饱和期间，开关管集电极电流随着电容 C 的充电而逐渐下降。为了保证截止前瞬间仍能饱和，正反馈脉冲电压必须达到规定值，否则在开关管饱和后期，开关管会因激励不足而损坏。

正因为并联式开关电源存在这些缺点，所以并联式开关电源除了由启动电路、振荡电路、误差取样放大电路和脉宽调节电路组成的常规电路外，为了保证开关电源和负载电路可靠地工作，还设置许多附属电路。例如，为防止开关管因开启损耗大获关断损耗大而损坏，设置了开关管恒流激励电路；为了防止负载短路使开关管因过电流损坏，设置了开关管过电流保护电路；为了防止开关管和负载元器件因过电压损坏，设置了过电压保护电路；为了防止开关管因二次击穿损坏，设置了尖峰吸收电路；为了防止市电过低，使开关管因开启损耗大而损坏，设置了欠电压保护电路。这些附属电路的加入使电源电路工作的安全性及可靠性大大提高，但同时也使电路的结构更加复杂，元器件数量大大增多，从而导致维修难度加大。

液晶彩电并联式开关电源的基本原理图如图 4.19 所示。其中，V 为开关管（NPN 晶体管或 N 沟道场效应管），T 为开关变压器，VD 为整流二极管，C 为滤波电容，R_L 为负载电路。

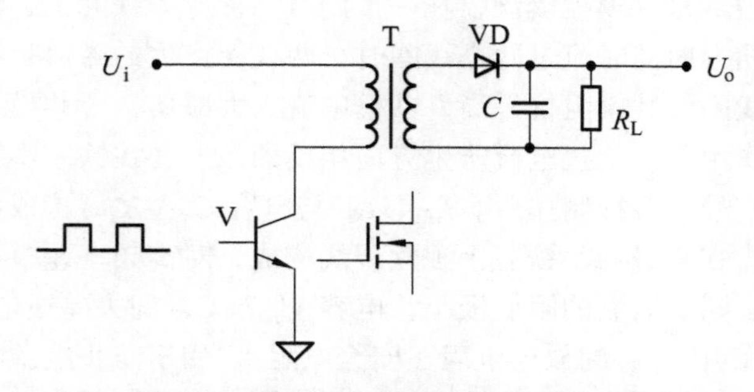

图 4.19　并联式开关电源的基本原理图

当激励脉冲为高电平时，V 饱和导通，则 T 的一次绕组的磁能因 V 的集电极电流逐渐升高而增加。由于二次绕组感应的电压的极性为上负、下正，整流管 VD 截止，电能便以磁能的形式储存在 T 中。在 V 截止期间，T 各个绕组的脉冲电压反向，则二次绕组的电压变为上正、下负，整流管 VD 导通，T 储存的能量经 VD 整流向 C 与负载释放，产生了直流电压，为负载电路提供供电电压。

由以上分析可知，并联式开关电源是反激式开关电源，即开关管导通期间，整流管 VD 截止，在开关管 V 截止期间，整流管 VD 导通，向负载提供能量。所以，不但要求开关变压器 T 的电感量、滤波电容 C 的容量大，而且开关电源的内阻应较大。

三、开关电源基本电路组成

液晶彩电的开关电源主要由交流抗干扰电路、整流滤波电路、功率因数校正电路（多数机型有此电路）、启动电路、开关电源控制电路、稳压电路、保护电路等几部分构成。

1. 交流抗干扰电路

开关电源两根交流进线上存在共模干扰（两根交流进线上接收到的干扰信号，相对参考点大小相等、方向相同，如电磁感应）和差模干扰（两根交流进线上接收到的干扰信号相对参考点大小相等、方向相反，如电网电压瞬时波动），两种干扰以不同比例同时存在。开关电源中，整流电路、开关管的电流电压快速上升或下降，电感、电容的电流也迅速变化，这些都构成电磁干扰源。为了减少干扰信号通过电网影响其他电子设备的正常工作，也为了减少干扰信号对本机音视频信号的影响，需要在交流进线侧加装线路滤波器，即交流抗干扰电路。常用交流抗干扰电路如图 4.20 所示。

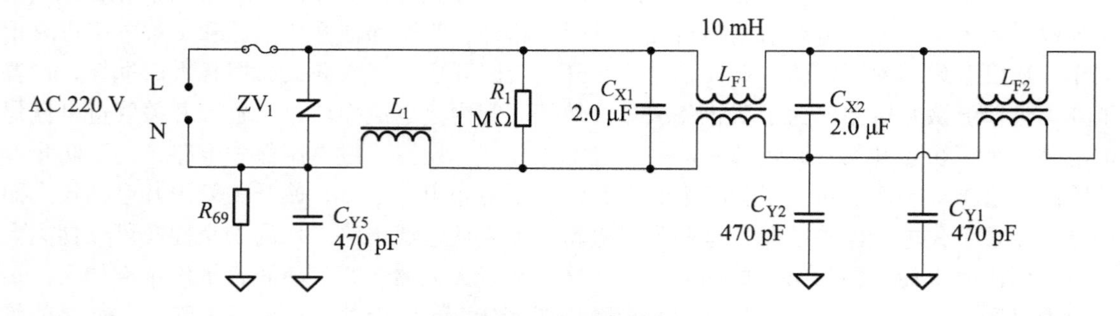

图 4.20 交流抗干扰电路

图 4.20 中，L_{F1}、L_{F2} 是共模扼流圈，在一个闭合高磁导率铁芯上，绕制两个绕向相同的线圈。共模电流以相同方向同时流过两个线圈时，两线圈产生的磁通是相同方向的，有相互加强的作用，使每一线圈的共模阻抗提高，共模电流大大减弱，对共模干扰有较强的抑制作用。在差模干扰信号作用下，干扰电流产生方向相反的磁通，在铁芯中相互抵消，使线圈电感几乎为零，对差模信号没有抑制作用。L_{F1}、L_{F2} 与电容 C_{Y1}、C_{Y2} 构成共模干扰抑制网络。

L_1 是差模扼流圈，在高磁导率铁芯上独立绕线构成，对高频率差模电流和浪涌电流有极高的阻抗，对低频（工频）电流的阻抗极小。电容 C_{X1}、C_{X2} 滤去差模电流，与 L_1 构成差模干扰抑制网络。R_1 是 C_{X1}、C_{X2} 的放电电阻（安全电阻），用于防止电源线拔插时电源线插头长时间带电。安全标准规定，当正在工作中的电气设备电源线被拔掉时，在 2 s 内，电源线插头两端带电的电压（或对地电位）必须小于原电压的 30%。

需要特别注意的是电容 C_X、C_Y 为安全电容，必须经过安全检测部门认证并标有安全认证标志。C_Y 电容一般采用耐压为 AC 275 V 的陶瓷电容，但其真正的直流耐压高达 4 000 V 以上。因此，C_Y 电容不能随便用耐压 AC 250 V 或 DC 400 V 之类的电容来代替。C_X 电容一般采用聚丙烯薄膜介质的无感电容，耐压为 AC 250 V 或 AC 275 V，但其真正的直流耐压达 2 000 V 以上，也不能随便用耐压 AC 250 V 或 DC 400 V 之类的电容来代替。

2. 整流滤波电路

整流滤波电路的作用是将交流电转换为 300 V 左右的直流电压。开关电源电路中通常采用桥式整流和电容滤波方式，典型电路如图 4.21 所示。

$VD_1 \sim VD_4$ 是 4 只整流二极管，C 是 300 V 滤波电容。通过桥式整流电路，可以将交流电压转换成单向脉动的直流电压。通过电容滤波，可将单向脉动的直流电压转换为平滑的直流电压。

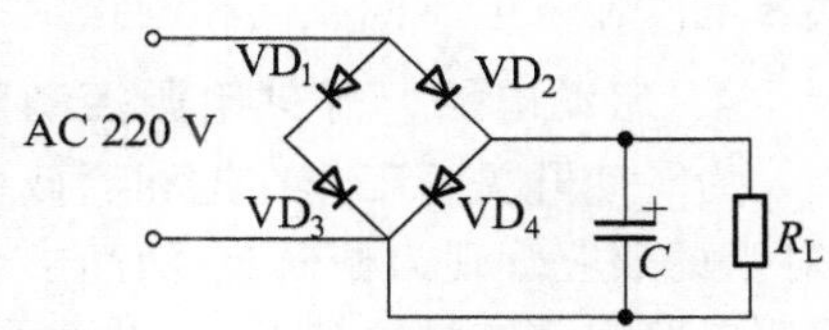

图 4.21　整流滤波电路

3. 功率因数校正（PFC）电路

功率因数校正（PFC）电路分为无源和有源两种。无源校正电路通常由大容量的电感、电容和工作于工频电源的整流器组成，电路较简单，但效率低。因此，液晶彩电中一般不采用。有源校正电路一般由功率因数校正集成电路为核心，工作于高频开关状态，可以得到高于 0.99 的线路功率因数，并具有低损耗和高可靠等优点，输出不随输入电压波动变化，可获得高度稳定的输出电压，但电路较复杂。在液晶彩电中，有源 PFC 电路应用比较广泛。

有源 PFC 电路框图如图 4.22 所示。从图中可以看出，这是一个由储能电感 L、场效应功率开关管 V、二极管 VD_2 构成的升压式 DC-DC 变换器。

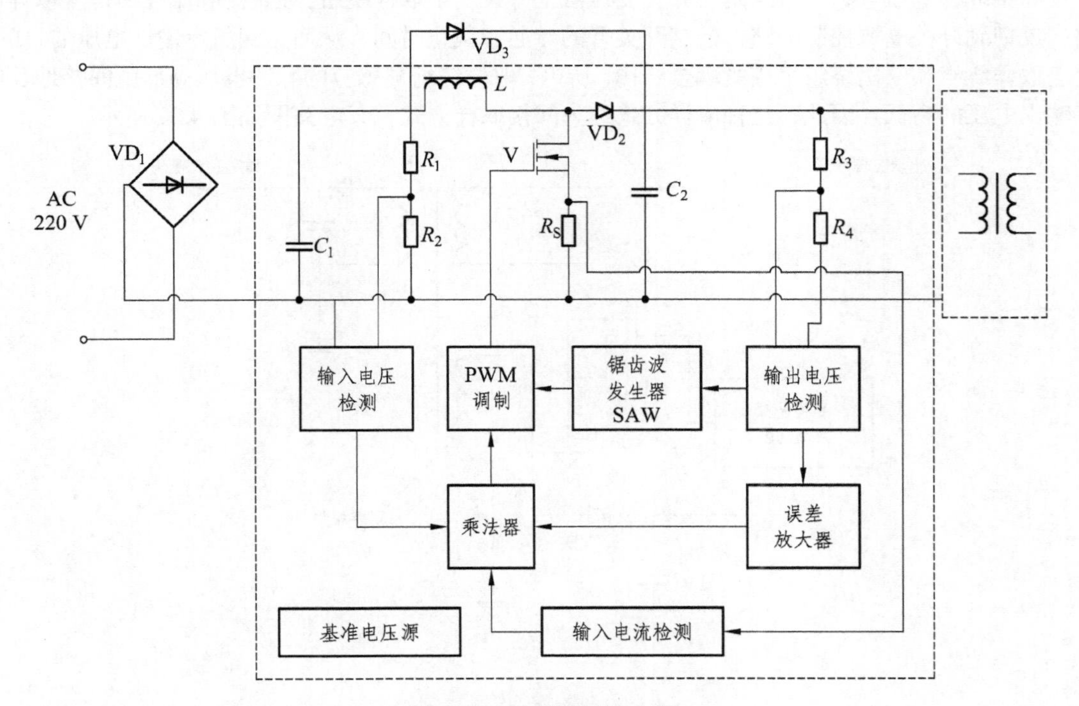

图 4.22　有源 PFC 电路

整流输入电压由 R_1、R_2 分压后，经输入电压检测电路后送到乘法器，场效应开关管的源极电流经输入电流检测后也加到乘法器，输出电压由 R_3、R_4 分压后，送到输出电压检测电路，经与参考电压比较和误差放大后也送到乘法器。

在较大动态范围内，模拟乘法器的传输特性呈线性。当正弦波交流输入电压从零上升至峰值期时，乘法器将三路输入信号处理后，输出相应电平去控制 PWM 比较器的门限值，然后与锯齿波比较，产生 PWM 调制信号，加到 MOSFET 场效应管 V 的栅极，调整场效应管漏、源极导通宽度和时间，使它同步跟踪电网输入电压的变化，让 PFC 电路的负载相对交流电网呈纯电阻特性。结果，使流过一次回路感性电流峰值包络线紧跟正弦交流输入电压变化，获得与电网输入电压同频同相的正弦波电流。

4. 启动电路、开关电源控制电路和开关管

为了使开关管工作在饱和、截止的开关状态，必须有一个激励脉冲作用到开关管的基极（对于场效应管则为栅极），液晶彩电一般采用他激式电源，这个激励脉冲一般是由开关电源控制电路内部的振荡器产生。而振荡器的工作电压则由启动电路来提供。在开关管饱和期间，要求振荡器能为开关管提供足够大的基极电流，否则开关管会因开启损耗大而损坏。在开关管由饱和转向截止时，基极必须加反向电压，形成足够的基极反向拉出电流，使开关管迅速截止，减小关断损耗给开关管带来的危害。

5. 稳压电路

为了使开关电源的输出电压不因市电电压、负载电流的变化而发生变化，必须通过稳压控制电路来对开关管的导通时间进行控制，达到稳定输出电压的目的。开关电源的稳压电路主要有两种形式，即间接取样稳压电路和直接取样稳压电路。

（1）间接取样稳压电路。

间接取样稳压电路的特点是在开关变压器上专设一个取样绕组，经整流和滤波后产生取样电路，反馈到开关电源控制电路，控制开关管的导通和截止时间，从而达到稳定输出电压的目的。由于取样绕组和二次绕组采用紧耦合结构，所以，取样绕组被感应的脉冲电压高低就间接地反映了输出电压的高低。因此，这种取样方式称为间接取样方式，其电路图如图 4.23 所示。

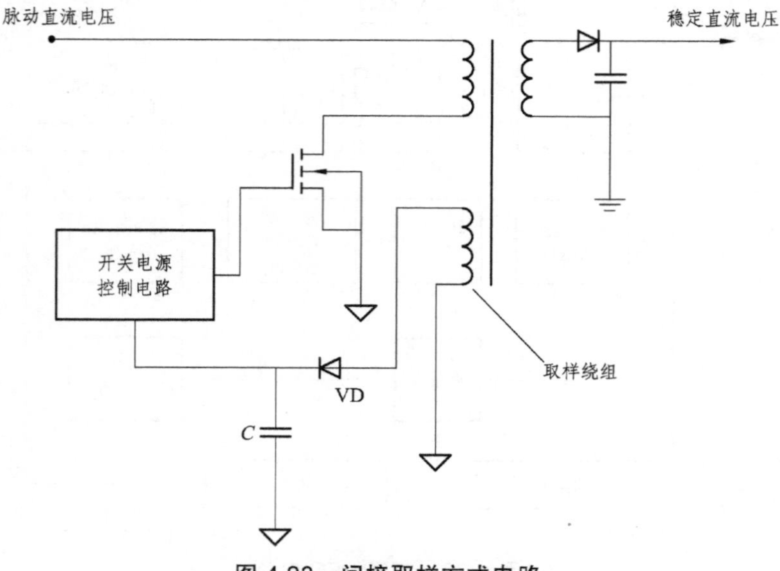

图 4.23　间接取样方式电路

间接取样方式的缺点是稳压瞬间响应差。当输出电压因市电电压等原因发生变化时，需经开关变压器的耦合才能反映到取样绕组，不但响应速度慢，而且不便于空载检修，检修时一般应在主电源输出端接假负载。

（2）直接取样稳压电路。

直接取样电路比间接取样电路复杂，主要有取样电阻、误差放大电路、基准电路、光耦合等组成，如图 4.24 所示。

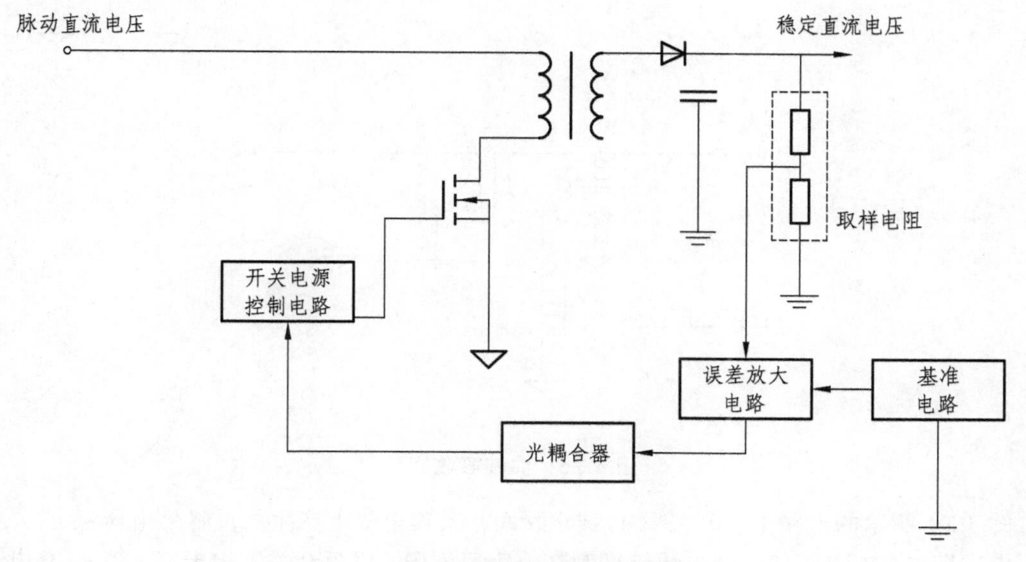

图 4.24　直接取样电路

直接取样稳压电路的原理是通过两个分压电阻，对电源主电压输出端的电压直接进行取样，然后将取样电压（两个取样电阻的分压）送到误差放大电路与基准电压进行比较，比较后的电压再通过光耦合器反馈到开关电源控制电路，控制开关管的导通和截止时间，从而达到稳定输出电压的目的。

直接取样稳压电路具有安全性能好、稳压反应速度快、瞬间响应时间短等优点，在液晶彩电开关电源电路中得到了广泛的应用。

在实际的开关电源电路中，基准电压电路和比较放大电路一般集成在一起。如常见的误差放大集成电路 TL431 就集成有基准电压和比较放大电路。

6. 保护电路

开关电源的许多元器件都工作在大电压、大电流条件下，为了保证开关电源及负载电路的安全，开关电源设置了许多保护电路。

（1）尖峰吸收回路。

由于开关变压器是感性器件，所以在开关管截止期间，其集电极上将产生尖峰极高的反峰值电压，容易导致开关管过电压损坏。为此，开关电源大都设置了尖峰吸收回路，如图 4.25 所示。

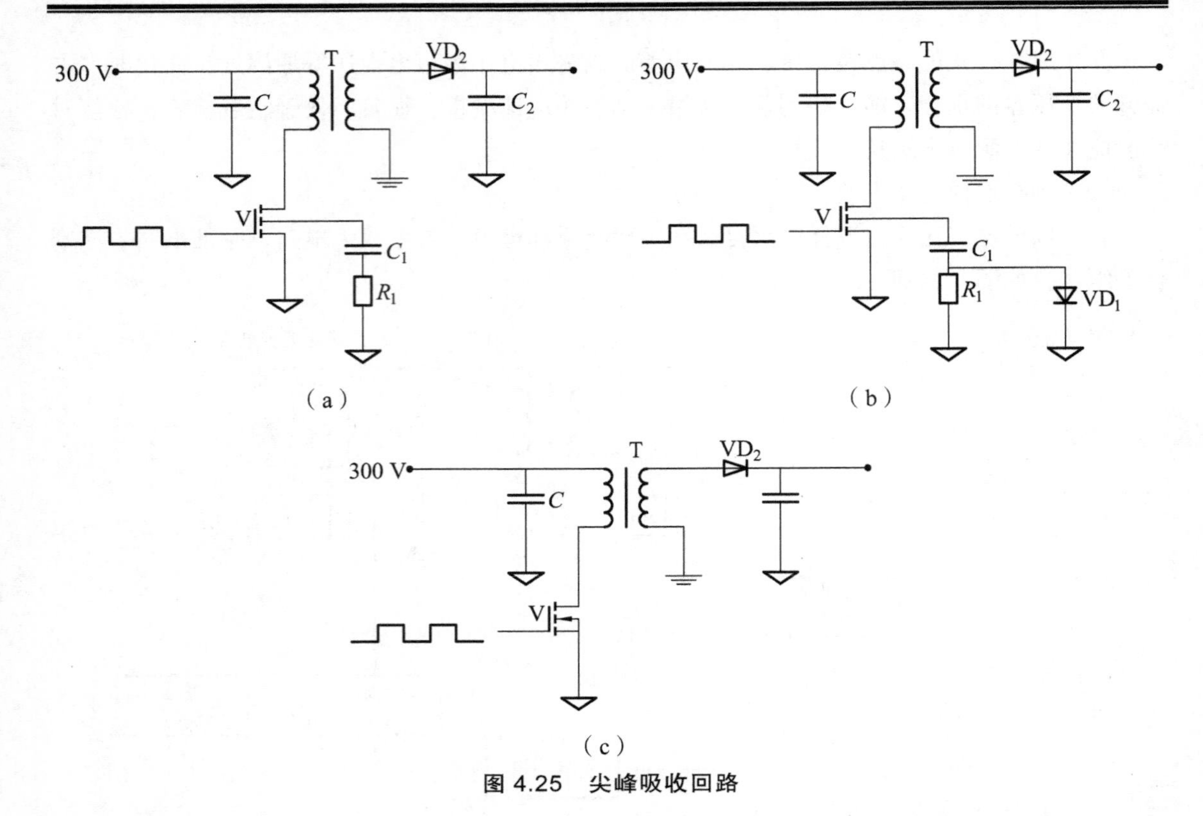

图 4.25 尖峰吸收回路

图（a）所示的电路中，开关管 V 截止瞬间，其集电极上产生的反峰值电压经 C_1、R_1 构成充电回路，充电电流使尖峰电压被抑制在一定范围内，以免开关管被击穿。当 C_1 充电结束后，C_1 通过开关变压器 T 的一次绕组、300 V 滤波电容 C、地、R_1 构成放电回路。因此，当 R_1 取值小时，虽然利于尖峰电压的吸收，但增大了开关管的开启损耗；当 R_1 取值大时，虽然降低了开关管的开启损耗，但降低了尖峰电压的吸收。

图（b）所示的电路是针对以上电路改进的，不但加装了二极管 VD_1，而且加大了 R_1 的值。这样一来，VD_1 的内阻较小，利于尖峰电压的吸收，而 R_1 的取值又较大，降低了开启损耗大对开关管 V 的影响。

图（c）所示的电路与图（b）所示的电路工作原理是一样的，吸收效果要更好一些。目前，液晶彩电的电源尖峰吸收回路基本上都采用这种形式。

（2）过电压保护。

为避免因各种原因引起的输出电压升高，而造成负载电路的元器件损坏，一般都设置过电压保护电路。有的在输出电压和地之间并联晶闸管 SCR，一旦电压取样电路检测到输出电压升高，就会触发晶闸管导通，起到过电压保护的功能；有的将过电压保护电路设置在开关电源控制芯片内部，在检测到输出电压升高时，直接控制开关管振荡电路停振，使开关电源停止工作，从而达到过电压保护的目的。

（3）过电流保护。

为了保护开关管因负载短路或过重而使开关管过电流损坏，开关电源必须具有过电流保护功能。

最简单的过电流保护措施是在线路中串入熔断器。液晶彩电中所使用的熔断器比较特殊，具有瞬间承受大电流冲击不会熔断的性能，称为延迟保险。在电流过大时，熔断器的动作不会很及时，只能起慢速保护的作用。另外，在整流电路中常接有限流电阻，一般采用功率很大的电阻，阻值为几欧姆，能起一定的限流作用。另一种比较有效的方法是在开关调整管的发射极或源极串接一只过电流检测小电阻。一旦由某种原因引起饱和时的电流过大，则过电流检测电阻上的压降增大，从而触发保护电路，使开关管基极上的驱动脉冲消失或调整驱动脉冲的脉宽，降低开关管的导通时间，达到过电流保护的目的。

（4）软启动电路。

开关电源一般在开机瞬间，由于稳压电路还没有完全进入工作状态，开关管将处于失控状态，极易因关断损耗大或过激励而损坏。为此，一些开关电源中设有软启动电路，其作用是在每次开机时，限制激励脉冲导通时间不至于过长，并使稳压电路迅速进入工作状态。

（5）欠电压保护电路。

当市电电压过低时，将引起激励脉冲幅度不足，导致开关管因开启损耗大而损坏，因此，有些开关电源设置了欠电压保护电路。欠电压保护电路一般设置在开关电源控制芯片内部，在检测到电压过低时，控制开关管振荡电路停振，使开关管停止工作，从而达到欠电压保护的目的。

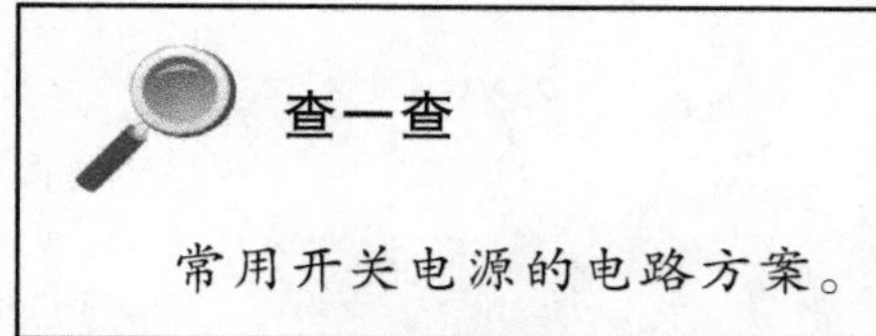

查一查

常用开关电源的电路方案。

任务评价

任务考核评价表

任务名称：电源故障分析与检修

<table>
<tr><td colspan="9">班级：　　　　姓名：　　　　学号：　　　　指导教师：</td></tr>
<tr><td rowspan="3">评价项目</td><td rowspan="3">评价标准</td><td rowspan="3">评价依据
（信息、佐证）</td><td colspan="3">评价方式</td><td rowspan="3">权重</td><td rowspan="3">得分小计</td><td rowspan="3">总分</td></tr>
<tr><td>小组评价</td><td>学校评价</td><td>企业评价</td></tr>
<tr><td>0.1</td><td>0.8</td><td>0.1</td></tr>
<tr><td>职业素质</td><td>1. 遵守企业管理规定、劳动纪律；
2. 按时完成学习及工作任务；
3. 工作积极主动、勤学好问</td><td>实习表现</td><td></td><td></td><td></td><td>0.2</td><td></td><td rowspan="2"></td></tr>
<tr><td>专业能力</td><td>1. 拆装工具的使用；
2. 典型故障的判断与维修；
3. 严格遵守安全生产规范</td><td>1. 书面作业和检修报告；
2. 实训课题完成情况记录</td><td></td><td></td><td></td><td>0.7</td><td></td></tr>
</table>

续表

创新能力	能够推广、应用国内相关职业的新工艺、新技术、新材料、新设备	“四新”技术的应用情况				0.1		
指导教师综合评价	指导老师签名：				日期：			

注：将各任务考核得分按照各任务课时所占本教学项目课时的比重折算到教学项目过程考核评价表中。

任务延伸与拓展

一、IPL42A/L 主要元件介绍（见图 4.26）

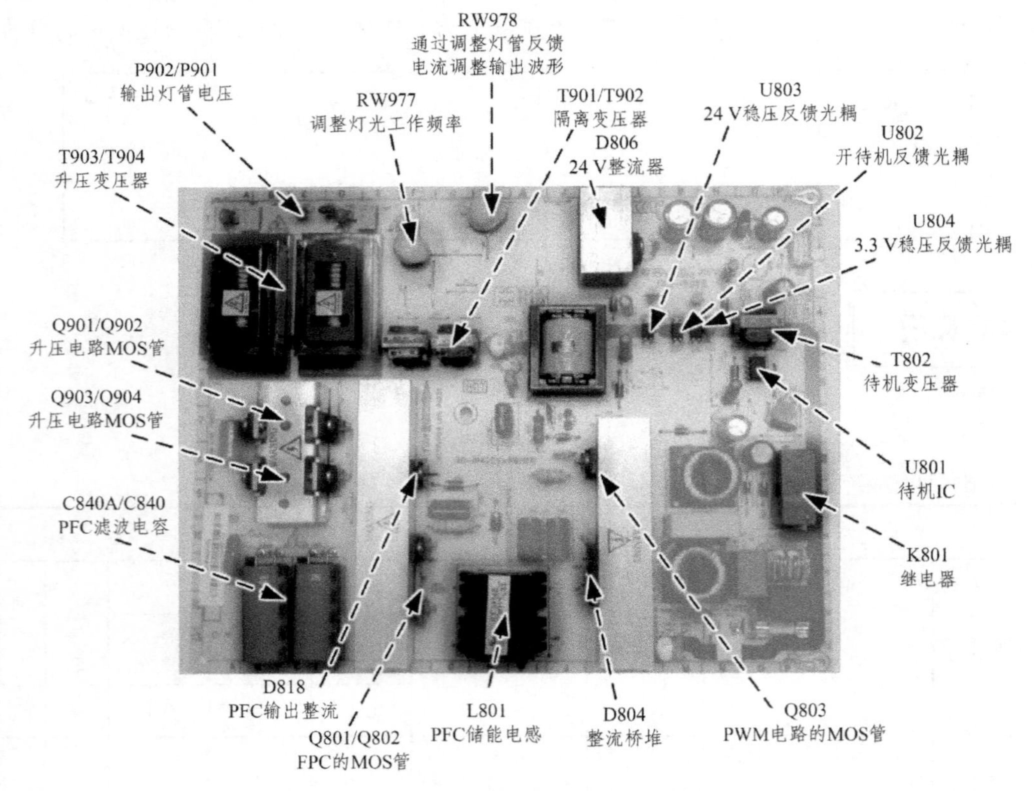

图 4.26　IPL42A/L

二、IPL42 电源的原理框图

1. IPL42 的启动时序

（1）插上 AC 220 V 的电源插头，3.3 V 待机电源（standy MCU）开始工作。

（2）P802 中的“P_ON”置高到 3.3 V，那么 K801（继电器）吸合，水桶电容充电，同时 U806（L6562A）被加电，PFC 电路开始工作；+24 V 的控制器 U805（FAN5571A）开始工作，输出 24 V。

（3）P802 中的“DIM”设置到 PWM 调光状态。

（4）P2 中的“BL-ON”置到高压 INVERTER 的控制。

（5）U901（OZ9926A）开始工作，控制升压变压器输出高压（见图 4.27）。

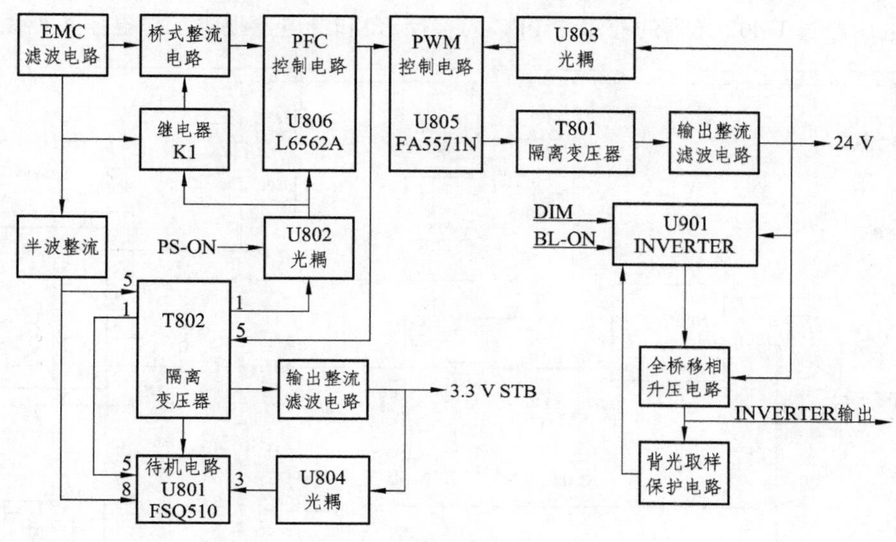

图 4.27

2. 输入滤波电路

差模干扰：来自电源火线，而经由零线返回的杂讯称为差模干扰。

共模干扰：来自电源火线或零线，而经由地线返回的杂讯称为共模干扰（见图 4.28）。

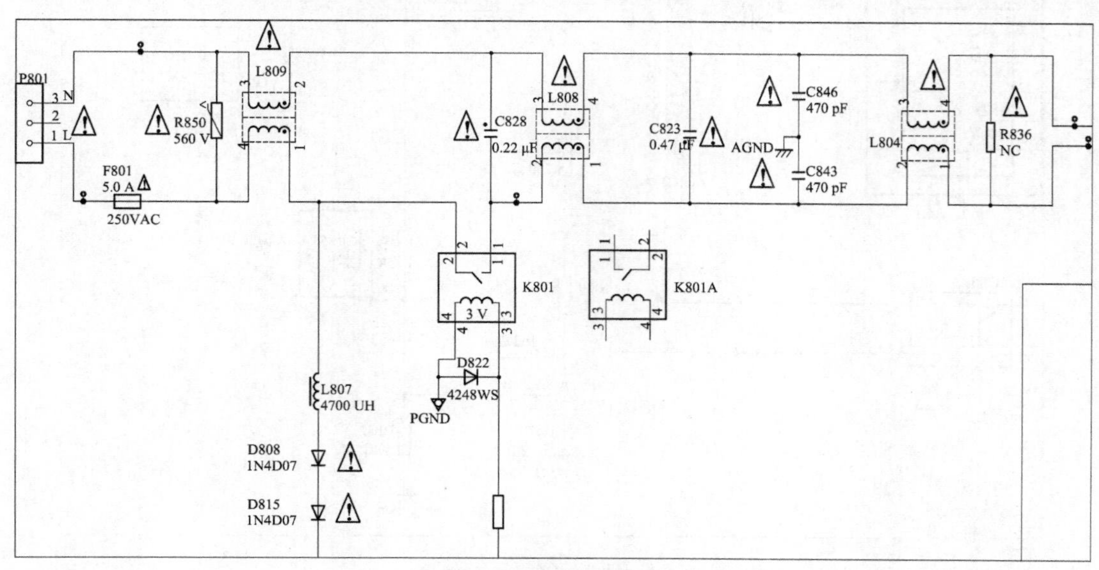

图 4.28　输入滤波电路

3. 待机电路

桥堆输出的直流通过 *R*819、*R*803 加到 U801 的 P8 脚，通过 IC 内部高压电流源给 U801 的 P5 外接的 *C*819 充电，当电压达到额定的 8.7 V 时，IC 开始工作。此时桥堆输出的电压就通过 *R*825、*R*801 到 T802 的 P5 脚再从 P4 脚输出到 U801 的 P7 脚。U801 的 P7 就是 U801 内部的漏极，因此就可以控制 T802 的 P5、P4 的电流流过。此时 T802 的副绕组和次级绕组感应到电流的变化，产生感应电压。其中副绕组输出经过 D814 整流给 U801 提供维持电压，同时这个 VC 电压经过 U802 光耦的控制给 PFC 的主控 IC 和继电器提供工作电压（见图 4.29）。

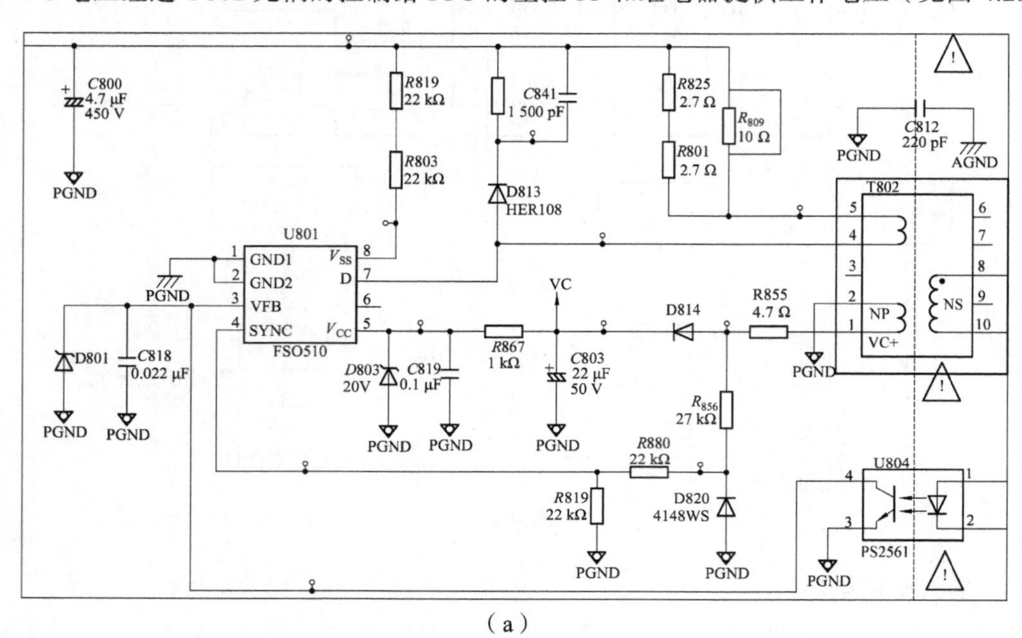

（a）

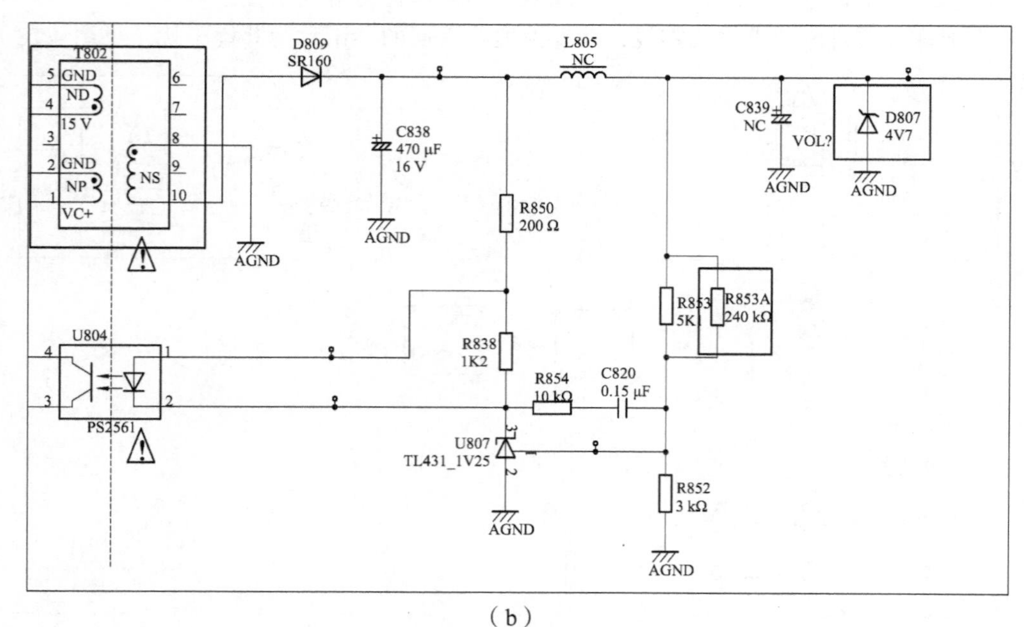

（b）

图 4.29　待机电路

4. PFC 主控 IC 供电电路

PFC 控制 IC 的供电时受 P-ON 信号控制。当 P-ON 的高电平通过 *R*881 加到 Q808 的 b 极，Q808 的 be 结饱和导通，此时 Q808 的 c 极的 *R*820 上的 3.3 V 会经过 Q808 加到光耦 U802 的初级的 P1 脚。此时 U802 初级导通，光耦的次级也会同时导通。原来 Q811 的 be 极的电位都是 VC 电压。因为光耦 U802 次级的导通，会将 Q811 的 b 极电位拉低，此时 Q811 的 eb 结导通，VC 电压就会经过 Q811 再经过 *R*817 加到 U806 的 P8 供电脚。这时 U806 就开始工作，P7 脚输出脉冲信号控制 PFC 电路开始正常输出：380 ~ 400 V（见图 4.30）。

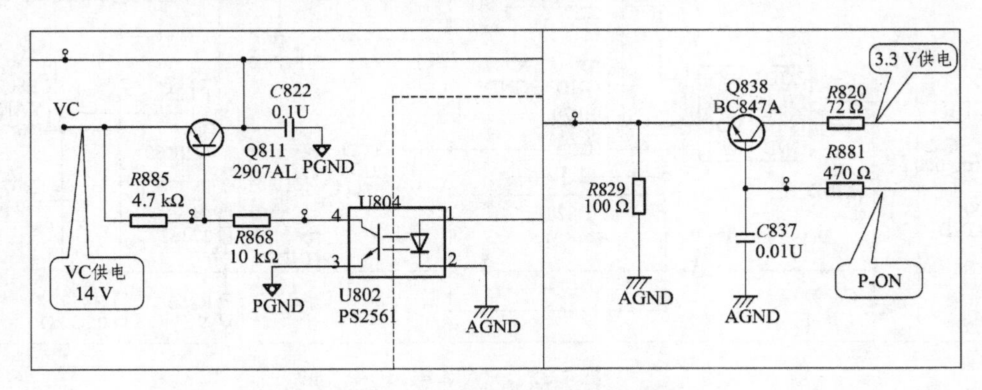

图 4.30 PFC 主控 IC 供电电路

5. PFC 控制电路

当 U806 的 P8 脚工作电压正常以后，U806 就开始工作。通过 P7 脚输出脉冲信号，当 PFC 的驱动信号是高电平时，Q805 导通、Q809 截止，Q802 和 Q801 的 G 极为高电平，GS 两端电位正向偏置，Q802 和 Q801 导通，整流后的市电对 *L*801 进行充电，电能转化成磁能储存在 *L*801。当 PFC 的驱动信号是低电平时，Q805 截止、Q809 导通，Q802、Q801 的 G 极被下拉为低电平，GS 两端电位反向偏置，Q802 和 Q801 截止，*L*801 储存的磁能释放，经 D818 整流后输出电压提升到 380 V 左右，经电容 *C*840、*C*840A 滤波，输出到 PWM 电路（见图 4.31）。

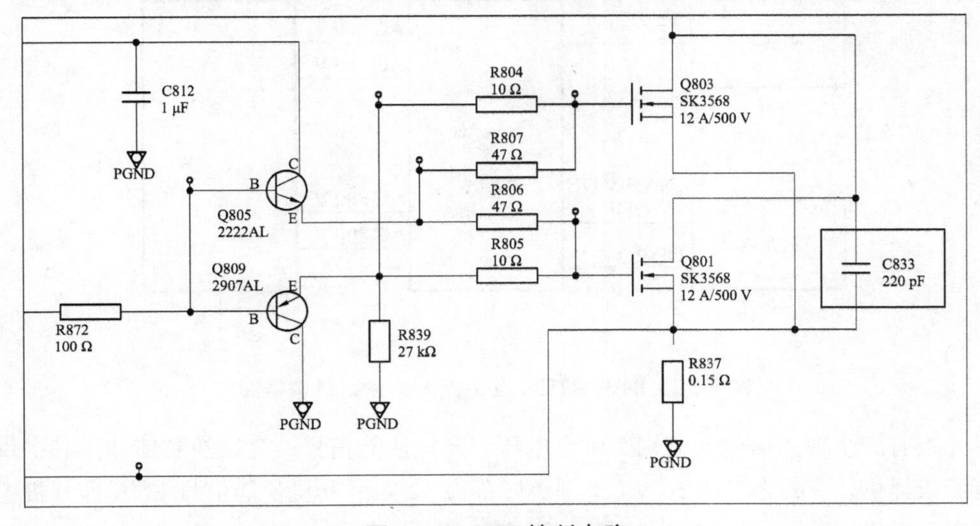

图 4.31 PFC 控制电路

6. PWM 电路（见图 4.32）

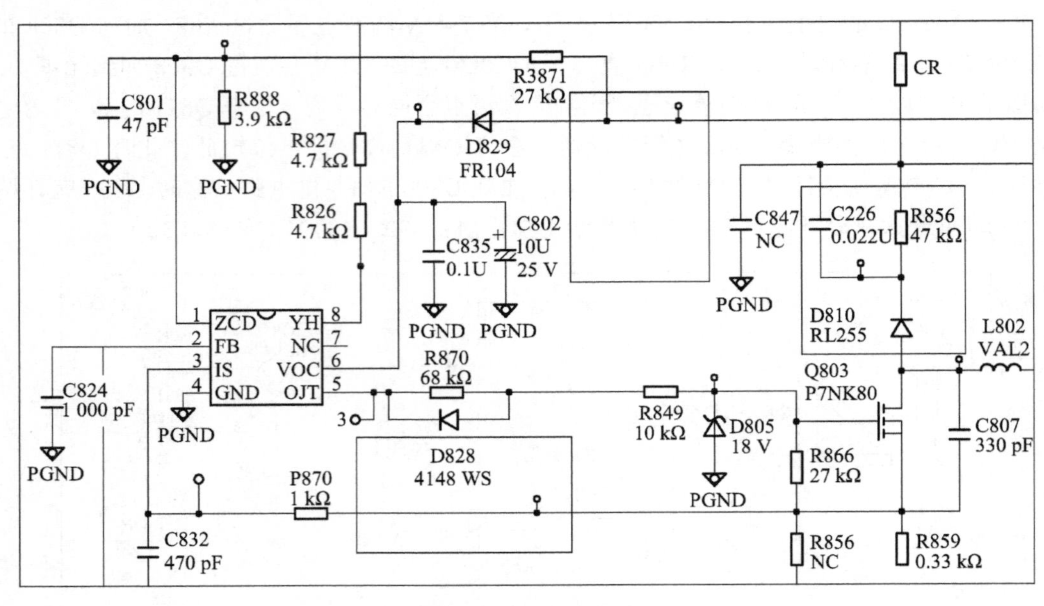

图 4.32　PWM 电路

PFC 输出的 380 V 加到 U805 的 P8 脚，通过 U805 内部给 P6 脚充电，当电压达到 9 V 时，IC 启动。P5 输出脉冲信号控制 Q803 的导通时间。也就是控制 380 V 电压通过 T801 的 P1、P3 绕组的时间，同时 T801 的副绕组和次级绕组感应电流变化，副绕组输出经过 D829 整流提供给 U805 维持电压。次级绕组输出经过 D806 输出 24 V。

7. INVERTER 电路

Inverter 即逆变器，它的作用是将一个直流电压转变为多个交流电压，作为液晶屏灯管的工作电压，它的输入、输出连接框图如图 4.33 所示。

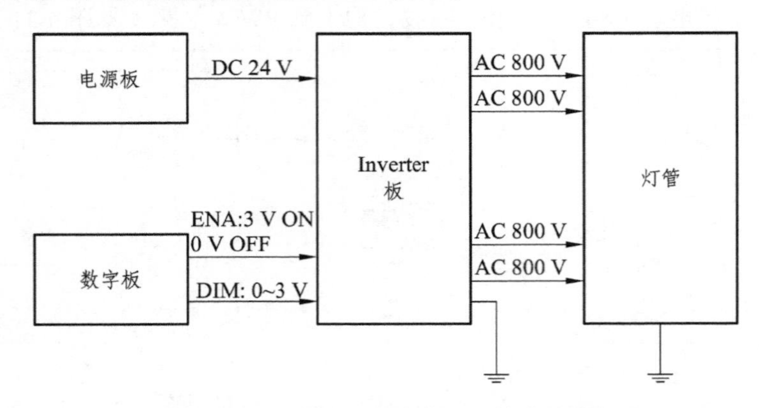

图 4.33　INVERTER 电路输入、输出结构框图

背光板有三个输入信号，分别是供电电压、开机使能信号、亮度控制信号。其中供电电压由电源板提供，一般为直流 24 V（个别小屏幕为 12 V）；开机使能信号 ENA 即开机控制电平由数字板提供，高电平 3 V 时背光板工作，低电平 0 V 时背光板不工作；亮度控制信号 DIM

由数字板提供，是一个 0 ~ 3 V 的模拟直流电压，改变它可以改变背光板输出交流电压的高低，从而改变灯管亮度。

背光板有多个交流输出电压，一般为 AC 800 V，每个交流电压供给一个灯管。

INVERTER 电路由输入接口电路、PWM 控制电路、MOS 管导通与直流变换电路、LC 振荡及高压输出回路、取样反馈电路等几部分组成，其工作原理方框图如图 4.34 所示。

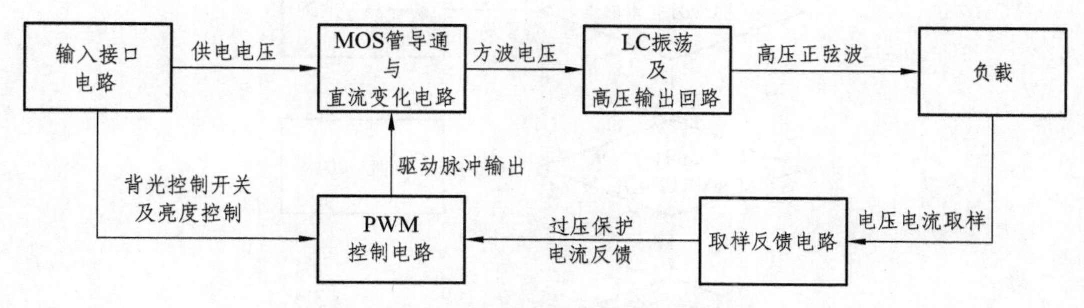

图 4.34　INVERTER 电路工作原理图

三、IPL42 检修

1. 检修步骤

（1）目视检查电源板是否有明显的烧毁痕迹。

（2）查询线路图，确认烧毁元件的单元电路。

（3）分析烧毁原因，确认连带损毁元件，更换烧毁元件后测试输入电阻正常后，方可通电测试。

2. 检修流程

（1）IPL42 检修流程（见图 4.35）。

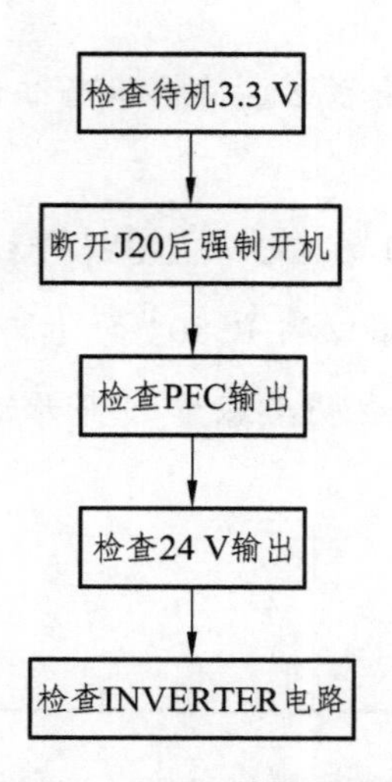

图 4.35　IPL42 检修流程图

（2）IPL42 电源 INVERTER 电路检修流程（见图 4.36）。

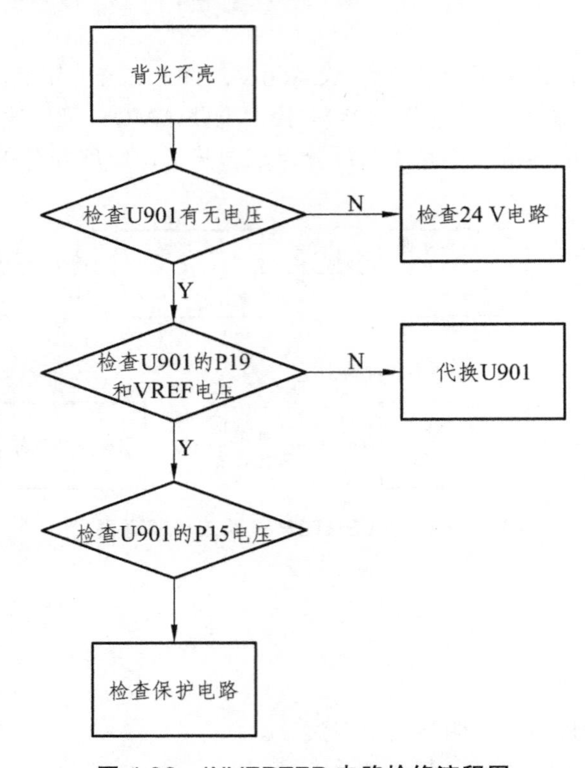

图 4.36 INVERTER 电路检修流程图

四、维修实例

案例分析：

案例 1 TCL LCD1526 液晶彩电，待机状态红色指示灯亮正常，开机时红色指示灯一直在闪，不能开机。

分析与维修：开机，测 MCU 的 CONTR-PW 开机控制脚电压变化正常，但 IC804（KIA278R08）的 2 脚无电压输出，测 IC804 的 1 脚电压几乎为零，测二极管 D807 的正负端的电压差较大，由此表明二极管内部开路造成。更换二极管 D807 后一切正常（见图 4.37）。

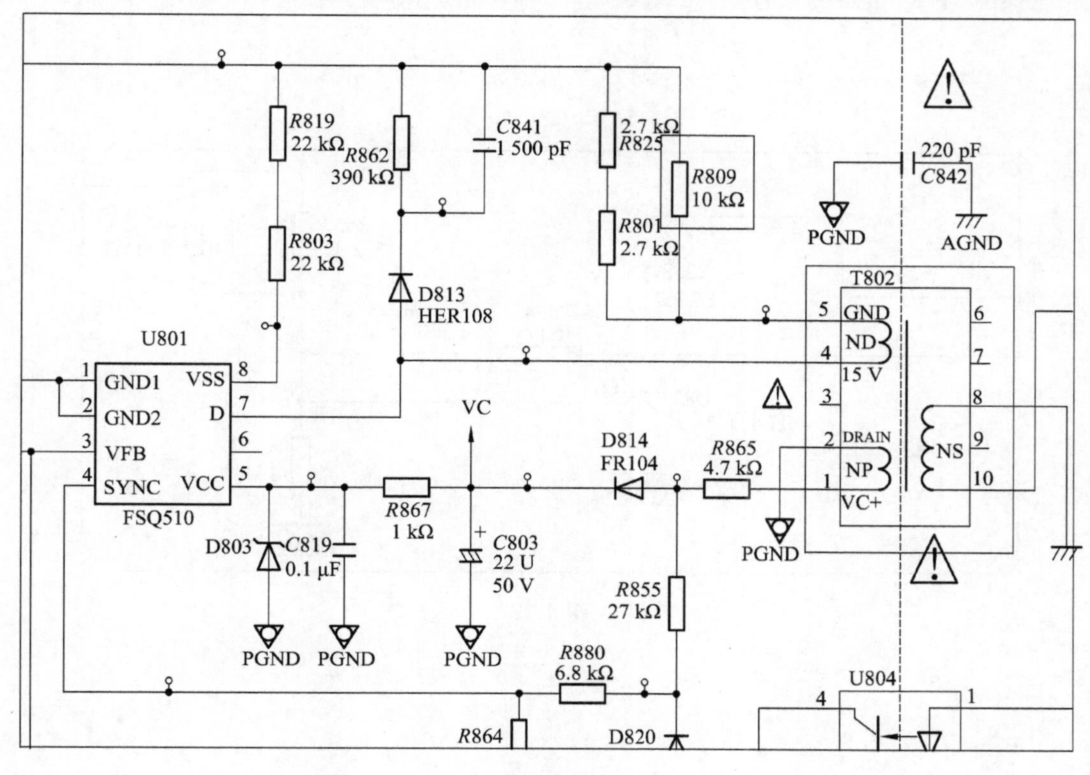

图 4.37

案例分析：

电源型号：IPL42A-AU 屏（L42F19F）MS91

故障现象：三无。

维修流程：

这是一台分公司的商返机器。故障描述是三无。首先通电测试，机器的确是不开机，同时听到电源板上的继电器不停的吸合声。于是断开屏上的高压线再次通电还是同样故障，因此可以排除屏的因素。测试电源板的待机输出电压，发现 3.3 V 的待机电压一直在 4～5 V 抖动。因此基本可以判断问题是在电源板上的待机电路。首先对比测试待机主控 IC 中 U801 的各个引脚电压，发现 P5 脚电压一直在抖动，正常电压是 14.3 V。接着检查 U803 的反馈 P3 脚也在抖动。因此检查次级的取样电路，依次检测光耦 U804、稳压 U807 以及取样电阻，发现 U807 的稳压脚电压不对，正常电压是 1.25 V。于是代换 U807 后再次测试待机电压，3.3 V 恢复正常。接通整机后再次测试故障排除（见图 4.38）。

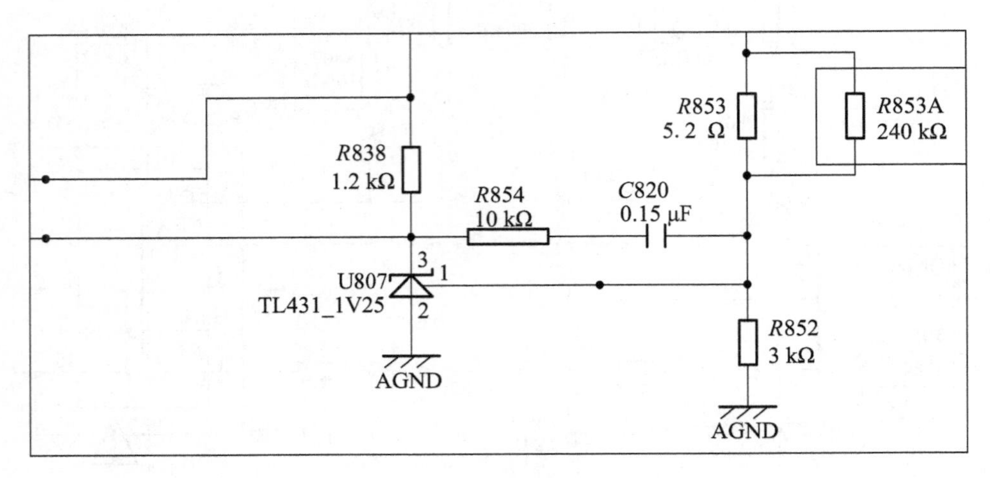

图 4.38

案例分析：

电源型号：IPL42A-AU 屏

故障现象：不开机。

维修流程：

首先检查故障板待机，发现故障板没有维修过的痕迹。保险丝也正常，因此首先通电检查待机输出，发现 3.3 V 的待机输出电压正常，而且非常稳定。强制开机后没有 24 V 的电压输出，因此初步判断问题是在 24 V 电路。但是近一步检查发现 PFC 的电压低，正常机器的 PFC 的电压是 400 V，此台机器的 PFC 输出只有 320 V，则说明 PFC 电路没有正常工作。于是检查 PFC 主控 IC 中 U806 的 P8 的供电 14 V 电压正常。进一步测试 U806 的各个引脚电压，发现 U806 的 P1 脚输入电压检测脚电压异常。正常电压是 2.4 V 电压，实际电压有 3 V 多。进一步检查输入取样电路的原件，发现 R813 周围有胶状物质，清理后再次测试故障排除（见图 4.39）。

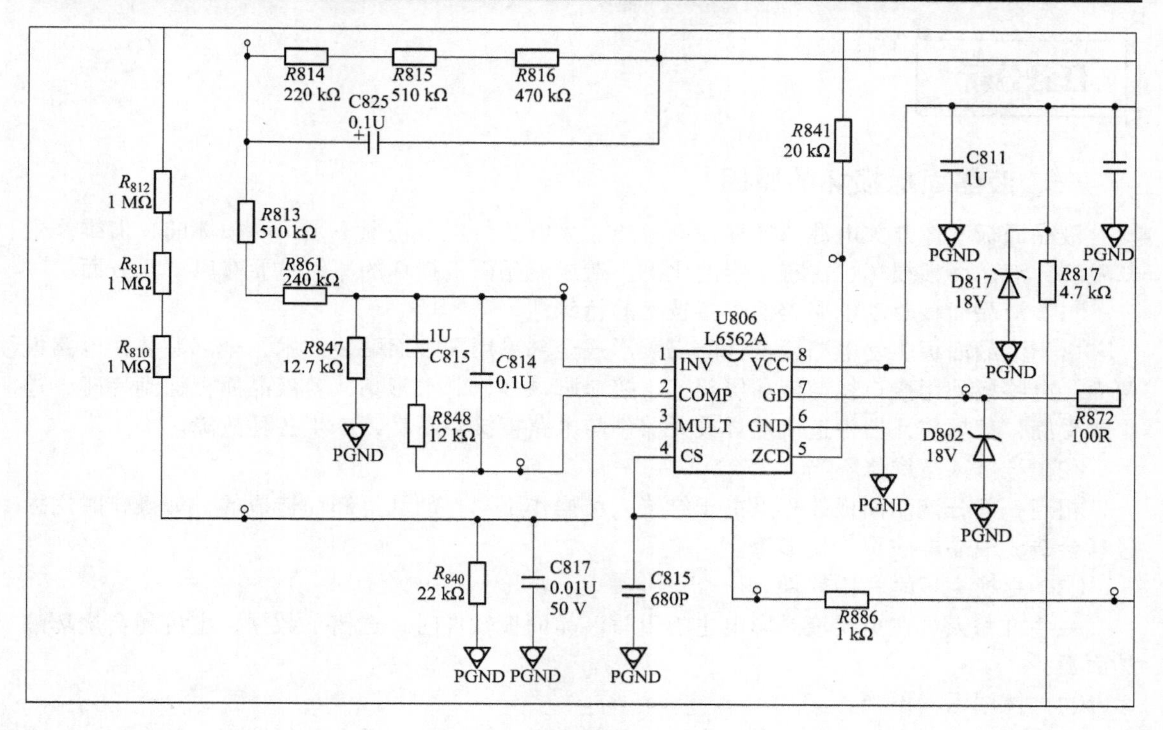

图 4.39

讨论

（1）常见的开关电源电路故障有哪些？

（2）对于常见故障如何进行维修？

任务 3　液晶面板故障分析与维修

任务目标

（1）了解液晶面板的组成；

（2）了解液晶面板的故障原因；

（3）掌握液晶面板的维修方法。

任务分析

一、液晶面板损坏的原因

液晶面板不像开关电源那样存在高电压、大电流，正常情况下是不易损坏的，但维修中却发现，液晶面板损坏也占有一定的比例。造成液晶面板损坏的原因主要有以下几方面。

（1）液晶面板驱动电路表面焊接技术的特殊性。

由于液晶面板驱动电路元器件的安装形式全部采用了表面贴装技术，全部贴装在电路板两面。电路板采用接口线与液晶屏相连，接口脚众多，非常密集，若液晶面板遇到摔碰、进水或受潮，都易使元器件造成虚焊或元器件与电路板接触不良，产生各种故障。

（2）维修人员维修不当。

相当一部分液晶面板故障是由于维修人员操作不当，胡乱拆卸而造成的。如操作时用力过猛会造成液晶屏破裂、变形等。

（3）更换主板时写错软件。

一些维修人员在更换液晶彩电主板重写液晶面板软件时，选错了数据，也可能会烧坏液晶面板。

（4）使用保养不当。

液晶面板是非常精密的高科技电子产品，应在干燥、温度适宜的环境下使用和存放。在清洁液晶面板屏幕时，尽量不要用含水分太多的湿布，以免有水分进入面板而导致内部短路等故障。建议采用眼镜布、镜头纸等柔软物进行擦拭，这样既可以避免水分进入面板内部，又不会刮伤屏幕。

（5）先天不良。

有些液晶面板质量低下，不符合有关规范，极易出现故障。

二、液晶面板常见故障现象与维修

液晶面板故障大致可以分为三类。第一类是液晶屏故障。比如液晶像素单元不良所引起的故障，液晶屏受外力损伤等。此类故障一般都无法修复。第二类是液晶面板内控制板（定时控制电路等）故障。此类故障一般需要更换控制板，或由专业公司进行修理。第三类是液晶屏驱动电路或 TCP/OCF（驱动电路与液晶屏之间的连接排线）故障及接触不良。

1. 液晶面板驱动 IC 引起的故障

目前，在液晶彩电使用的液晶面板中，驱动 IC 与液晶屏大多使用 TAB（TCP）连接方式。TAB 的含义是“各向异性导电胶连接”，是一种驱动 IC 连接到液晶屏上的方法；而 TCP 的含义是“带载封装”，是一种集成电路的封装形式。TCP 封装将驱动 IC 封装在柔性电缆上。TAB 驱动 IC 连接方式就是将 TCP 封装的驱动 IC 的两端用“各向异性导电胶”（ACF）分别固定在电路板和液晶屏上。TAB 和 TCP 两个术语经常混用，常常都是指一个相同的意思。

TAB 连接方式的缺点是 TCP 连接电缆（连接引脚）容易受损断裂，液晶面板驱动 IC 及驱动 IC 与液晶屏的连接处接触不良也是液晶面板最为常见的故障之一。

（1）源极驱动 IC 损坏引起的异常图像。

液晶面板的驱动 IC 分为源极驱动 IC（数据驱动 IC）组和栅极驱动 IC（扫描驱动 IC）

组，两个组都由若干个驱动IC组成。

源极驱动IC负责垂直方向的驱动，每个IC驱动若干个像素。当一个驱动IC损坏或虚焊时，这些像素就不能被驱动，从而在图像上产生垂直条状的异常图像。

当源极驱动IC输出信号电路中的一个或几个损坏时，液晶屏上所对应的这个（或几个）像素就不能被驱动，从而在图像上产生垂直线状的异常图像，可分为垂直亮线或暗（黑）线、垂直灰线或虚线，如图4.40所示。

图4.40　垂直条状的异常图像

（2）栅极驱动IC损坏引起的异常图像。

栅极驱动IC负责水平方向的驱动，每个IC负责驱动若干行。当一个驱动IC损坏时，对应这些行的像素就不能被驱动，从而在图像上产生水平条状的异常图像。

当栅极驱动IC输出信号电路中的一个或几个损坏时，液晶屏上所对应的这行（或几行）像素就不能被驱动，从而在图像上产生水平线状的异常图像，可分为水平常亮线或暗（黑）线、水平灰线或虚线，如图4.41所示。

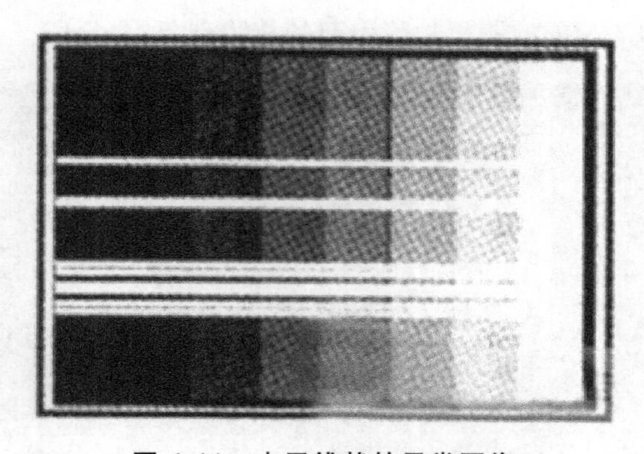

图4.41　水平线状的异常图像

2. 液晶面板控制板故障

液晶面板内的电路部分主要由一块控制电路板组成。对于LVDS接口电路的液晶面板来说，控制电路板上有LVDS接收电路、定时控制电路等，控制电路板的输出信号经过驱动电路加到液晶屏上。液晶面板控制板故障会造成无图像、光栅或图像显示异常及图像噪波等现象。

（1）白屏或黑屏。

液晶彩电在背光灯正常点亮的情况下只显示白屏（常亮）或黑屏（常暗）大多是由于液晶面板失去供电电压而引起的。

当液晶面板失去供电电压时，对于常亮（NW）型液晶面板，其故障表现为白屏；而对于常暗（NB）型液晶面板，其故障现象表现为黑屏。因此不管遇到黑屏或白屏故障都要首先检查液晶屏的供电，以及供电电路中的保险电阻（保险丝）。

图 4.42 所示为一例液晶屏控制板故障引起的故障现象。

图 4.42 白屏

（2）光栅明暗交替显示。

光栅明暗交替显示一般是由于液晶面板内部电路虚焊或接触不良引起。

（3）花屏。

花屏基本是由于电路故障产生的。首先应该排除屏线的断裂，而后看液晶面板供电电压是否已经加到面板上，再依次检查后级是否有高压及负压输出等。有相当一部分花屏是由于行驱动 IC 工作不正常引起。

图 4.43 所示为一例液晶屏控制板故障引起的故障现象。

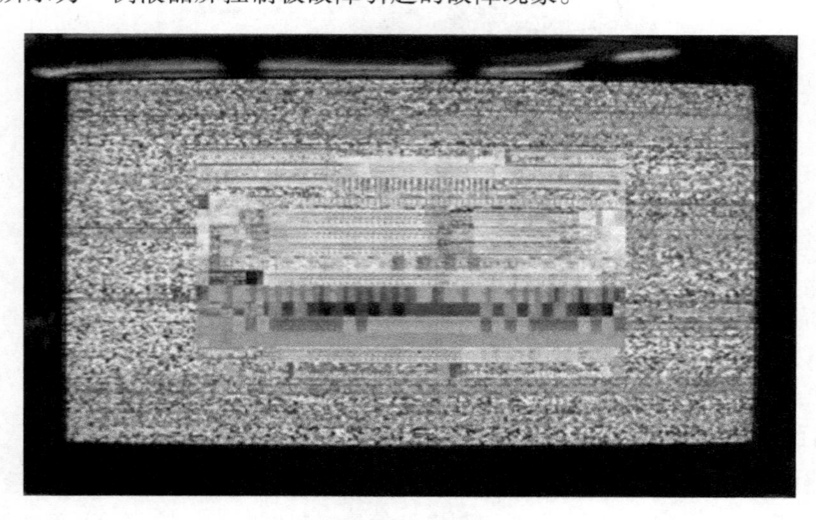

图 4.43 花屏

3. 液晶屏故障

液晶屏故障大多是由于受外力损伤所致的故障，也有部分故障是产品自身质量原因所造成的故障。这类故障大多不能修复，只有更换。

（1）液晶屏像素阵列故障。

液晶屏受外力后，很容易受到永久性损坏，在维修液晶彩电时要特别注意。

（2）偏光板不良引起的故障。

由于液晶面板偏光板不良引起的故障在业余条件下一般较难处理。

（3）背光单元引起的故障。

由于背光单元引起的故障除了背光灯不良，背光灯亮度降低等现象外，还有图4.44所示的背光不均匀、漏光，以及背光灯处异物从而在屏幕上产生黑或白色的圆形、线状图案等现象。

图4.44

（4）摩尔纹。

摩尔纹是一种因液晶面板与背光模块刻痕方向不能匹配所造成的光干涉现象，如图4.45所示。这是一种因液晶面板结构而引起的现象，往往不算做故障。

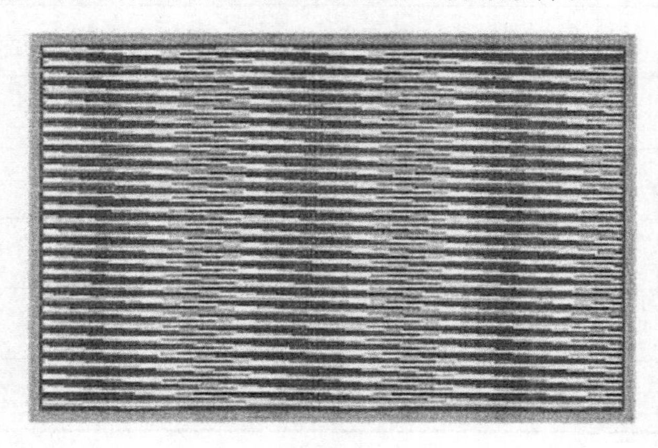

图4.45

（5）Mura 纹和 Mura 环。

Mura 是指液晶彩电亮度不均匀造成而在屏幕上产生的各种现象，这种现象有可能是液晶屏生产工艺中某些环节造成（液晶像素单元不良），也有可能是液晶屏与液晶面板组件中的机械部分（如液晶屏的边框、背光灯单元甚至接插件等）所产生的干涉而引起。

最简单的判断方法就是在黑暗的环境中将液晶彩电切换到黑色画面以及其他低灰阶画面，然后从各种不同的角度观察。随着不同液晶屏制程的缺陷，液晶彩电屏幕上就有可能有各式各样的 Mura 纹，可能是横向条纹或 45 条纹，也可能是切得很直的方块，也可能是某个屏幕某个部位出现一块没有规则的痕迹，如果 Mura 不严重，则一般不会对使用造成什么影响。如果 Mura 现象严重，则只能更换液晶屏。

为便于维修时需要，表 4.1 总结了液晶面板常见的故障现象及其维修说明。

表 4.1 液晶面板常见故障现象及其维修说明

故障现象	可否维修	维修说明
亮点	不可维修	使用白画面时可以看到亮点，此为面板 TFT 管开路
亮线	可维修	可为水平或垂直方向，颜色可为红绿蓝或白色亮线，此为驱动 IC 不良或 IC 连接不良
半线 淡线	不可维修	半线：指横线或竖线不是一条整线 淡线：指横线或竖线会随画面切换而变化；线不是整条的实线，一部分会变淡、变虚
亮度均匀不好	可维修	多为灯管亮度不均匀，需更换
水平或垂直亮带	可维修	多为面板驱动 IC 不良
拍打出现一条竖线或横线	可维修	竖线或横线颜色可为红绿蓝或白色亮线，多为驱动 TAB IC 连接不良
污点	可维修	白画面时显示黑色污点，此为面板的背光源内有杂质
漏光，四角有亮光溢出	可维修	多为灯管不良，需更换
画闪	可维修	画板主板问题或灯管不良
白画面亮度低	可维修	亮度偏暗，多为灯管老化
色阶不良	可维修	面板电路不良
白屏或黑屏	可维修	多为面板电路供电问题
花屏	可维修	屏线或面板电路有故障

三、液晶面板维修注意事项

液晶面板是十分娇贵的器件，在维修液晶彩电时要注意以下一些问题。

（1）只有在断电的情况下才能插拔液晶面接口屏线。

（2）对液晶面板进行固定安装时，注意使整个液晶面板保持平整，避免外力导致液晶面板“弯曲”、“扭曲”。

（3）一定要注意液晶面板的表面偏光片不要被坚硬物体划伤，决不能将坚硬物品置于液晶面板之上。

（4）如果水滴长时间滞留在液晶面板上，可能导致变色或出现污斑，所以务必及时清洁面板表面。

（5）当液晶面板表面有污迹时，需要用纯棉或软质布擦拭，必要时可用专用清洁剂清洁后再进行擦拭。

（6）液晶面板为玻璃制品，属易碎品，跌落、敲打都可能导致玻璃破碎，因此维修时应轻拿轻放。

（7）液晶面板模块电路大多采用CMOS器件，在焊接、维修液晶模块时，操作者必须采取有效的防静电措施，建议穿防静电服，并戴上接地腕带。

（8）插拔高压板时，注意高压。同时不要过力拽拉被光线，以免将背光单元拉坏。

（9）不要将液晶面板长时间置于阳光直射下或紫外线下。

（10）如果液晶面板存储在低于存储温度下限的环境中，可能造成液晶结晶而导致不可恢复的损坏；如果置于超过存储温度上限的环境中，液晶可能变成各向同性的液体从而无法恢复液晶态。因此，维修和存放液晶面板应在规定的温度下进行。

（11）如果液晶面板没有故障，不要试图去拆卸液晶面板，这样很可能损坏液晶模块。

（12）设备或包装材料中使用的环氧树脂、硅树脂黏合剂等发出来的气体可能造成偏振片的退化。所以，在维修时应防止使用这类材料。

（13）在任何时候都不要触摸液晶模块的偏光片，避免弄脏偏光片。

（14）液晶面板的外引线决不允许接错，否则可能造成过电流、过电压等，并对面板器件产生损坏。

（15）用电烙铁焊接液晶面板电路时，焊接温度应在280 °C ± 10 °C，焊接时间小于5 s，重复焊接不得超过三次。

做一做

动手更换液晶屏。

任务评价

任务考核评价表

任务名称：液晶面板故障及检修

<table>
<tr><td colspan="2">班级：　　　　　　姓名：</td><td colspan="2">学号：</td><td colspan="5">指导教师：</td></tr>
<tr><td rowspan="3">评价项目</td><td rowspan="3">评价标准</td><td rowspan="3">评价依据
（信息、佐证）</td><td colspan="3">评价方式</td><td rowspan="3">权重</td><td rowspan="3">得分小计</td><td rowspan="3">总分</td></tr>
<tr><td>小组评价</td><td>学校评价</td><td>企业评价</td></tr>
<tr><td>0.1</td><td>0.8</td><td>0.1</td></tr>
<tr><td>职业素质</td><td>1. 遵守企业管理规定、劳动纪律；
2. 按时完成学习及工作任务；
3. 工作积极主动、勤学好问</td><td>实习表现</td><td></td><td></td><td></td><td>0.2</td><td></td><td rowspan="3"></td></tr>
<tr><td>专业能力</td><td>1. 拆装工具的使用；
2. 典型故障的判断与维修；
3. 严格遵守安全生产规范</td><td>1. 书面作业和检修报告；
2. 实训课题完成情况记录</td><td></td><td></td><td></td><td>0.7</td><td></td></tr>
<tr><td>创新能力</td><td>能够推广、应用国内相关职业的新工艺、新技术、新材料、新设备</td><td>“四新”技术的应用情况</td><td></td><td></td><td></td><td>0.1</td><td></td></tr>
<tr><td>指导教师综合评价</td><td colspan="8">

指导老师签名：　　　　　　　　日期：</td></tr>
</table>

注：将各任务考核得分按照各任务课时所占本教学项目课时的比重折算到教学项目过程考核评价表中。

任务延伸与拓展

一、液晶面板命名规则

液晶面板的型号不是液晶彩电外壳背后的型号，而是液晶面板后的型号，是拆开液晶面板后，在液晶屏后看到的条形码，如图 4.46 所示。

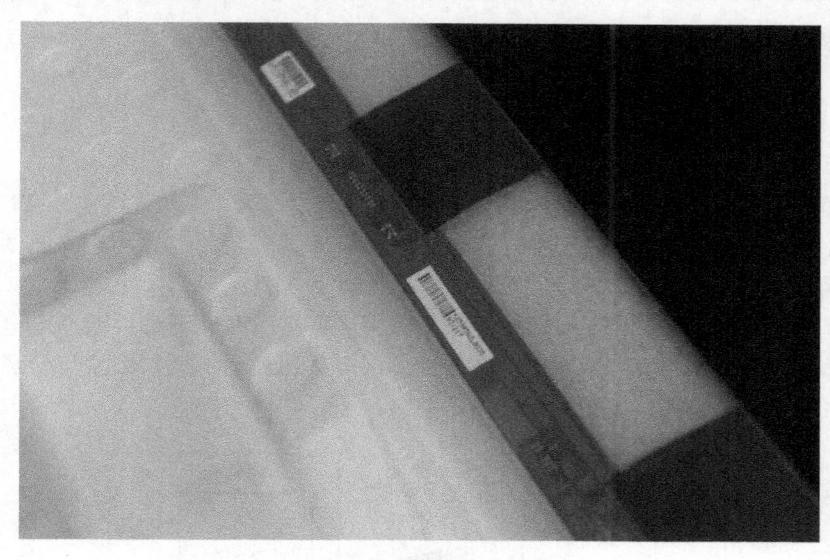

图 4.46 液晶屏条形码

目前，生产液晶面板的厂家主要有韩国的三星、LG-Philips，日本的夏普、日立、NEC、IMES，中国台湾的友达、奇美、广辉、中华，以及中国内地的上广电、京东方等。

不同厂家生产的液晶面板，其命名规则有一定的规律，主要命名规则如下：

在 LG-Philips 液晶面板中，一般会出现 LP、LM、LS、LA、LC 等标示。以 LP 开头的面板是用于笔记本的薄屏，多为单口 6 位 LVDS 接口屏；以 LM 开头的多为厚屏，其中还会带一后缀区分 TTL 与 LVDS 两种；LS 的屏较少见，一般为 TCON 和 RSDS 面板；LA、LC 的多是早期的面板，接口不一。

在三星液晶面板中，多以 LTM、LT、LTN 等开头，但会带一个代表尺寸大小的数字标示，如 400，461 等。其中如果型号中带有 X，多位 XGA 的分辨率，带 W 多为 16 : 9 的分辨率，带 E 的多为 SXGA，带 P 的多为 SXGA+，带 U 的多为 UXGA。同时也会带 T 或是 L 来表示 TTL 或是 LVDS 接口。

在现代（HYUNDAI）液晶面板中，一般以 HT 开头。

在日立（HITACHI）液晶面板中，一般会以 TX 加屏的尺寸大小（厘米）以及代表分辨率的数字，一般为 9 代表 SXGA+，5 代表 UXGA，其他的一般为 XGA。

夏普（SHARP）液晶面板中，一般以 LQ 开头。

三洋（SANYO/TORISAN）液晶面板中，一般以 TM 开头。

富士通（FUJITSU）液晶面板中，一般以 EDTC、CA、FLC 开头。

在 NEC 液晶面板中，多以 NL 开头，并会带一个代表分辨率的数字标示。

台湾友达（AUO）液晶面板中，多以 L 和 M 开头。

台湾奇美（CHI MEI）液晶面板中，多以 N、M、V 开头，并以尺寸标示，如 V520H1-L1。

台湾广辉或广达（QUANTA）液晶面板中，多以 QD 开头。

台湾瀚宇彩晶（HANNSTAR）液晶面板一般以 HSD 开头。

台湾中华（CPT）液晶面板一般以 CLAA、CPT、AA 开头。

京东方（BOE）液晶面板一般以 H 开头。

二、液晶面板接口电路

1. TTL 接口电路

（1）TTL 接口电路概述。

TTL（Transistor Transistor Logic）即晶体管-晶体管逻辑，TTL 电平信号由 TTL 器件产生。TTL 器件是数字集成电路的一大门类，它采用双极型工艺制造，具有高速度、低功耗和多品种等特点。

TTL 接口属于并行方式传输数据的接口。采用这种接口时，不必再液晶彩电的主板端和液晶面板端使用专用的接口电路，而是由主板 Scaler 芯片输出的 TTL 数据信号经电缆线直接传送到液晶面板的输入接口，如图 4.47 所示。

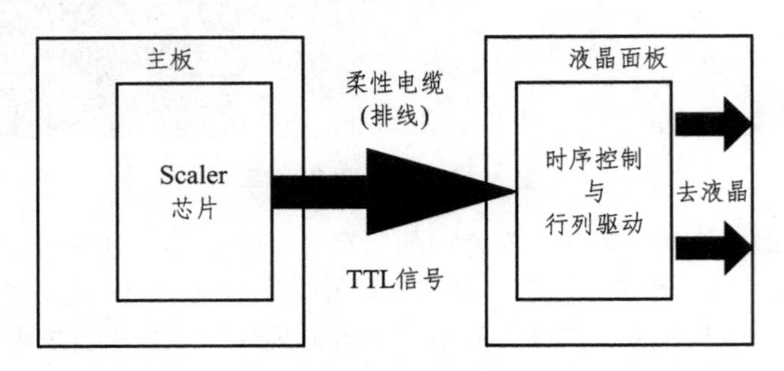

图 4.47 TTL 接口示意图

由于 TTL 接口信号电压高，连线多，传输电缆长。因此，电路方式的抗干扰能力比较差，而且容易产生电磁干扰（EMI）。

在实际应用中，TTL 接口电路多用来驱动小尺寸液晶面板或低分辨率液晶面板。

（2）TTL 接口的分类。

TTL 接口可分为以下几类。

① 单路 6 位 TTL 接口。采用单路方式传输，每个基色信号采用 6 bit 数据（R0 ~ R5，OG0 ~ OG5，OB0 ~ OB5）。由于基色 RGB 数据为 18 bit，因此，也称 18 bit TTL 接口。

② 双路 6 位 TTL 接口。采用双路方式传输，每个基色信号采用 6 bit 数据（奇路为 OR0 ~ OR5，OG0 ~ OG5，OB0 ~ OB5；偶路为 ER0 ~ ER5，EG0 ~ EG5，EB0 ~ EB5）。由于基色 RGB 数据为 36 bit，因此，也称 36 位或 36 bit TTL 接口。

③ 单路 8 位 TTL 接口。采用单路方式传输，每个基色信号采用 8 bit 数据（R0 ~ R7，G0 ~ G7，B0 ~ B7）。由于基色 RGB 数据为 24 bit，因此，也称 24 位或 24 bit TTL 接口。

④ 双路 8 位 TTL 接口。采用双路方式传输，每个基色信号采用 8 bit 数据（奇路为 OR0 ~ OR7，OG0 ~ OG7，0B0 ~ OB7；偶路为 ER0 ~ ER7，EG0 ~ EG7，EB0 ~ EB7），由于基色 RGB 数据为 48 bit，因此，也称 48 位或 48 bit TTL 接口。

2. LVDS 接口

（1）LVDS 接口概述。

液晶彩电主板输出的数字信号中，除了包括 RGB 数据信号外，还包括行同步、场同步、像素时钟等信号，其中像素时钟信号的最高频率可超过 28 MHz。采用 TTL 接口，数据传输速率不高，传输距离较短，且抗电磁干扰（EMI）能力也较差，会对 RGB 数据造成一定的影响。另外，TTL 多路数据信号采用排线的方式传送，整个排线数量达几十路，不但连接不便，而且不适合超薄化的趋势。采用 LVDS 接口传输数据，可使这一问题迎刃而解，实现了数据的高速率、低噪声、远距离、高准确度传输。

LVDS（Low Voltage Different Signaling）是一种低压差分信号技术接口，LVDS 接口利用非常低的电压摆幅（约 350 mV）在两条 PCB 走线或一对平衡电缆上通过差分进行数据传输，即低压差分信号传输。采用 LVDS 接口，可以使得信号在差分 PCB 线或平衡电缆上以几百 Mb/s 的速率传输。LVDS 采用低压和低电流驱动方式，实现了低噪声和低功耗。目前，LVDS 接口已在液晶彩电中得到广泛的应用。

（2）LVDS 接口电路的组成。

在液晶彩电中，LVDS 接口电路包括两部分，即主板侧的 LVDS 输出接口电路（LVDS 发送器）和液晶面板侧的 LVDS 输入接口电路（LVDS 接收器）。LVDS 发送器将主板 Scaler 芯片输出的 TTL 电平并行 RGB 数据信号和控制信号转换成低电平串行 LVDS 信号，然后通过主板与液晶面板之间的柔性电缆（排线），将信号传送到液晶面板侧的 LVDS 接收器，LVDS 接收器再将串行信号转换为 TTL 电平的并行信号，送往液晶屏时序控制与行列驱动电路。LVDS 接口组成示意图如图 4.48 所示。

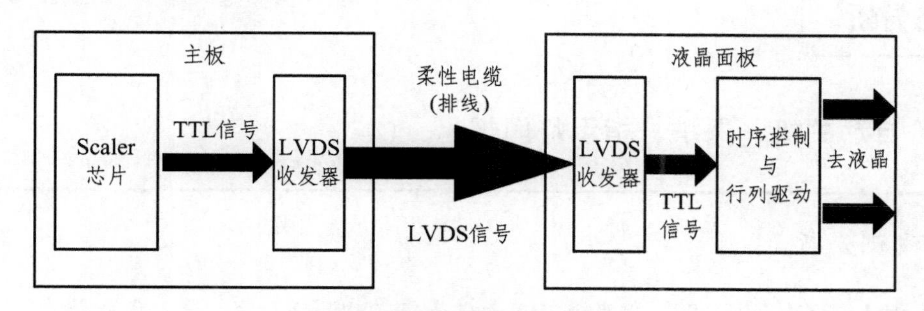

图 4.48 LVDS 接口示意图

在数据传输过程中，必须有时钟信号的参与，无论传输数据还是传输时钟信号，LVDS 接口都采用差分信号对的形式进行传输。所谓信号对，是指在 LVDS 接口电路中，每一个数据传输通道或时钟传输通道的输出都为两个信号（正输出端和负输出端）。

需要说明的是，不同的液晶彩电，其主板上的 LVDS 发送器不尽相同。有些 LVDS 发送器为独立的芯片（如 DS90C385），有些则集成在 Scaler 芯片中。

（3）LVDS 接口电路类型。

LVDS 接口也主要分为以下几类。

① 单路 6 位 LVDS 接口。采用单路方式传输，每个基色信号采用 6 bit 数据。由于基色 RGB 数据为 18 bit，因此，也称 18 位或 18 bit LVDS 接口。

② 双路 6 位 LVDS 接口。采用双路方式传输，每个基色信号采用 6 bit 数据，其中奇路数据为 18 bit，偶路数据为 18 bit，共 36 bit RGB 数据。因此，也称 36 位或 36 bit LVDS 接口。

③ 单路 8 位 LVDS 接口。采用单路方式传输，每个基色信号采用 8 bit 数据。由于基色 RGB 数据为 24 bit，因此，也称 24 位或 24 bit LVDS 接口。

④ 双路 8 位 LVDS 接口。采用双路方式传输，每个基色信号采用 8 bit 数据，其中奇路

数据为 24 bit，偶路数据为 24 bit，共 48 bit RGB 数据。因此，也称 48 位或 48 bit LVDS 接口。

⑤ 双路 10 位 LVDS 接口。主要应用在部分大屏幕液晶彩电中，采用双路方式传输，每个基色信号采用 10 bit 数据，其中奇路数据为 30 bit，偶路数据为 30 bit，共 60 bit RGB 数据。

任务 4 典型故障及维修

任务目标

（1）了解平板电视的典型故障类型；

（2）了解典型故障的维修方法。

任务分析

一、自动关机、保护、指示灯闪烁

案例分析：

案例 1：TCL LCD1526 液晶彩电，开机图像约出现 1 s 后，进入保护状态。

分析与检修：从故障现象看，估计是逆变器不良，拆开机器，看到背光高压板 C2B 处和屏蔽罩有打火发黑的痕迹。在打火处加贴绝缘胶片，开机一切正常。

案例分析：

案例 2 TCL LCD40A71-P 液晶彩电，自动关机。

分析与检修：试机，当故障出现时，测电源板各路输出，发现没有 12 V 输出端无电压，说明 12 V 电源部分有问题。该机 12 V 电源以 IC6（NCP1377）为核心构成，更换 NCP1377 故障不变，检查外围元件，发现光电耦合器 IC8 不良，更换后故障排除。

案例分析：

案例 3　TCL LCD1526 液晶彩电，开机后图像约出现 1s 后，进入保护状态。

分析与检修：从故障现象看，估计是逆变器不良。拆开机器，看到背光高压板 C2B 处和屏蔽罩有打火发黑的痕迹，在打火处加贴绝缘胶片，开机一切正常。

二、白　屏

案例分析：

案例 4　TCL LCD2066B 液晶彩电白屏。

分析与检修：故障现象为开机后，且每次开机液晶屏上显示出的白屏现象有所不同，液晶屏上还出现有不同的水平或垂直的条纹，这是比较典型的液晶屏损坏现象。先检查液晶屏排线，正常。确认显示屏坏，换新后故障排除。

三、光栅上有竖线

案例分析：

案例 5　TCL LCD2726H 液晶彩电，图像上半部时而出现绿色竖彩条。

分析与检修：根据以往的维修经验，此现象大多由数字电路出现故障引起，首先代换了数字板，试机故障依旧，然后代换模拟板后，故障排除，最后对模拟板进行了维修。在故障出现时，测得 JP3 接口的 Y、U、V 输出信号波形异常，再测输入波形正常，更换 IC202（TDA9178）后一切正常。

四、光栅忽明忽暗、光栅闪动、光栅变化

案例分析：

案例 6　TCL LCD40A71-P 液晶彩电，图像忽明忽暗。

分析与检修：拆机后发现背光灯亮度有明暗闪烁的现象，直接测量背光板 24 V 供电，发现供电电压不稳，将供电插线拔掉，断开负载，测得电源输出电压有小幅波动，由此判断电源板有故障。

反复检查稳压电路没有发现任何异常，代换 IC2（NCP1217）故障依旧，仔细检查各脚电压，发现 IC2 的 6 脚（供电端）电压低于 9 V 且不稳，正常情况下，IC2 的 6 脚电压在待机时为 9 V，开机时为 12 V。经检查，发现 *L*5 电感性能不良，更换后一切正常。

五、无图像

案例分析：

案例 7　TCL LCD1526A 液晶彩电，开机后有声音无图像。

分析与检修：开机测 5 V、3.3 V、1.8 V 等工作电压均正常，再测总线电压、波形也正常，测 F1 处的 12 V 屏供电电压正常（F1 为屏供电保险，配 LG 屏位 12 V，奇美屏为 5 V，三星屏为 3.3 V）。用示波器测 U4（GM2221）输出脚排阻波形均正常，说明机器已经正常工作，指示背光板没有工作。用万用表测 J9 插座 1 脚、7 脚为 12 V 正常，3 脚 BRI（亮度控制）2.4 V 也正常，5 脚 SWI（背光灯开关控制信号）为 0 V，不正常，正常时应为高电压 3.2 V。关机测其控制输出脚 U4（GM2221）第 67 脚对地电阻值为无穷大，显然 IC 内部已经开路了。检查 IC 无虚焊，更换 GM2221，开机后故障排除。

案例分析：

案例 8　TCL LCD47K73 液晶彩电，TV 无台。

分析与检修：开机没有图像，切换其他信号源测试图像正常。重新搜索，发现没有台出现。根据故障现象和试机结果初步分析，故障在 TV 信号处理电路。首先更换高频板开机测试，故障依旧，确定问题在主板。从 TV 信号进入的 CON33 插座开始排查，依次测量 CON33 各脚的电压，发现 7 脚没有电压（7 脚和 6 脚石主办控制高频板的总线），经检查，发现 CON33 的 7 脚外围电感 *L*109 损坏，更换后故障排除。

六、外界输入无图像

案例分析：

案例 9　TCL LCD37K73M61R（MS88-B）液晶彩电高清无图像。

分析与检修：在输入高清信号时无图像，切换到其他信号测试，图像都正常。但是在测试 PVR 信号时也没有图像，说明在高清信号的切换 IC 和高清信号处理通道有问题。因为两个高清信号通道有问题，所以首先检测高清信号的切换集成电路 U17 的工作电压和切换电压。5 V 供电正常，检测切换电路 P1 脚的切换电压，在 USB 信号时 3.3 V，高清 1 时为 0 V，切换电平的逻辑关系没有问题，有正常的切换电压。可以排除因为切换电压部队造成没有图像的问题。于是检测切换后的输出到解码 IC 的电压。对比关键点电压测试，发现 Y 信号中包含的 SOY 信号（叠加在亮度信号上的同步信号）没有送到解码 IC。于是检测信号的偶合电路，发现 *R*126 开路，更换 *R*126 后开机测试，故障排除。

七、伴音失常、噪声、杂音

案例分析：

案例 10　TCL LCD32K73 液晶彩电，AV1 声音不良。

分析与检修：开机测试，发现 AV1 的一个声道声音异常。切换其他信号测试，声音正常。根据信号流程可知，AV1 的声音是直接通过插座耦合后送到切换电路 U104（4052），经选择后进入音频处理电路 U105 进行处理，然后，送到功放电路 U107（TA2008），经放大后推动扬声器发出声音。

由于其他信号没有问题，说明音频切换后面的公共信号通道是没有问题的，而一个声道正常、一个不正常，则问题应在信号的耦合和切换部分。于是对比测量 AV1 输入插座的对地电阻，没有发现异常。测量 U104 的 L 声道波形和 R 声道输入 5 脚的电压有差异，14 脚没有电压，5 脚电压是 2.2 V。更换 U104，故障依旧。后检查发现，14 脚外接供电电阻 *R*213 开路，更换 *R*213 后，故障排除。

讨论

（1）归纳一下液晶电视的故障。

（2）讨论如何从故障现象确定故障部位？

任务评价

任务考核评价表

任务名称：典型故障及维修

<table>
<tr><td colspan="9">班级：　　　　　姓名：　　　　　学号：　　　　　指导教师：</td></tr>
<tr><td rowspan="3">评价项目</td><td rowspan="3">评价标准</td><td rowspan="3">评价依据
（信息、佐证）</td><td colspan="3">评价方式</td><td rowspan="3">权重</td><td rowspan="3">得分小计</td><td rowspan="3">总分</td></tr>
<tr><td>小组评价</td><td>学校评价</td><td>企业评价</td></tr>
<tr><td>0.1</td><td>0.8</td><td>0.1</td></tr>
<tr><td>职业素质</td><td>1. 遵守企业管理规定、劳动纪律；
2. 按时完成学习及工作任务；
3. 工作积极主动、勤学好问</td><td>实习表现</td><td></td><td></td><td></td><td>0.2</td><td></td><td rowspan="3"></td></tr>
<tr><td>专业能力</td><td>1. 拆装工具的使用；
2. 典型故障的判断与维修；
3. 严格遵守安全生产规范</td><td>1. 书面作业和检修报告；
2. 实训课题完成情况记录</td><td></td><td></td><td></td><td>0.7</td><td></td></tr>
<tr><td>创新能力</td><td>能够推广、应用国内相关职业的新工艺、新技术、新材料、新设备</td><td>“四新”技术的应用情况</td><td></td><td></td><td></td><td>0.1</td><td></td></tr>
<tr><td>指导教师综合评价</td><td colspan="8">

指导老师签名：　　　　　　　　　　日期：</td></tr>
</table>

注：将各任务考核得分按照各任务课时所占本教学项目课时的比重折算到教学项目过程考核评价表中。

任务延伸与拓展

一、液晶彩电维修步骤

1. 询问用户

接修一台液晶彩电后，先不要急于动手，而是要首先询问故障现象，故障发生时间，液晶彩电平时的工作情况，有无使用说明书和维修图纸，是否碰撞过等。另外，还要问清楚机器是不是“DIY 产品”，是否在别的地方修过，使用的大致年限等。对于一名优秀的维修人员，在询问了解故障的过程中，可以大致判断故障的范围和可能出现故障的部件，从而为高效、快捷地维修奠定基础。

2. 掌握正确的拆装技巧

液晶彩电外壳配合十分紧密，在维修过程中，掌握正确的拆装技巧显得尤为必要。不同液晶彩电外壳的固定方式不尽相同，有的采用螺钉紧固，有的采用内卡扣、外卡扣结构，有的采用螺钉和卡扣双重方式固定。因此，对于液晶彩电的安装和拆卸，维修人员一定要事先了解清楚，在弄明白机械结构的基础上，再进行拆卸，否则极易损坏器件。

3. 观察故障现象

打开机壳后，应首先对线路做外观检查，检查线束插接头有无松脱和断裂，元器件有无断线，各插接件触片有无损伤和腐蚀等，检查无误后再接通电源通电观察，并对故障现象做好记录。

4. 确定故障范围

根据故障现象，判断出引起故障的各种可能原因，并根据测量结果，大致确定故障的范围。

（1）在正常工作状态下，液晶彩电突然出现满屏花斑或部分出现花斑，这种故障一般是由接口接触不良引起。

（2）液晶彩电正常工作时，突然无字符显示，屏幕变黑。这种故障一般是开关电源、MCU 电路或背光源电路不良引起。若电源指示灯不亮，说明开关电源未工作；若红色电源指示灯亮，说明电影处于待机状态，应检查 MCU 电路；若绿色电源指示灯亮，屏幕仍黑屏，一般为背光源不良。

（3）对于难以判断的软故障，要根据具体液晶彩电的电路结构及其特点，结合具体的故障现象，以及预期相关的情况，进行综合、系统地分析，通过比较与研究，做出较为准确的判断。

5. 测试关键点

判断出大致的故障范围之后，应首先清理各接插件，若仍不能排除故障，可以通过测试线路电压、电阻等手段，进一步缩小故障范围。这一点至关重要，也是维修的难点。维修者平时应多积累资料，多积累经验，为分析判断提供可靠的依据。

6. 排除故障

找出故障原因后，就可以针对不同的故障元器件加以更换，更换时应注意所更换的元器件应和原元器件的型号和规格保持一致。若无相同的产品，应查找资料，找出可以替换的元器件，切不可随便替换。

7. 测　试

故障排除后，还应对液晶彩电的各项功能进行测试，使之完全符合要求。对于一些软故障，应做较长时间的通电测试，看故障是不是还会出现，待故障彻底排除，再交予用户，以维护自己的维修声誉。

8. 记录维修日志

记录维修日志就像医生记录病历一样，每修一台液晶彩电，都要做好如下记录：是什么型号液晶彩电，故障是什么，液晶彩电使用了多长时间，怎么修的，走了哪些弯路等。这些维修日志，看似增大了工作量，实际上是一种自我学习和提高的好方法，也为日后维修类似的液晶彩电或类似的故障提供了可靠的依据。

二、液晶彩电维修注意事项

（1）加电时要小心，不应接错电源。打开液晶彩电后盖后，注意不要碰触高压板的高压电路等，以免发生触电事故。

（2）不可随意用大容量熔丝或其他导线代替熔断器及熔断电阻。熔断器烧断，应查明原因后再加电试验，以防止损坏其他元器件，扩大故障范围。

（3）维修时应按原布线焊接，线扎的位置不可移动，尤其是高压板部分信号线，应注意恢复原样。

（4）当更换元器件时，特别是更换电路图或印制板上有标注的一些重要器件时，必须采用相同规格的元器件，决不可随意使用代用品。当电路发生短路时，对所有发热过甚而引起变色、变质的元器件应全部换掉。换件时应断开电源。更换电源上的器件时，必须对滤波电容进行放电，以免产生电击。

（5）更换的元器件必须是同类型、同规格。不应随意加大规格，更不允许减小规格，如大功率晶体管不能用中功率晶体管代替，高频恢复二极管不能用普通二极管代替。但也不能随意用大功率管代替中功率管，因为这样代替，表面上该级的矛盾解决了，但实际上并没有解决。例如，晶体管击穿，可能是该管质量不好，也可能是工作点发生了变化，若是由于电解电容漏电太严重而引起工作点变化，如果仅仅更换了晶体管（用大功率管代替中功率管，而没有更换电容），那么不但没有解决矛盾，甚至可能扩大故障面，引起前后级工作不正常。

（6）维修时应根据故障现象冷静思考，尽量逐渐缩小故障范围，切不可盲目乱焊、乱卸。

（7）更换元器件、焊接电路，都必须在断电的情况下进行，以确保人机安全。

（8）拆卸液晶面板时要特别小心，不能用力过猛，以免对液晶屏造成永久损害。

（9）在维修过程中，若怀疑某个晶体管、电解电容或继承电路损坏时，需要从印制电路板上拆下，测量其性能好坏，在重新安装或更换新件时，要特别注意晶体管、电解电容的极性，晶体管的三个极不能焊错。集成电路要注意所标位置及每个引脚是否安装正确，避免装反。维修人员因自己不慎而造成新的故障就更难排除了，而且还容易损坏其他元器件。

（10）彩电由于使用太久，灰尘积累过多，维修时应首先用毛刷将浮尘扫松动，然后用除尘器吹净。若有吹不掉的部位又必须清除时，宜用酒精擦除，严禁用水、汽油或其他烈性溶液擦洗。

参考文献

[1] 李雄杰. 电子产品维修技术[M]. 北京：电子工业出版社，2009.
[2] 韩雪涛. 电子产品维修技能演练[M]. 北京：电子工业出版社，2009.
[3] 孙英成. 基本操作技能[M]. 3版. 北京：中国劳动社会保障出版社，2003.
[4] 沈长生. 电子技术入门一读通[M]. 北京：人民邮电出版社，2007.
[5] 王红军. 笔记本电脑维护与维修从入门到精通[M]. 3版. 北京：科学出版社，2008.
[6] 张兴伟，等. 笔记本电脑维修实用教程[M]. 北京：电子工业出版社，2012.
[7] 刘建清. 液晶彩电维修代换技法揭秘[M]. 2版. 北京：电子工业出版社，2012.
[8] 刘宏博. LED · LCD液晶彩电维修从入门到精通[M]. 北京：国防工业出版社，2012.